W0351206

»Die ungestüme Vega ist selbstbestimmt, den Mächtigen ständig unbequem und, wenn es drauf ankommt, eine wortwörtliche Naturgewalt.«
Stiftung Lesen

Vegas Lage scheint hoffnungslos. Sie wurde entführt und befindet sich in der Gewalt von Bioverse, dem mächtigen Wetterkonzern. Denn das Geheimnis, das sie ein Leben lang bewahrt hat, wurde verraten: Mit der Kraft ihrer Gedanken kann sie das Wetter beeinflussen, Regen beschwören und Wind rufen. In einer Welt, die von Dürre und Stürmen geprägt ist, hat diese Gabe einen unschätzbaren Wert.

Das weiß auch Bioverse' Chefin Nathalie. Sie nutzt Vegas Gabe gegen deren Willen, um damit eine Wettermaschine herzustellen, die die Wetterverhältnisse für immer verändern soll. Vega muss Bioverse aufhalten, aber allein ist sie machtlos. Welche Ziele verfolgen ihre alten Verbündeten? Und soll sie Leo, der sie an Nathalie verraten hat, ein zweites Mal vertrauen? Die Zeit drängt, denn als die wahren Ausmaße von Nathalies Plänen deutlich werden, geht es um jede Minute …

Marion Perko macht gern dort Urlaub, wo das Wetter rau ist und der Wind stürmisch. Wenn die Wolken über den Himmel jagen und immer neue Bilder aus Licht und Schatten auf die Landschaft malen, ist sie am liebsten draußen und lässt sich zu neuen Geschichten inspirieren. Marion Perko ist Autorin, Lektorin und Schreibcoach. Online ist sie unter www.marion-perko.de oder auf Instagram als @marion.perko zu finden.

In der *Vega*-Reihe liegt außerdem vor:
Vega – Der Wind in meinen Händen. Band 1 der großen Klima-Saga.

Marion Perko

Vega

Der Sturm in meinem Herzen

Band 2

Insel Verlag

1

Das Auto hält und sie zerren mir die Kapuze vom Kopf. Meine Haare kleben mir im Gesicht, und als sie mir das Stück Stoff, mit dem sie mich in der letzten halben Stunde geknebelt haben, zwischen den Zähnen hervorziehen, hole ich pfeifend Luft. Mein Mund ist staubtrocken, aber niemand kommt auf die Idee, mir einen Schluck Wasser anzubieten.

Danach fragen kann ich nicht, ich bin zu sehr damit beschäftigt, bei Bewusstsein zu bleiben. Die stickige Luft im Auto, mein rasender Herzschlag, die Hitze unter der Kapuze – an den Rändern meines Blickfelds ploppen schwarze Flecken auf.

Hände ziehen mich vom Rücksitz des EUV. Draußen wird es besser, auch wenn es nicht so einfach ist, mit den gefesselten Händen das Gleichgewicht zu halten. Gierig sauge ich die Abendluft ein, und der Wind, der um die Ecke eines mehrstöckigen Gebäudes streicht, kühlt meine Stirn.

Jemand tritt an meine linke Seite und greift nach meinem Arm. »Hinter uns haben zwei Kollegen eine Waffe auf dich gerichtet. Wenn du irgendwas versuchst, schießen sie.«

Keiner der tausend Gedanken in meinem Kopf findet seinen Weg zu meinem Mund. Ich weiß natürlich, was die Frau mit »versuchen« meint, aber allein die Vorstellung ist dermaßen absurd, dass ich lachen möchte. Ich bin halb verdurstet und so müde, dass ich nur auf den Beinen bleibe, weil mich zwei Leute festhalten. Meine Gabe braucht ein Mindestmaß an Konzentration. Todesangst ist dabei nicht gerade förderlich.

Sie führen mich über einen gepflasterten Weg auf das Gebäude zu. Ein paar Schritte genügen, um mich wieder in meinem Körper zu verankern. Das Adrenalin lässt nach, ich denke klarer.

Gleichzeitig nehme ich meine Umgebung wahr. Neben mir gehen eine Frau und ein Mann, beide in schwarzer Kleidung und beide durchtrainiert. Keine PAO, sondern private Sicherheitsleute. Deren Aufgaben offenbar auch Entführungen umfassen.

Das Gebäude kommt mir bekannt vor, auch wenn ich sicher bin, dass ich noch nie hier war. Aber natürlich weiß ich, wo wir sind. Und wer dadrin auf mich wartet.

Die riesigen Fensterflächen des Gebäudes blitzen. Blumenbeete – unkrautfrei und in voller Blüte – säumen den Weg, ein drei Meter hoher künstlicher Wasserfall plätschert in einer Ecke der Grünfläche vor malerisch platzierten Felsblöcken. Und auf der Glastür, zu der mich die Sicherheitsleute führen, prangt eine Gravur, die einen Globus mit zwei Keimblättern zeigt. Wenn ich nicht schon sicher gewesen wäre, wohin sie mich gebracht haben, wäre hier der Beweis. Das Logo gehört Bioverse, einem der mächtigsten Wetterkonzerne Deutschlands. So mächtig, dass sie anscheinend glauben, über dem Gesetz zu stehen.

Das ganze Anwesen stinkt praktisch nach Geld. Ich will mir gar nicht vorstellen, wie viel Gewinn Bioverse jedes Jahr abwirft, damit so ein Luxus möglich ist. Galle sammelt sich in meinem Mund, als ich daran denke, wie Leo und ich uns auf der Straße durchgeschlagen haben. Und die ganze Zeit hat das hier auf ihn gewartet. Als wäre mein Leben ein Abenteuer, das er für eine Weile von der Außenlinie betrachtet. Ein Rummelplatz, den er hinter sich lassen kann, wenn ihn die Fahrgeschäfte langweilen.

Und da ist er: der Gedanke an Leo, den ich in den letzten Minuten mit aller Kraft unterdrückt habe. Zu spät, den Schmerz jetzt noch einzufangen.

Erinnerungen an die letzten Wochen flackern in meinem Kopf auf wie Blitzlichter – Leo, der mich aus PAO-Gewahrsam befreit, Leo, der mit mir über Dächer flieht, Leo, der mir das Schwimmen beibringt. Der mich küsst. Die ganze Zeit habe ich geglaubt, ich würde seine Motive kennen, wüsste, warum er mir hilft. Aber all sein Wissensdurst, unsere Freundschaft, die Gefühle, die er mir vorgegaukelt hat – sie waren nur dazu da, mich in Sicherheit zu wiegen, bis der Moment gekommen war, mich seiner Tante auszuliefern.

Scham überrollt mich, dass ich so dumm war. Er hat mich so leicht durchschaut. Ein kleines bisschen Geborgenheit, das war alles, was es brauchte, um mich rumzukriegen.

Ein Satz echot in meinem Kopf. *Sie dürfen nie davon erfahren …*

Wie wahr. Bei Leo konnte es mir gar nicht schnell genug gehen, mit meiner Gabe anzugeben. Und jetzt sitze ich in der Falle.

Hinter uns werden Schritte laut, jemand überholt uns. Anscheinend ist es einer der Kollegen, von denen die Frau gesprochen hat, denn der Mann richtet eine Pistole auf mich und zieht mit der anderen Hand die Glastür auf.

Wir gehen hindurch. Sie haben mich über den Hintereingang ins Gebäude gebracht, denn wir landen in einem schmucklosen Treppenhaus. Drei Stockwerke höher erreichen wir am Ende eines Flurs einen großzügigen Konferenzraum mit einer Fensterfront auf zwei Seiten. Meine Bewacher setzen mich auf einen Stuhl und postieren sich neben mir, die beiden mit der Waffe – der Mann und eine weitere Frau – stellen sich breitbeinig auf die andere Seite des Tischs.

Die haben ja ordentlich Respekt vor mir.

»Kann ich was trinken?«, krächze ich, als mein Blick auf das Tablett mit Wasserflaschen und Gläsern fällt, das neben der Bronzebüste eines Paars auf einer Anrichte steht. Ich verstehe meine Worte selbst kaum, so ausgedörrt ist meine Kehle.

Die Frau neben mir zögert, dann nickt sie dem Mann rechts von mir zu. Ein paar Sekunden später ist er mit einem vollen Glas zurück und hält es mir an die Lippen.

Ich zucke zurück. »Ich kann selber trinken.«

»So oder gar nicht«, bestimmt die Frau.

In diesem Moment erkenne ich ihre Stimme. Sie war letzte Nacht auf dem Dach im Chemiewerk. Die Wut in meinem Bauch wandelt sich in warme Genugtuung. Sie hat am eigenen Leib erfahren, wozu ich in der Lage bin, und gerade wünsche ich mir, ich hätte sie ein bisschen härter erwischt. Wir starren uns noch ein paar Sekunden an, dann erlaube ich mir ein kleines Lächeln und drehe den Kopf.

Es ist besser, wenn sie mich fürchten.

Der Kerl, der mir das Glas hinhält, stellt sich dämlich an, oder vielleicht ist es Absicht, dass die Hälfte des Wassers auf meinem Shirt landet, trotzdem ist es eine Wohltat, meinen Mund anfeuchten zu können. Dieser verfluchte Knebel.

Gerade als ich genug getrunken habe, dass ich glaube, meine Stimme wieder einigermaßen gebrauchen zu können, geht die Tür auf, und ich schlucke die Fragen, die ich auf die Security-Frau abfeuern will, herunter. Eine blonde Frau betritt das Zimmer, Mitte vierzig vielleicht, und auch wenn ich wusste, dass sie früher oder später auftauchen würde, bringt sie mich aus dem Konzept. Sie lässt ihren Blick schweifen, über die Sicherheitsleute, ihre Waffen, das Glas auf dem Tisch, bis er schließlich auf mir verharrt.

Eine ganze Weile betrachtet sie mich, so als könnte sie mich, meine Gedanken lesen. Aber sie täuscht sich. Dieses verschwitzte, erschöpfte Bündel, das seit sechsunddreißig Stunden nicht geschlafen und einen Tag lang kaum etwas gegessen hat, das bin nicht ich. Nicht die Vega, die den Sturm herausfordert. Die den Wind bis in die Zehenspitzen fühlt.

Ihre zarte, fast durchscheinende Haut macht nicht den Eindruck, als würde sie sich oft dem Wetter aussetzen. Als hätte der eisige Nordwind ihre Wangen je rot gefärbt oder das Mittagslicht Sommersprossen auf ihre Nase getupft. Diese Frau bleibt drinnen, wo keine Gefahr besteht für perfekt geföhnte Frisuren und manikürte Nägel.

Trotzdem mache ich mir nichts vor: Das gepflegte Äußere, die edlen Klamotten, das gehört alles dazu. Es stellt einfach nur klar, dass Nathalie Cyprian eine der mächtigsten Frauen des Landes ist.

Zu welchem Schluss sie über mich kommt, weiß ich nicht, aber ich bezweifle, dass sie sich noch groß ein eigenes Bild machen muss. Ihr Neffe hat ihr sicher brav Bericht erstattet.

Mir dreht sich der Magen um, ich beiße die Zähne zusammen. Sie sieht es, und anscheinend ist das das Signal, das Gespräch zu eröffnen.

»Vega«, beginnt sie. »Wie schön, Sie endlich bei uns zu haben. Mein Name ist Nathalie Cyprian.«

»Sparen Sie sich das Geschwafel«, antworte ich. Es klingt wie ein Knurren, so eingerostet ist meine Stimme.

Sie legt den Kopf schräg. »Inwiefern?«

»Sie haben mich wochenlang ausspionieren und dann entführen lassen! Und da wollen Sie mir weismachen, ich wäre Ihr Gast?«

Sie nickt. »Ich kann verstehen, wie die Umstände auf Sie wirken müssen. Dafür entschuldige ich mich in aller Form. Aber unserer Einladung sind Sie leider nicht gefolgt.«

»Sie haben mich nie eingeladen!« Mein Gesicht fühlt sich ganz heiß an, so wütend macht mich ihr gespreiztes Getue.

»Nicht persönlich. Aber mein Neffe, soweit ich weiß, sehr wohl.«

Ich bleibe stumm, denn ich erinnere mich. Gleich am ersten Tag, nachdem wir uns kennengelernt hatten, hat Leo mich gebeten, mit ihm ins »Institut« zu kommen. Ich schnaube. Damals dachte ich noch, er würde von der Uni sprechen.

»Ich habe Nein gesagt.«

Wieder nickt Nathalie Cyprian bedächtig. »Das war allerdings bedauerlich.«

»Wer glauben Sie eigentlich, wer Sie sind? Denken Sie, nur weil Sie reich sind, können Sie über den Rest von uns verfügen, wie es Ihnen passt? Ich wollte nie hierherkommen! Tun Sie nicht so, als wäre es meine Schuld, dass Sie mich gefesselt und geknebelt und wer weiß wohin verschleppt haben!«

»Na, na.« Sie macht ein tadelndes Geräusch, tritt ein paar Schritte auf mich zu und setzt sich mir gegenüber auf einen Stuhl. »Kein Grund, melodramatisch zu werden. Wir waren gezwungen, ein paar grundlegende Sicherheitsmaßnahmen anwenden, das ist alles. Wir wollten nicht, dass Sie sich verletzen. Oder jemand anders.«

Schade, ich habe gehofft, ich hätte jemanden erwischt, als sie mich gleich außerhalb der EcoQuest-Zentrale in das EUV verfrachtet haben. Anscheinend muss ich beim nächsten Mal fester zutreten.

Wir lassen uns nicht aus den Augen, sie mit dieser kühlen Überlegenheit, ich mit weitaus weniger Selbstbeherrschung. Schließlich bricht sie den Blickkontakt ab und streicht den Stoff ihrer Hose über ihrem Knie glatt.

»Ich verstehe, dass Sie aufgebracht sind, Vega.« Sie sieht mich wieder an. »Aber ich versichere Ihnen, was ich tue, geschieht allein im Interesse der Wissenschaft. Kaum jemand weiß besser als Sie, wie belastend die aktuelle Dürreperiode für unser Land, für ganz Europa ist.«

Sie zögert, dann gibt sie der Sicherheitsfrau neben mir ein Signal. Bevor ich ganz begreife, was passiert, zückt sie ein Messer und schneidet meine Fesseln durch. Mir entwischt ein Stöhnen, als der Druck auf meine Handgelenke nachlässt.

»Als Zeichen unseres guten Willens, Vega«, sagt Nathalie, und wenn ich mich nicht so darauf konzentrieren müsste, nicht zu weinen, weil die Blutzirkulation in meinen Händen wieder einsetzt, würde ich laut schreien.

Stattdessen fährt sie fort: »Ich bitte Sie, eine Woche bei uns zu bleiben und sich vorurteilsfrei eine Meinung darüber zu bilden, was Bioverse macht. Ihr Beitrag wäre von unschätzbarem

Wert …« Sie hebt die Hand, als ich Luft hole, um zu protestieren. »… für unser Land. Denn diesem Ziel haben wir uns bei Bioverse verschrieben: Wir wollen die Dürre in Deutschland lindern.« Als ich nicht ausweiche, legt sie ihre Hand auf meine Schulter. »Mit Ihrer Hilfe, Vega, werden wir hoffentlich Erfolg haben.«

Dieses Mal bemühe ich mich, mein Gesicht unter Kontrolle zu behalten. Das soll ich ihr abkaufen? Dass alles, was in diesem Konzern geschieht, nur der Allgemeinheit dient? Dass ihre Gewitterstürme im Namen der Wissenschaft ganze Viertel verwüstet und mich kreuz und quer durch die Stadt gejagt haben?

Es liegt eine Ernsthaftigkeit in ihrem Blick, die mich an ihren Neffen erinnert. Sagt sie die Wahrheit? Liegt ihr wirklich daran, die Dürre zu bekämpfen? Für einen winzigen Moment will ich ihr beinahe glauben … doch da fällt mir wieder ein, wohin es mich gebracht hat, ihrem Neffen zu vertrauen.

Ich balle die Fäuste. »Vergessen Sie's.«

Nathalie betrachtet mich, dann nickt sie und steht auf. »Das ist nicht ganz die Antwort, auf die ich gehofft hatte. Aber es war ein langer Tag. Morgen zeige ich Ihnen, was Bioverse tut. Ich bin mir sicher, das wird Ihre Meinung ändern.«

»Was?« Ich will aufspringen, doch Hände drücken mich zurück auf den Stuhl. »Haben Sie mir überhaupt zugehört? Ich will jetzt gehen!«

Ihre Augen haben nicht die geringste Ähnlichkeit mit denen ihres Neffen. Kalt und blau betrachten sie mich. »Das denken Sie vielleicht jetzt, Vega, aber ich bin überzeugt, ein wenig Ruhe wird Ihre Perspektive ändern. Wir sehen uns morgen.«

Mit einem letzten Nicken schließt sie die Tür hinter sich und lässt nichts zurück als einen Hauch von Maiglöckchen und Sandelholz.

»Lasst mich gehen! Was soll das? Ich will hier raus!«

Ich weiß, dass es nichts bringt, wenn ich gegen die Tür hämmere und Dinge brülle, auf die ich keine Antwort bekomme. Doch obwohl ich umfallen könnte vor Müdigkeit, obwohl mein Magen knurrt und ich schon wieder Durst habe, muss die Wut raus.

Die Security-Chefin – Jill heißt sie, wenn ich ihren Kollegen richtig verstanden habe – hat kein Wort gesagt, als sie mich in dieses Zimmer gebracht haben. Es sieht aus wie ein Ruheraum, ein Bett, ein winziger Tisch mit zwei Stühlen, ein leeres Regal, mehr gibt es nicht. Nur ein kleines Fenster ohne Griff. Ich frage mich, ob das technische Gründe hat und die Funktionsweise der Klimaanlage nicht beeinflusst werden soll oder ob sie hier öfter jemanden einsperren. Aber ich bin sowieso nicht in der Lage zu flüchten, und so verzweifelt, dass ich mich aus dem Fenster werfen müsste, bin ich auch noch nicht.

Ich senke den Kopf und stemme die Hände gegen die Tür. Plötzlich ist die Wut weg, sie lässt das zurück, wovor ich mich gefürchtet habe. Erinnerungen. Einen Gedanken, der wie eine Klinge in mir wütet. Nicht sauber und schmerzfrei wie ein Skalpell, sondern rostig, stumpf, quälend. Als wollte sie größtmöglichen Schaden anrichten. Als sollte die Wunde für immer schwelen.

Leo hat dich verraten …

Jedes Wort reißt ein Stück meines Herzens heraus.

Doch das kann ich nicht zulassen. Nicht hier, nicht jetzt. Ich brauche all meine Kraft, und an Leo zu denken, macht mich ganz sicher nicht stärker.

Mit knirschenden Zähnen stoße ich mich von der Tür ab und gehe zum Fenster. Ich vermisse den Wind. Hier drin bewegt sich die Luft kaum, doch wenn ich nach draußen sehe, dann flirren die Blätter der Bäume. Wolken, fluffige, harmlose Schäfchenwolken, treiben am rosafarbenen Himmel vorbei. Grashalme werfen lange Schatten und verändern in der Brise ihre Farbe.

Ich lege meine Hand an die Scheibe, aber durch das Glas spüre ich nichts. Leer und fremd. So fühlt sich nicht nur der Raum hinter mir an.

Ich bin es auch.

Das Abendessen ist eine einsame Angelegenheit. Noch vor zwei Tagen wäre mir dieser Gedanke absurd vorgekommen, doch ich vermisse Laura, Troy und Inez. Ich vermisse sogar Inez' ständige Vorträge über die ökologischen Auswirkungen von Wettermanipulationen. Bei EcoQuest musste ich nie allein essen, und was für ein Privileg das war, merke ich erst jetzt.

Am meisten aber vermisse ich Esper. Als Freund, so wie in der Zeit, bevor wir zusammen waren. Nicht so, wie ich ihn vermisst habe, als er nach unserem Einsatz in der Gartensiedlung verschwunden war. Als ich mich noch nicht in einen anderen verliebt hatte. Der mir dann das Herz rausgerissen hat.

Ich stütze die Handgelenke auf der Tischplatte auf und schließe die Augen. Warum führt jeder Gedanke zu Leo? Warum? Ich könnte ins Essen heulen, und alles, was passieren würde, wäre, dass ich dran denken müsste, dass Leo auch gerade Tomaten-Graupen-Salat isst.

Ein neuer Gedanke lässt mich auffahren. Was, wenn ich ihm morgen begegne? Wenn ich keine Gelegenheit finde, hier abzuhauen, und ihn jeden Tag sehen muss, solange sie mich hier einsperren?

Ich weiß nicht, was. Vielleicht … wenn ich ihn endlich sehe … vielleicht könnte ich dann richtig wütend sein.

Oder vielleicht bricht es mir einfach noch mal das Herz.

2

Draußen steht die Sonne hoch am Himmel, doch hier drin ist es gleichbleibend kühl. Ich gehe neben Nathalie durch die hohen Flure von Bioverse. Jills Sicherheitsteam lässt mich nicht aus den Augen, aber zumindest haben sie meine Hände nicht mehr gefesselt.

Ich fröstle. Die Luft fühlt sich so unnatürlich an, wie tot. Und gleichzeitig ist sie eine Zumutung. Ich wusste, dass es diese Wirklichkeit in Deutschland gibt. Dass Menschen in klimatisierten Räumen leben und arbeiten. Doch diese andere Realität schien immer so weit entfernt, unerreichbar für alle, die ich kannte, dass mich ihre Alltäglichkeit hier bei Bioverse schockiert.

Nathalie macht große Schritte, ich muss mich anstrengen, um neben ihr zu bleiben, als wäre ich durch den einen Tag in dieser Umgebung schwächer geworden. Wir reden nicht. Meine Vorwürfe hätten keinen Zweck, und ich will ihr nicht die Genugtuung verschaffen, Fragen zu stellen. Hier bin ich im Feindesland. Nicht nur weil sie mich entführt haben – als Wettermacherin muss ich dem Treiben eines Wetterkonzerns gegenüber misstrauisch bleiben. Trotzdem finde ich die Technik, die Nathalie hier stolz vorführt, faszinierend. Doch das darf nicht sein. Ich muss aufmerksam sein und die erste Chance nutzen, um zu verschwinden.

Wir erreichen eine Tür. Wie beinahe alle anderen ist auch sie mit einem Handflächenscanner gesichert. Sie führt in eine riesige Halle. Hinter großen Glasscheiben erkenne ich Kontrollräume mit Schaltflächen und Monitoren. Die Bildschirme sind schwarz, gerade arbeitet wohl niemand daran. Die Sicherheitsleute halten sich im Hintergrund, aber ich habe keinen Zweifel, dass sie jede meiner Bewegungen beobachten.

Mit schnellen Schritten durchquert Nathalie die Halle und zieht eine weitere Tür auf, hinter der sich ein langer Flur erstreckt. Links und rechts gibt es Büros, Serverräume und Labore. Betriebsamkeit erfüllt diesen Teil des Gebäudes, die meisten Leute blicken nicht einmal auf, als wir vorbeilaufen.

Im ersten Stock ändert sich der Grundriss. Hier gibt es in der Mitte ein paar Tische mit Dockingstationen, um die sich Versuchsräume anordnen. Nathalie spricht von Windkanälen, Druckkammern und Feuchträumen, und langsam verliere ich das Interesse. Warum bauen sie hier nach, was sie draußen, unter freiem Himmel, kostenlos bekommen können?

Auf einmal kippt meine Stimmung. Ich bleibe stehen und verschränke die Arme. »Was wollen Sie von mir? Ich habe Ihnen gestern schon gesagt, dass ich nicht mit Ihnen zusammenarbeiten will. Dieses ganze Technikzeug ... Was hat das mit mir zu tun?«

Nathalie nickt und deutet auf die gerade unbesetzten Arbeitsplätze in der Mitte des Raums. »Sehen Sie, Vega, Bioverse setzt sich seit Jahrzehnten dafür ein, dass wir das Wesen des Wetters genauer verstehen. Wir investieren Millionen, um den Menschen zu helfen, besser mit den neuen klimatischen Bedingungen zurechtzukommen.« Sie lehnt sich gegen einen der

Tische und sieht mich direkt an. »Über die Jahre gab es viele Durchbrüche. Unser Wissen über Klima und Wetter ist seit der Jahrtausendwende enorm angewachsen. Aber Sie …« Sie macht eine elegante Bewegung in meine Richtung. »Sie könnten dieses Wissen auf eine ganz neue Stufe heben.«

Ein paar Herzschläge lang antworte ich nicht. Wir stehen uns gegenüber und betrachten uns still. Kapiert sie es nicht? Ich habe kein Wissen über meine Gabe. Das wollte Leo schon nicht verstehen. Alles, was ich habe, ist die Fähigkeit zu fühlen.

»Ich kann Ihnen nichts sagen, was Sie nicht schon wissen«, antworte ich deswegen.

Einer von Nathalies Mundwinkeln hebt sich. »Aber Sie können es uns zeigen.«

Sie stößt sich von der Tischplatte ab und bedeutet mir, ihr zu folgen. Wir biegen in einen Seitenflur ein. Hinter einer weiteren Verbindungstür treffen wir wieder Menschen. Ein sehr kleiner Mann in einem weißen Kittel eilt vorbei, und ich begreife, wo wir sind. Es ist eine medizinische Abteilung.

Nathalie bleibt vor einem Fenster stehen, durch das ich zwei Liegen, eine Unmenge an Apparaten und Messgeräten erkennen kann. »Alles, was wir von Ihnen brauchen, ist ein Blick in Ihren Kopf.«

Als hätte mich etwas gebissen, weiche ich von der Scheibe zurück.

»Sie wollen mich an diese Kästen anschließen? Mein Gehirn anzapfen?« Langsam drehe ich den Kopf und starre Nathalie an. »Auf keinen Fall.«

Sie macht ein enttäuschtes Gesicht. »Das ist bedauerlich, Vega. Bedenken Sie, wie vielen Menschen Sie helfen könnten, wenn Sie Ihre Gabe teilen.« Sie hebt die Hand, als wollte sie ihre Finger an meine Schläfe legen, aber ich zucke zurück, und sie lässt den Arm wieder sinken. »Solche Fähigkeiten sind ein Geschenk, Vega. Ein Geschenk für die Menschheit, nicht für ein kleines Mädchen.«

Ich presse die Kiefer aufeinander, bevor ich antworte: »Das entscheiden nicht Sie. Und das kleine Mädchen sagt Nein.«

Sie seufzt leise, dann dreht sie sich um und geht einige Türen weiter. Wieder betätigt sie mit ihrer Handfläche den Schließmechanismus. Die Tür gibt den Blick auf eine kahle weiße Zelle frei, in der es nichts gibt als eine schmale Pritsche, einen an die Wand montierten Klapptisch und eine winzige Nasszelle. Kein Fenster, keinen Teppich, noch nicht einmal eine Decke auf der Pritsche.

»Wissen Sie, Vega«, beginnt Nathalie in diesem gefährlich leisen Tonfall, bei dem ich allmählich begreife, dass er ihr wahres Wesen zeigt, »es liegt ganz bei Ihnen, wie Ihr Aufenthalt hier verläuft. Kooperieren Sie, und Sie werden alle Annehmlichkeiten genießen, die mein Haus zu bieten hat. Weigern Sie sich, und ich werde einen Weg finden, Ihnen die nächsten Tage so unbequem wie möglich zu gestalten.« Sie deutet in die Zelle. »Das ist eine Kältekammer. Sie ahnen nicht, wie viel Energie niedrige Temperaturen einem entziehen.«

Langsam wandert mein Blick zwischen der Zelle und Nathalies Gesicht hin und her. Es dauert ein paar Sekunden, dann kapiere ich, was sie andeutet.

Ich schnaube. Wenn sie denkt, ich wüsste nicht, was Kälte einem antut, irrt sie sich. Jedes Mal, wenn ich meine Gabe einsetze, dauert es Stunden, bis mein Körper den Temperaturverlust ausgeglichen hat. Wenn jemand weiß, womit sie da droht, dann ich. Doch selbst Tage voller Eiseskälte sind besser, als an Apparate angeschlossen zu werden wie eine Laborratte.

Die Security-Leute treten näher. Wenn mich das umstimmen soll, muss ich sie enttäuschen. Ich werfe einen Blick in die Kammer, aber meine Entscheidung steht längst fest.

Entschlossen trete ich über die Schwelle und drehe mich zu Nathalie um. »Meine Gabe gehört mir. Ich schulde der Menschheit gar nichts. Und Ihnen erst recht nicht.«

Nathalie hält meinen Blick für einen Moment, dann lächelt sie schmal und legt ihre Hand auf den Scanner. Mit einem leisen Zischen schließt sich die Tür und ich bin allein.

Dass die Schmerzen das Schlimmste sein würden, hätte ich nicht gedacht. Mein ganzer Körper krampft vom Zittern, und ich kriege kaum die Zähne auseinander, um das bisschen Essen hinunterzuwürgen, das sie mir zweimal am Tag hinstellen. Keine Suppe, kein Tee, alles ist kalt – Nathalie ist gründlich.

Dass die Tage vergehen, merke ich nur daran, wie sich die Beleuchtung verändert. Abends wird das Licht fast vollständig gedimmt. Doch ganz ehrlich: Die Mühe könnten sie sich sparen. Jeder weiß, dass man nicht einschlafen kann, wenn man kalte Füße hat. Das hier ist zehntausendmal schlimmer. Wenn ich kurz wegnicke, weil mein Gehirn schlappmacht, holt mich das Zittern garantiert nach ein paar Minuten zurück.

Den Rest der Zeit versuche ich, in Bewegung zu bleiben. Hüpfen kann ich nicht, aber die Knie anziehen schaffe ich meistens. Armkreisen, Rumpfbeugen ... Der ganze Mist aus dem Schulsport hält mich jetzt am Leben.

Obwohl, sterben lassen würden sie mich schon nicht. Das rede ich mir ein, wenn ich mal einen klaren Gedanken fassen kann. Was selten vorkommt, wenn der Körper immer häufiger übernimmt und man damit beschäftigt ist, das Schlottern in den Griff zu kriegen.

Irgendwann gebe ich es auf. Es ist zu anstrengend, auf den Beinen zu bleiben. Ich lege mich hin und meine Gedanken driften ab. Ein Teil meines Gehirns wird panisch, aber der größere heißt die Bilder willkommen. Ich liege im trockenen Gras auf dem Rücken, den Arm über den Augen, weil die Sonne so hell ist, und lasse die Wärme durch meine Haut in mein Inneres sickern. Alles in mir leuchtet, in meinem Kopf explodieren goldene Funken wie bei einem Feuerwerk.

Doch mein Körper bekommt keine Chance, das Hochgefühl in meinem Hirn in Entspannung umzusetzen. Hände schließen sich um meine nackten Oberarme, beinahe heiß auf meiner kühlen Haut, und zerren mich in die Senkrechte. Sie warten, bis ich nicht mehr schwanke, dann führen sie mich in einen angrenzenden Raum. Wahrscheinlich ist es hier nur ein paar Grad wärmer, aber mir kommt es vor, als würde ich durch eine Tür hinaus in eine Wüste treten.

Jemand legt mir eine Thermodecke um die Schultern, weil das Zittern zurück ist, und die nächsten paar Minuten habe ich damit zu tun, bei Bewusstsein zu bleiben. Leute in weißen Kitteln checken meinen Blutdruck, meine Herzfrequenz und meine Körpertemperatur, und aus der unterdrückten Panik, die in ihren Bewegungen liegt, lese ich, dass wir meine Belastungsgrenze erreicht haben.

Beinahe grinse ich. Schlimmer kann es also nicht werden.

Aber es war auch schlimm genug.

Ich habe den Gedanken noch nicht ganz zu Ende gedacht, als der Schmerz wie ein Schwert durch mich fährt. Stöhnend krümme ich mich zusammen, und um mich herum bricht wieder Hektik aus, bis sie kapieren, was auch mir aufgeht: Mein Körper wärmt sich auf.

»Gott, verdammt!«, fluche ich, und meine Sprache wird nicht zimperlicher, während die Schmerzen unendliche Minuten durch meine Glieder toben und irgendwann in schier unerträglichem Kribbeln auslaufen. Mittlerweile laufen mir die Tränen aus den Augen und der Rotz aus der Nase, aber wen kümmert's? Als ich wieder denken kann, fokussiert sich alles auf einen Wunsch: Ich werde sie töten. Sie alle. Nathalie, ihre weißbekittelten Lakaien, alle.

Und die Klarheit dieses Gedankens macht mir nur ein winziges bisschen Angst.

Dann ist es vorbei. Ich bin so erschöpft, dass ich sie beinahe anbettle, mich schlafen zu lassen, doch bevor ich auch nur einen verständlichen Satz formulieren kann, gleitet die Tür auf, und Nathalie kommt herein. Ihr Gesicht verrät nicht viel, aber ich kenne sie mittlerweile gut genug, um den Triumph darin lesen zu können, den sie hinter Disziplin und Professionalität versteckt.

Hass flutet mich wie Starkregen eine Schlucht.

Sie setzt sich an einen schmalen Tisch und schlägt die Beine übereinander. Ich suche in mir nach dem letzten bisschen Kraft, das mich aufrechthält. Langsam hebe ich das Kinn und drehe mich zu ihr.

Sie betrachtet mich still, aber ich werde einen Teufel tun und als Erste reden. Ich wüsste auch gar nicht, woher ich die Energie nehmen sollte.

Eine Weile sitzen wir uns also gegenüber, bis sie fragt: »Wie geht es dir?«

Ich lache auf. Es klingt wie Metall auf Schmirgelpapier.

»Wenn du glaubst, so etwas über meine Gabe zu erfahren, muss ich dich enttäuschen. Bisschen kontraproduktiv, das Ganze.«

Über Höflichkeitsfloskeln sind wir längst hinaus.

»Hm«, sagt sie.

Wie wütend so ein winziges Geräusch machen kann.

Ohne ein weiteres Wort steht sie auf, öffnet die Tür und verschwindet. Und auch wenn ich mir gern eingeredet hätte, dass diese Runde an mich geht, bleibe ich mit einem schalen Gefühl zurück. So als würden wir dieses Gespräch bald unter anderen Vorzeichen fortsetzen.

Nach ein paar Stunden fühle ich mich wie neugeboren. Sie haben mir etwas zu essen gebracht, es gab Tee und in meiner Eiskammer war es zumindest ein paar Grad wärmer als in den Stunden zuvor. Sogar geschlafen habe ich ein wenig. Alles in allem habe ich wieder genug Kraft, um meine Gabe einzusetzen – und das macht mich nervös.

Tatsächlich ist auf Nathalie Verlass. Sie lässt mir gerade genug Zeit, um mir auszumalen, was sie als Nächstes mit mir anstellt, bevor die Tür aufgeht und zwei Sicherheitsleute hereinkommen. Der Name des Mannes ist Ric, das weiß ich, weil er mir jeden Tag das Essen hinstellt. Jill ist die andere, die Security-Chefin, die auch bei dem Einsatz in der Chemiefabrik dabei war. Die Erinnerung durchfährt mich wie ein Blitz, versengend und erleuchtend zugleich. Wie schockiert und beschämt ich war, dass ich meine Gabe gegen Menschen eingesetzt hatte.

Wie sicher, aufgehoben und zuversichtlich ich mich dennoch gefühlt habe, weil Leo an meiner Seite war.

Wie dämlich.

Als hätten meine Gedanken ihn heraufbeschworen, taucht Leo vor mir auf. Jill und Ric haben mich zwischen sich genommen und auf den Flur geführt, und da steht er, neben einem anderen Mann aus dem Sicherheitsteam. Ich bin so überrascht, dass ich stolpere. Hitze schießt mir ins Gesicht.

Aber sofort ist die Scham vergessen. Alles, was ich fühle, ist Wut, rot glühende Wut.

Ich halte mich gar nicht mit Beschimpfungen auf, sondern werfe mich nach vorn, in der Hoffnung, die Security-Leute zu überrumpeln. Ric lässt mich tatsächlich los, und ich hebe den Arm, will zuschlagen, kratzen, egal, was ... Ich will ihm nur einen winzigen Bruchteil der Schmerzen zufügen, die mich seit dem ersten Moment bei Bioverse begleiten.

Doch Nathalies Leute sind schnell. Der andere Mann tritt vor Leo, bevor meine Hand ihn trifft. Ric packt mich, und zu dritt reden sie auf mich ein, aber ich bin noch immer stumm. Ich wüsste nicht, mit welchen Worten ich Leo beschimpfen sollte.

Er hat sich noch kein Stück bewegt. Er steht einfach nur da und starrt mich an. Sein Gesicht ist völlig ausdruckslos, nur in seinen Augen ... In seinen Augen kämpfen so viele Emotionen, dass ich mir beinahe einreden könnte, unsere Begegnung würde ihn genauso aufwühlen wie mich.

Wie dämlich!

Endlich übertönt der Tumult um mich herum den Aufruhr in meinem Inneren.

»Schluss jetzt«, zischt Jill und dreht mir den Arm grob

auf den Rücken. Tränen schießen mir in die Augen, als der Schmerz durch meine Wut schneidet, und schwer atmend folge ich Jill und Ric den Flur hinunter. Leo und der andere Mann schließen sich an.

Jill löst ihren Griff erst, als wir einen kahlen, nichtssagenden Raum erreicht haben. Auf dem Weg hatte ich Zeit, mir die richtigen Worte zurechtzulegen. Ich richte mich auf und will mich schon umdrehen, um Leo anzubrüllen, als ich Nathalie bemerke. Sie steht an einem Steuerungspult am anderen Ende des Raums und beobachtet uns.

Mühsam schlucke ich meine Beschimpfungen herunter. Ich würde Leo so gern alles ins Gesicht schreien, was meine schlaflosen Stunden zur Tortur gemacht hat, sein Verrat, all die Falschheit, die in seinen Worten, in jeder seiner Berührungen gelegen hat. Aber nicht wenn sie dabei ist. Nicht wenn sie meine Wut zu ihrer Waffe macht. Sie sieht ohnehin viel mehr, als ich sie sehen lassen will.

Also straffe ich die Schultern und wende mich von diesem fremden Leo ab, der keins von seinen weichen, verwaschenen Shirts trägt, sondern eine elegante Hose und ein Hemd. Ein Hemd! Adrett und fügsam wie alle anderen von Nathalies Befehlsempfängern.

Vielleicht hätte ich ihn weiter anschauen sollen, denn jetzt fällt mein Blick auf mein Spiegelbild. Ich sehe mich in einer schwarzen Scheibe, das helle Top, die weite Hose, doch vor allem diese riesigen Augen. Viel zu groß für mein Gesicht.

Bevor sich der Schock festsetzen kann, geht hinter der Scheibe Licht an. Und ich atme scharf ein.

Ein paar Meter von uns entfernt, in einer Art Tunnel mit glatten grauen Wänden, eingeschnallt in ein Geschirr wie ein Tier, steht Esper. Ich winde mich aus dem Griff der Sicherheitsleute und stürze auf die Scheibe zu. Mit den bloßen Fäusten hämmere ich gegen das Glas, brülle seinen Namen, so laut es meine heisere Stimme zulässt, aber er reagiert nicht auf mich. Er kann mich nicht sehen, nicht hören, er ist ganz allein in diesem Kasten, wie ein Versuchskaninchen.

»Wie kommt er hierher?«, stoße ich hervor. Mein Blick fällt auf Leo, der sich neben Nathalie gestellt hat. Seine Kieferknochen treten scharf hervor.

Doch dann fällt mir die dringlichere Frage ein.

»Was hast du mit ihm vor?«, frage ich Nathalie, die nur immer weiter auf dem Display ihres Steuerungspults herumwischt.

Ein paar Sekunden ignoriert sie mich, dann wird ein Summen laut und sie macht eine Handbewegung Richtung Glasscheibe. Mit einer schrecklichen Vorahnung drehe ich mich wieder um.

Das Summen wird zu einem Dröhnen. Espers Haare sind immer noch so kurz, dass sie sich nicht bewegen, aber seine Klamotten flattern, er tritt einen Schritt zurück, um das Gleichgewicht zu bewahren, und dann muss er sich mit seinem vollen Gewicht in den Luftstrom lehnen, um nicht von den Füßen gerissen zu werden. Das Glas unter meinen Händen scheint zu vibrieren, als könnte ich die Kräfte spüren, denen sich Esper entgegenstemmt, aber es ist nur die Erinnerung meines Körpers, der weiß, wie Esper sich fühlt. Der Unterschied ist: Mein Körper ist diesen Kräften nicht wehrlos ausgeliefert. Nicht jetzt. Niemals.

»Hör auf damit!«, brülle ich, ohne Esper aus den Augen zu lassen, doch es geht erst los.

Der Wind in der Kammer wird noch stärker, Espers Muskeln zittern, die Luft zerrt an seinen Augenlidern und Wangen. Ich erkenne den Moment, in dem der Druck zu stark wird und Esper keinen Widerstand mehr leisten kann. Seine Füße verlieren den Kontakt zum Boden und sein Körper richtet sich in dem Geschirr neu aus. Obwohl er festgeschnallt ist, muss er jeden Muskel anspannen, damit die schrecklichen Kräfte ihn nicht umbringen.

Auch wenn ich weiß, dass er mich nicht hört, hämmere ich weiter gegen die Scheibe und brülle Espers Namen. Ich will nicht sehen, was er gerade durchmacht, und doch kann ich nicht wegschauen, weil ich Angst habe, dass er nur so am Leben bleibt, dass nur eine unaufmerksame Sekunde ihn Kraft kostet und tötet.

»Hör auf damit!«, höre ich mich schreien. »Hör auf! Du bringst ihn um.«

Durch mein Toben und das Dröhnen höre ich Nathalies Antwort. »Nein. Du bringst ihn um.«

Alle Kraft verlässt mich. Meine Arme fallen an meine Seiten, ich werde ganz still.

Ich höre ein Keuchen, von mir, vielleicht von Leo, ich weiß es nicht. Ich weiß nur, wie meine Antwort zu lauten hat.

»Hör auf damit, und du bekommst, was du willst.«

In der Scheibe spiegelt sich eine Bewegung, kaum wahrnehmbar, wie ein zufriedenes Nicken, und es dauert nur Sekunden, bis das Dröhnen leiser wird und der Windstrom schwächer. Espers Schuhspitzen berühren den Boden, doch er bleibt vornübergebeugt in seinem Geschirr hängen. Ich erkenne nicht, ob er bewusstlos geworden ist, und bevor ich es herausgefunden habe, nehmen mich die Sicherheitsleute in ihre Mitte und führen mich zu der Tür auf der anderen Seite des Raums.

»Ich will zu ihm!«, verlange ich, aber ich könnte auch die Wand anschreien, so viel Wirkung zeigt es. »Sagt mir wenigstens, ob es ihm gut geht! Nathalie!«

Die Tür vor mir gleitet auf, und als mich Jill und Ric an ihm vorbeizerren, strafft Leo kaum merklich die Schultern. Sein Blick flackert zu mir, er hält unseren Augenkontakt nicht. Sein Gesicht ist ganz grau und da kapiere ich es.

»Du warst das!«, kreische ich und will mich auf ihn werfen, aber die Hände um meine Oberarme lassen es nicht zu. Jetzt sieht er mich doch an und der Ausdruck in seinen Augen ist wie ein Schlag in den Magen. Ich verstehe nicht alles, was ich darin lese, die Schuld, den Trotz, das Flehen – ich verstehe gar nichts mehr.

Dann sind wir an ihm vorbei, und als die Tür hinter uns wieder zugleitet, ist es, als würde ein Schalter in mir umgelegt. Alle Energie fließt aus mir heraus, wie ein nasser Sack hänge ich zwischen Jill und Ric und meine nackten Füße schlurfen über den kühlen Boden.

Sie haben Esper. Leo hat nicht nur mich verraten, sondern alles, was mir etwas bedeutet.

Und deswegen werde ich von nun an tun, was Nathalie will.

Sie betritt das kleine Labor nur wenige Sekunden nach uns und deutet auf einen Stuhl, zu dem Jill und Ric mich führen. Nathalie nimmt auf einem Hocker Platz und dreht sich elegant hin und her.

»Folgendermaßen wird es ablaufen«, unterrichtet sie mich, und ihr Ton regt mich schon nicht mal mehr auf. »Wir werden eine Reihe Experimente durchführen, bei denen du deine Gabe anwendest und wir mit Elektroden deine Gehirnaktivität und deine Vitalfunktionen überwachen. Nichts Dramatisches. Ich will nur verstehen, wie dein Talent funktioniert.« Sie macht eine Pause, als erwarte sie, dass ich etwas entgegne, doch ich bleibe stumm. »Solange du kooperierst, wird dein Freund es bequem haben. Wenn du aus der Reihe tanzt, hast du gesehen, was passiert.«

Wieder blickt sie mich abwartend an, aber ich rühre mich nicht. Ich bin mir sicher, dass sie meine Antwort kennt.

Jemand in einem weißen Kittel streift mir eine Haube aus grauem Gummi über den Hinterkopf, von dem ein Dutzend Drähte wie kleine Antennen abstehen. Ich muss aussehen wie ein Igel mit Badekappe, aber die Zeiten, in denen ich mich über einen solchen Gedanken amüsiert hätte, scheinen Jahrzehnte zurückzuliegen.

»Fang an«, fordert Nathalie mich auf.

Verständnislos starre ich sie an, dann dämmert mir, was ihr Missverständnis ist. Ich schüttle den Kopf.

»So funktioniert das nicht«, erkläre ich. »Ich brauche frische Luft um mich herum. In geschlossenen Räumen kann ich das Wetter nicht beeinflussen.«

Einen Augenblick wirkt Nathalie völlig perplex. Dann heben sich ihre Mundwinkel, und ich weiß genau, was ihr in diesem Moment aufgeht: Wenn meine Gabe drinnen nutzlos ist, muss sie sich über Sicherheitsvorkehrungen keine Gedanken machen. Dann kann ich ihr nicht gefährlich werden.

Doch Nathalie wäre nicht Nathalie, wenn sie sich mit meinem Wort zufriedengeben würde. Sie deutet auf die Elektrodenkappe. »Probier es. Deine Gehirnaktivitäten sind bestimmt die gleichen, ob du in einer natürlichen Umgebung bist oder nicht. Ab morgen werden wir unsere Versuchsanordnungen anpassen.«

Was sie meint, ist: Sie will Vergleichsdaten haben. Ich soll ihr beweisen, dass ich es wirklich versuche. Aber das, was sie verlangt, ist, als würde ich allein ein Gespräch führen. Ich rufe ins Nichts hinein und warte auf eine Antwort, die nicht kommt. Ich will es ihr erklären, doch sie schüttelt den Kopf.

»Keine Ausflüchte. Ich will sehen, was in deinem Gehirn passiert.«

Mir fehlt die Kraft, ihr etwas entgegenzusetzen. Diese letzte Stunde – Nathalies Skrupellosigkeit, die Angst in Espers Gesicht, Leos stummes Schuldeingeständnis – hat mich stärker erschöpft als die Tage in der Kältekammer. Meine Gabe ist wie eine Zuflucht, etwas Tröstliches in Zeiten, in denen ich nichts mehr unter Kontrolle habe. Also stehe ich auf und suche in mir nach diesen Fähigkeiten, die mich begleiten, seit ich denken kann. Die so lange schon bestimmen, was ich bin.

Es ist mühsam. Mir ist immer noch kalt, und die Energie, die ich aufbringen muss, laugt mich weiter aus. Sie ist verschwendet, kein Lüftchen regt sich, während mir nur immer noch kälter wird und mein Gehirn wieder beginnt, mir Bilder vorzugaukeln. Nicht die Schreckensbilder, die ich befürchtet habe, sondern Momente von früher, Schmetterlinge, die um meinen Kopf torkeln, kleine Regenbogen, die den Sommerregen funkeln lassen. Baumwipfel, die sich im Wind wiegen. Die silbrige Oberfläche eines Sees, die sich kräuselt.

Auch meine Gabe ist nur Erinnerung, als ich hier in diesem sterilen Raum stehe und meine Wärme, die Reste davon, fließen lasse.

»Vorsicht!«

Ich weiß nicht, wer gerufen hat, aber ich fahre hoch und fühle im nächsten Moment Arme, die sich um mich schließen. Aus der Hektik, mit der die Wissenschaftlerin einen Stuhl heranzieht, und dem Nachdruck, mit dem mich der Mann daraufsetzt, schließe ich, dass ich beinahe umgekippt wäre. Für ein paar Sekunden dreht sich alles um mich und ich stütze die Ellbogen auf den Knien ab. Jemand reicht mir ein Glas Wasser, nach dem ich mit zitternden Fingern greife.

Ich fange Nathalies Blick auf. Sie betrachtet mich wie einen Käfer, der zertreten an ihrer Schuhsohle klebt, und ganz kurz fühle ich mich genau so.

»Interessant«, sagt sie nach einem Moment. »Da hast du also nicht gelogen.« Sie klappt die Schutzhülle ihres Tablets zu und wendet sich an ihre Lakaien. »Bringt sie zurück in die Kammer und sorgt dafür, dass sie schläft. Nicht mehr als sechs Stunden. Vierzehnhundert Kalorien täglich. Morgen um neun machen wir weiter.«

Ohne ein weiteres Wort geht sie an mir vorbei und verschwindet durch die Tür. Als ihre Schritte verklungen sind, bringen mich meine Aufpasser zurück in meine Zelle.

3

Sechs Stunden Schlaf sind schnell vorbei, wenn man weiß, dass nach dem Aufwachen nichts Gutes auf einen wartet. Ich gähne fast ununterbrochen, aber jedes Mal, wenn mir die Augen zufallen, tönt ein schrilles Piepen durch den Lautsprecher. Zweimal habe ich mir vor Schreck schon auf die Zunge gebissen. Es tut weh, wenn ich etwas trinke.

Dass ich das alles wahrnehmen kann – dass sich der Schlaf beinahe erholsam angefühlt hat –, bedeutet, dass es in der Kammer nicht mehr ganz so kalt ist. Von warm sind wir aber immer noch drei Klimazonen entfernt.

Sie bringen mir Kaffee, was tatsächlich die erste Wohltat ist, seit sie mich hier drin eingesperrt haben. Wahrscheinlich ging ihnen das ständige Tuten selbst auf die Nerven, jetzt wollen sie mich mit Koffein wach halten.

Es funktioniert. Nach ein paar Minuten lässt mein Gähnen nach. Gleichzeitig wachen meine Gedanken auf.

Sie dürfen es nicht wissen …

Die Stimme in meinem Kopf ist hartnäckig lauter geworden, und jetzt, als ich langsam aus dem Überlebensmodus herauskomme, scheint sie mich zu verspotten.

Humorlos schnaube ich. Da hatte sie wohl recht. All die Jahre hatte sie recht. Ich ziehe die Beine an und stelle den

Kaffeebecher auf meinem Knie ab. Sie hätten es nie wissen dürfen.

Jetzt wissen sie es. Und ich bin eine Ratte im Käfig.

Ich halte mich an den kleinen Dingen fest. Dem Geschmack von Kaffee. Dem Gefühl, satt zu sein. Warmen Füßen. Frisch gewaschenen Haaren. Damit komme ich durch die folgenden Tage. Einmal finde ich sogar eine kleine Tafel Schokolade eingewickelt in eine Serviette auf meinem Frühstückstablett. Völlig gegen meine Natur esse ich immer nur ein kleines Stück davon. Das Gefühl des Trostes, das die bittere Süße in mir auslöst, bringt mich fast zum Weinen.

Ich schiebe alles weg, was mein Herz oder mein Hirn aus dem Gleichgewicht bringen könnte – denn ich weiß, ich balanciere auf einem hauchdünnen Seil, und unter mir tut sich ein Abgrund auf, der mich verschlingen wird, wenn ich den Schmerz, die Zweifel, die Hoffnungslosigkeit zulasse, die in der Dunkelheit auf mich lauern. Ich muss wachsam sein und mich gleichzeitig betäuben. Es ist ein schmaler Grat.

Wenn ich nicht schlafen darf, starre ich mit trockenen Augen an die Decke. Sollte ich stattdessen weinen? Vielleicht würde ich es sogar gern, aber der Gedanke, welche Genugtuung es Leo verschaffen würde, wenn er wüsste, was für ein Schlachtfeld er hinterlassen hat, hält mich davon ab. Wie alles für ihn aufgegangen ist! Wie ich ihm alles, *alles* von mir erzählt habe, nur damit er es weiterträgt.

Nein. Ich balle meinen Schmerz und alle meine Gefühle in einem winzigen, eiskalten Klumpen zusammen und halte mich daran aufrecht. Der Rest von mir ist hohl, doch das ist okay. Ich hoffe nur, die nächste Erschütterung bleibt noch ein wenig aus. Sonst kann es sein, dass ich in tausend Teile zersplittere.

Als Nathalie mich endlich nach draußen lässt, bin ich beinahe euphorisch. Sie bringen mich in einen Hof, wo wir anscheinend auf ein Auto warten, aber ich schließe die Augen und ignoriere die beiden Männer neben mir, den Geruch nach Asphalt und Metall, das Surren, das aus den Maschinenhallen an meine Ohren dringt. Für ein paar kostbare Sekunden nehme ich nichts wahr als das Sonnenlicht auf meinem Gesicht, den Wind, der über meine Arme streicht, sanft wie eine menschliche Berührung, den würzigen Duft nach trockenem Gras und Lavendelblüten. Jede Zelle in meinem Körper scheint sich zu regen, ich bin fast überwältigt von den Reizen, die auf mich einströmen, die Wärme, die Luftfeuchtigkeit, die Verwirbelungen. Die fernen Echos der Signale, die ich aussende, ganz automatisch, ohne darüber nachzudenken. Ich war stumm, das geht mir jetzt auf, eingesperrt in meinen Kopf, und ein leises Stöhnen entwischt mir, als ich mich in die Welt hinausstrecke und die Weite fühle. Ich schwanke, doch ein fester Griff an meinem Arm bringt mich wieder ins Lot.

Als sie mich auf den Rücksitz eines schwarzen EUV schieben, frage ich, ob ich das Fenster einen Spalt öffnen darf. Nach kurzem Zögern, so als müsste sie überlegen, ob das gefährlich werden könnte, stimmt Jill zu, und die ganze Fahrt über fühle ich mich wie im Himmel. Der Fahrtwind zerrt an meinen Haaren, und beinahe fühlt es sich so an, als wäre ich frei.

Wir steigen an einem riesigen Getreidefeld aus, das sich golden am Horizont verliert. Wie üblich werde ich mit meiner Schwimmkappe und den Sensoren ausstaffiert, und kurz frage ich mich, ob es besser ist, Nathalies Forderungen besonders gut zu erfüllen oder, im Gegenteil, meine Kräfte zurückzuhalten, damit wir einen Grund haben, auch morgen wieder hierherzufahren. Ich komme zu keinem Ergebnis und dann übernimmt mein Instinkt. Meine Gabe fühlt sich an wie ein Pferd, das zu lange im Dunkeln eingesperrt war – kaum gibt Nathalie mir die Anweisung, nach Regen zu suchen und den Acker zu bewässern, streckt sich mein Geist, und jede Kontrolle, die ich mir auferlegen wollte, wird überrannt. Ich bilde mir die Macht nicht ein, mit der meine Gabe aus mir strömt – jemand keucht leise auf, die Sensoren müssen also andere Werte zeigen als bei den Experimenten in den Bioverse-Hallen. Der Energie nach zu urteilen, die in meinen Fingerspitzen und Zehen pulsiert, sprengen sie die Anzeige.

Doch diese Menschen, Fremde immer noch, obwohl ich seit Tagen Stunde um Stunde mit ihnen verbringe, verschwinden plötzlich. Ich bin Teil von etwas Größerem und für den Moment hören sie auf zu existieren. Die Luft liebkost mich, zart erst, dann stürmischer, und sie weckt das Leben in mir. Was in den letzten Tagen vergraben war, kommt jetzt ans Licht, und ich sende alles aus, um mit dem Wind zu tanzen.

Es ist ein heißer Tag, heiß und trocken, und das Wasser antwortet mir von weit her. Doch es antwortet. Hinter mir höre ich menschliches Flüstern, aber es interessiert mich nicht. Was zählt, ist das Wispern, das die Wolken ankündigt, das Rascheln und Rauschen und Säuseln und Zischen.

Hier!, rufe ich, nicht mit meiner Stimme, sondern mit meinem Geist, der lockt und schmeichelt. Ich recke die Arme zum Himmel, aus Gewohnheit, auch wenn ich weiß, ich brauche die Geste nicht mehr, um die Luft zu dirigieren. Ich will einfach alles spüren, alles, was von hier, vom Boden aus, möglich ist.

Ich bin wieder lebendig. Das Blut rauscht durch meine Adern, meine Finger spielen mit den Böen, die Spitzen meiner Haare flirren um mich, als hätten sie ihren eigenen Willen. Es ist alles leicht. Richtig.

Dann rieche ich den Regen, und ich kann es kaum erwarten, dass er uns erreicht. Ungeduldig sende ich Impulse in die Ferne, verleihe den Wolken mehr Kraft. Um mich herum bricht Hektik aus, Planen werden über teure Instrumente gespannt, Menschen suchen Schutz im Inneren der Fahrzeuge, doch ich mache fast einen Luftsprung, als der erste Tropfen auf meiner nackten Schulter zerplatzt. Eine Sekunde später prasselt der Regen auf meine Kappe, mein Gesicht und meine Arme und ich ziehe mir diese dämliche Mütze vom Kopf. Ich weiß, es wird ihnen nicht gefallen, aber ich will alles fühlen, den Augenblick, in dem die Tropfen mich treffen, wie sie sich zu Rinnsalen sammeln und mir über Kopfhaut, Stirn und Wangen laufen. Von meiner Nase tropfen, meine Klamotten durchnässen und den Boden tränken. Der erdige, frische Geruch ist so intensiv, dass ich mich fast berauscht fühle. Ich stehe da, ganz still jetzt, und lasse die Welt durch mich hindurchströmen. Nichts ist mehr übrig von der Taubheit, die sich über meine Sinne gelegt hat, ich fühle und rieche und schmecke und kann sogar glauben, dass nichts zählt als dieser Moment.

Bis er vorbei ist. Ich habe den Punkt verpasst, als meine Kräfte verbraucht waren, und merke zu spät, dass ich leer bin. Wie eine Marionette mit durchtrennten Fäden sacke ich in mir zusammen. Ich bleibe auf dem Rücken liegen, mit geöffneten Augen, und noch als sie auf mich zustürzen, betrachte ich die silbernen Regentropfen und das Wirbeln der Wolken.

Dann wird alles schwarz.

Auf dem Rückweg wache ich davon auf, dass jemand meine Waden knetet und jemand anders versucht, mir eine widerlich süß schmeckende Flüssigkeit einzuflößen. Damit sie mich in Ruhe lassen, nehme ich die Flasche und kippe das Zeug freiwillig runter.

Draußen regnet es immer noch und hin und wieder fange ich einen ehrfürchtigen Seitenblick der beiden Wissenschaftler auf. Obwohl sie mich seit Tagen an Maschinen hängen und mein Gehirn anzapfen, haben sie noch immer nicht kapiert, was meine Gabe ist.

Ob sie in den folgenden Tagen schlauer werden, weiß ich nicht. Mit mir reden sie nicht, nur Nathalie gibt mir Anweisungen, die ich ausführe, ohne sie zu hinterfragen. Einmal soll ich eine Gewitterfront auflösen, ein anderes Mal eine künstlich erzeugte Regenwolke umleiten. Zu Esper lassen sie mich nicht mehr und auch Leo sehe ich nicht. Aber daran stört mich am meisten, dass die Erkenntnis überhaupt ihren Weg in meine Gedanken findet.

Am achten oder neunten Tag sind wir schon vor Sonnenaufgang unterwegs. Ich gehe davon aus, dass wir ein weiter entfernt liegendes Ziel ansteuern, doch die Fahrt dauert gerade mal eine halbe Stunde. Wir steigen an einem Aussichtspunkt aus. Unter uns steht ein verlassenes Dorf an einer Flussschleife, eingezwängt zwischen Steilhängen. Die ersten Sonnenstrahlen reichen noch nicht ins Tal hinunter, sodass die baufälligen Häuser sich kaum von den hohen Tannen ringsum abheben.

Meine heutige Aufgabe besteht darin, Regenwolken mit so viel Energie zu erzeugen, dass ihr Niederschlag die Häuser fortspült. Schon während sie mich an ihre Computer anschließen, sucht mein Geist nach einem Vorrat an Feuchtigkeit, der dafür ausreicht. Meine Sinne folgen dem Flusslauf, immer weiter, bis ich nicht mehr unterscheiden kann, ob ich Quellwasser, Tau oder Nebel spüre. Weil es so früh ist und die Sonne noch kaum Kraft hat, muss ich mich stärker konzentrieren als sonst und mehr Energie aufwenden. Hoffentlich haben sie Schokolade dabei.

Ich verliere jedes Gefühl für Raum und Zeit. Stehe ich noch an der Abbruchkante hoch über dem Dorf? Ist die Sonne schon ganz aufgegangen? Es ist das einzige Zeichen, das mir die Zeit anzeigt: Die Aufgabe kostet mich Kraft, aber mit jeder Minute, die vergeht, wärmt mich die Sonne mehr, gleicht sie besser aus, was ich an Energie verliere.

Von irgendwoher dringen Geräusche an mein Ohr, die mich unruhig machen. Ich kann nicht sagen, wieso, denn sie sind nicht ungewöhnlich, nicht bedrohlich. Doch ich habe keine Aufmerksamkeit dafür übrig, lausche stattdessen dem Wind, der die Schlucht heraufweht. Er bringt Wärme mit.

Immer stärker bläst er jetzt, verwirbelt die Haarspitzen, die unter meiner Kappe hervorschauen. Nathalie und die Wissenschaftler unterhalten sich, besprechen vielleicht, was meine Gehirnströme ihnen verraten. Ihre Worte verstehe ich nicht, ich habe den Eindruck, dass Nathalie die immer hitziger geführte Diskussion beendet.

Aber eigentlich interessiert es mich nicht. Ich stemme mich gegen den Wind und warte auf den Moment, in dem mein Auftrag erfüllt ist. Er ist so sinnlos, zerstörerisch, ich will ihn einfach hinter mich bringen und dann … Gerade noch fange ich mich, bevor ich »nach Hause« denken kann. So weit kommt es noch, dass mir diese Gefängniszelle wie eine Zuflucht erscheint.

Endlich fühle ich es. Der Regen ist noch weit entfernt, aber er ist auf dem Weg. Beinahe spüre ich sein Prasseln durch den Boden, die winzigen Erschütterungen, die die Erde zum Schwingen bringen. Ich drehe den Kopf nach rechts und öffne die Augen. Graue Wolken mit gelben und lila Schattierungen ballen sich am Horizont, steigen immer weiter auf, kommen schnell näher. Ich sehe den Regenschleier, den sie hinter sich herziehen.

Schließlich platzen neben uns die ersten Tropfen. Innerhalb von Sekunden sind es nicht mehr nur einzelne, sondern Millionen, so viele, dass ich sie kaum mehr voneinander unterscheiden kann.

Ich lasse die Schultern sinken. Es gibt nichts mehr zu tun.

Mein Blick fällt hinunter zu den verlassenen Häusern. Erst begreife ich nicht, was ich sehe, doch dann schneidet der Schock durch mein Innerstes.

»Nathalie ... Nathalie!« Hilflos deute ich nach unten in die Schlucht. Ein älterer Mann und eine Frau im mittleren Alter sind zwischen den Gebäuden aufgetaucht. Jetzt, als ich richtig hinsehe, erkenne ich, dass sie in säuberlich angelegten Gärten Wannen aufstellen, um den plötzlichen Regen aufzufangen. »Da sind Menschen! Ihr habt euch geirrt, das Dorf ist nicht verlassen! Ihr müsst etwas unternehmen!«

Ich drehe mich um, will, dass sie den Horror begreifen, den wir ausgelöst haben – den *ich* ausgelöst habe –, aber die Wissenschaftler meiden meinen Blick.

Nathalie dagegen betrachtet mich mitleidig. »Steig ein, Vega. Wir fahren.« Dann schiebt sie hinterher: »Gut gemacht.«

Die beiden Worte sind wie eine Ohrfeige, die mich aus meiner Erstarrung reißen. Ich wende mich wieder in Richtung des Dorfes und fange an zu brüllen.

»He! He, ihr da! Verschwindet! Ihr müsst verschwinden! Los, macht schon!«

Die Frau unten im Dorf scheint mich zu hören, obwohl der Wind mittlerweile ohrenbetäubend pfeift. Sie legt die Hand über die Augen und blickt sich suchend um. Ich winke mit beiden Armen, bis sie mich entdeckt hat, dann deute ich zu der Straße, die nach Westen führt.

»Ihr müsst fliehen! Macht schon!«

Ein paar Sekunden mustert sie mich, vermutlich fragt sie sich, warum ich tropfnass hier oben stehe und auf und ab springe. Dann gleitet ihr Blick zum Horizont und ihre Hand fällt an ihre Seite.

Ich weiß, was sie sieht. Eine bedrohliche schwarze Wolke, schwer mit Regen, der ihre Schlucht zur Falle machen wird.

Nicht, wenn ich es verhindern kann.

Obwohl mir kalt ist bis ins Mark, obwohl schon das Stehen unendlich mühsam ist, drehe ich mich nach Osten und stelle mich den Luftmassen entgegen. Nie zuvor war es so wichtig, dass mir der Wind gehorcht, dass er die Richtung ändert und die Ladung der Wolken dorthin mitnimmt, wo sie keinen Schaden anrichten. Doch in all dem Tosen um mich herum schaffe ich es nicht einmal, einen schwachen Hauch zu erzeugen.

Und dann packen sie mich. Nathalie sitzt längst in ihrer Limousine, ich spüre ihren Blick auf mir, aber ich sehe sie nicht, als das Auto wendet und hinter dem Van mit den Messgeräten davonbraust.

Sie überlassen diese Menschen da unten der Flut.

Schreiend winde ich mich im Griff der drei Sicherheitsleute, ich trete um mich mit dem bisschen Kraft, das mir bleibt, doch meine Gegenwehr zeigt so viel Wirkung, als würde ich in die Wolken pusten.

Sie verfrachten mich in das EUV und schließen die Tür. Dann sind wir weg.

4

Diesmal flößen sie mir nichts ein. Ich zittere vor Kälte und Erschöpfung, gleichzeitig brennt eine Wut in mir, wie ich sie noch nie gespürt habe. In der Scheibe der Autotür erkenne ich dunkel mein Spiegelbild – blitzende Augen, wirre Haare, ein verzerrtes Gesicht. Kein Wunder, dass sie Angst haben. Kein Wunder, dass sie mich wie eine Wahnsinnige behandeln.

Sie haben meine Hände mit Kabelbindern am Türgriff fixiert. Vielleicht gibt es ihnen ein irrationales Gefühl von Sicherheit. Denn sie müssten es längst besser wissen: Gefesselte Hände hemmen meine Gabe nicht. Das Einzige, was mich im Moment davon abhält, einen Tornado auf Nathalies Limousine zu hetzen, ist die Schwäche in meinen Gliedern. Na ja, und weil sie sich hüten, die Fenster herunterzufahren. Sie haben die Klimaanlage bis zum Anschlag heruntergeregelt. Damit meine Zähne nicht klappern, muss ich sie fest zusammenbeißen.

»Reiß dich zusammen«, raunzt mich Jill an. Selbst in ihrem dicken Schutzanzug fröstelt sie. »Alles, was du anstellst, büßt der Junge dreifach.«

Esper. Ein paar blindwütige Minuten lang habe ich ihn vergessen. Jill sieht es, erkennt mein Erschrecken, die neuerliche Wut, dass wir so ausgeliefert sind, und in ihre Abneigung und Furcht mischt sich beinahe etwas wie Mitleid. Ich halte ihren

Blick, fordere sie heraus. Stelle stumm die alles entscheidende Frage: Warum folgt sie Nathalies Befehlen?

Natürlich bekomme ich keine Antwort. Nach ein paar Sekunden wendet sie die Augen ab, gibt per Funk einige Kommandos durch.

Mein Zorn verraucht. Oder vielleicht wird er verschüttet. Die Hoffnungslosigkeit legt sich über ihn wie eine schwere Decke, und plötzlich habe ich nicht mehr die Kraft, mein Zittern zu unterdrücken. Die Kabelbinder schneiden tief in meine Handgelenke, aber ich bin beinahe froh darum, dass mich der Schmerz in meinem Körper hält. Es wäre sonst zu leicht, dem grauen Nichts nachzugeben.

Als mich die Sicherheitschefin wieder ansieht, bin ich es, die den Blick abwendet. Ich schaue nach draußen, erkenne hier und da einen Baum oder ein verlassenes Haus, während wir dem Gelände von Bioverse entgegenrollen. Als wir auf die Zufahrt einbiegen, rauscht das Funkgerät. Ich achte nicht auf die Durchsage. Erst als sich Unruhe breitmacht, werde ich aufmerksam.

Dann höre ich sie. Wütende Rufe, skandierte Parolen branden auf und wogen in unsere Richtung. Es ist schwierig, zwischen Holm und Fahrersitz etwas zu erkennen, doch es sieht so aus, als würde vor den Toren von Bioverse protestiert. Es sind Dutzende, vielleicht sogar hundert Menschen.

»Was ist da los?«, frage ich, aber niemand antwortet.

Wir sind schneller geworden, durch die Windschutzscheibe sehe ich, dass wir das Tor beinahe erreicht haben. Doch jetzt müssen wir langsamer fahren, die Menge macht uns nicht Platz. Ich zucke zusammen, als jemand gegen das Fenster hämmert. Auf der Windschutzscheibe landen Eier. Während Dotter und Eiklar langsam an dem Glas herunterlaufen, bläst die Lüftung den durchdringenden Gestank nach Ammoniak ins Wageninnere. Niemand kommt auf den Gedanken, die Umluft einzuschalten, weil alle Blicke wie gebannt nach draußen gerichtet sind. Ein paar Männer nähern sich uns, und obwohl unser Fahrer aggressiv hupt, treten sie an die Seite des EUV und fangen an, daran zu rütteln. Vielleicht ist es nur meine plötzliche Panik, aber es fühlt sich an, als würden sie das Auto im nächsten Moment umwerfen.

Die Security-Leute brüllen wild durcheinander, reden auf den Fahrer ein, uns zum Tor zu bringen. Doch selbst ich kann sehen, dass das unmöglich ist: Vor uns staut sich unsere Wagenkolonne, hinter uns haben die Protestierenden die Reihen geschlossen.

»Keine Experimente mit dem Wetter«, höre ich plötzlich glasklar zwischen all dem Lärm und dann: »Euer Profit ist unser Tod!«

Moment … Sind das etwa …?

Tatsächlich! Das Logo ist nicht so prominent zu sehen wie bei anderen Aktionen, doch hier auf einem T-Shirt und da auf einem Plakat entdecke ich einen grünen Frosch auf gelbem Grund.

Eine wilde Mischung aus Emotionen überrollt mich. Ist Eco-Quest meinetwegen hier? Und wenn ja, im Guten oder im Schlechten? Wollen sie mich rausholen oder bestrafen?

Mein Atem kommt flach und unregelmäßig. Bilder fluten meinen Kopf, Bilder von verzerrten Gesichtern, von drohend erhobenen Fäusten, und meine Kehle verkrampft sich, so als würde sich ein Kragen eng und immer enger um sie zusammenziehen.

Woher wissen sie, dass ich das Dorf zerstört habe?

Ric bemerkt meine Panik. Er boxt mir gegen den Arm und schüttelt den Kopf. »Sie kommen hier nicht rein.«

Der kurze Schmerz holt mich in die Gegenwart zurück. Endlich kapiere ich es: Sie sind nicht meinetwegen hier. Sie wissen gar nicht, dass ich bei Bioverse bin, und schon gar nicht können sie von der Sturzflut heute Morgen erfahren haben.

Also protestieren sie gegen Bioverse.

Die Sicherheitschefin berichtet gerade über Funk an Nathalie, das erkenne ich an ihrer veränderten Stimme. Sie schweigt ein paar Sekunden, lauscht und antwortet dann: »Verstanden.«

Die Spannung im Wageninneren ist jetzt beinahe greifbar. Was geht da vor sich?

Bevor ich fragen kann, wendet sich Jill an mich: »Egal, was passiert, du hältst dich aus allem raus und machst keinen Mucks, kapiert? Dann geschieht dir auch nichts.«

Verständnislos starre ich sie an, doch da steigt der Fahrer aufs Gas, und das EUV schießt ein Stück nach vorn, bleibt aber gleich wieder stehen. Die drei Männer weichen in letzter Sekunde zurück.

Das Tor zum Bioverse-Gelände öffnet sich. Wie auf Kommando drängen sich die Menschen näher heran, doch da schieben sich weitere Sicherheitsleute durch die Zufahrt. Sie sind bis an die Zähne bewaffnet, tragen Helme und wehren die Protestierenden mit Schilden ab. Hier und da saust ein Schlagstock auf Köpfe und Schultern nieder. Ich bin zu schockiert, um etwas sagen zu können.

Langsam teilt sich die Menge. Wieder setzen wir uns in Bewegung, folgen den anderen Fahrzeugen die letzten Meter auf den Hof.

Hinter der Mauer aus Security erhasche ich Blicke in wütende Gesichter, sehe erhobene Fäuste und hastig beschriftete Banner, und ich frage mich, auf welcher Seite ich jetzt stehe, auf ihrer oder der der Konzerne. Doch vielleicht gibt es für mich auch keine Seite, vielleicht gibt es nur mich und mein Geheimnis. Für immer.

Unter dem Protest der Menge schaffen wir es durchs Tor, das sich langsam hinter uns schließt. Die Demonstrierenden versuchen nicht, uns zu folgen, trotzdem bleiben die Sicherheitsleute drohend dahinter stehen.

»Was zum …?« Jills Stimme holt meine Aufmerksamkeit zurück ins Auto. Aus ihrem Funkgerät kommen abgehackte Befehle, Fragen, Lageberichte, aber niemand scheint zu wissen, was gerade passiert.

Denn wir sind durch die Einfahrt geradewegs ins Chaos gerollt. Es wird geschrien, es knallt, immer wieder, schattenhafte Gestalten rennen hin und her.

Unser Fahrer parkt das EUV direkt neben Nathalies Limousine, dann macht er die Tür auf und verschwindet. Jill stellt Ric als meinen Aufpasser ab und steigt mit der dritten Sicherheitsfrau und einer gezückten Waffe aus.

Ich verrenke mir den Hals, um irgendwie zu erkennen, was dort draußen vor sich geht. Rauchfahnen ziehen über den Hof, sodass ich nicht einmal den Eingang zur Halle sehen kann, obwohl wir höchstens zwanzig Meter entfernt sind.

»Was ist da los, Ric?«, frage ich wieder, und anscheinend ist er genauso gebannt von der zweiten unerwarteten Wendung, die der Tag genommen hat, dass er mir antwortet.

»Jemand ist in den Forschungstrakt eingebrochen«, sagt er, ohne den Blick von den Silhouetten im Hof abzuwenden. Es müssen Dutzende Menschen unterwegs sein, aber durch den Qualm sind kaum mehr als Schemen auszumachen.

Der Schock wegen der Aggressivität draußen vor dem Tor hat mich noch im Griff, er lähmt meine Gedanken. In den Forschungstrakt? Eingebrochen? Aber dieses Chaos! Die Rufe, der Rauch, die vielen Menschen … Gerade als mein Hirn mühsam eine Idee formt, reißt jemand die Beifahrertür auf und sieht herein.

Matheas Augen finden meine. Sie dreht sich um.

»Hier ist sie!«, brüllt sie in das Durcheinander hinein. Dann wendet sie sich an mich: »Worauf wartest du? Wir holen dich raus!«

In der nächsten Sekunde passieren so viele Dinge gleichzeitig, dass ich jede Orientierung verliere. Ric zieht seine Waffe und hält sie Mathea entgegen, die sofort in Deckung geht. Nathalies Stimme dröhnt aus dem Funkgerät, und irgendwie findet Ric die Zeit zu antworten: »Ich halte die Stellung.«

Durch die Scheiben erkenne ich, wie mindestens zehn von Nathalies Leuten auf uns zulaufen, und brülle: »Verschwinde, Mathea!«

Aus dem Augenwinkel bekomme ich mit, dass sie wegrennt, aber meine Aufmerksamkeit wird von einem hellen Schopf angezogen, der am Fuß der Feuertreppe auftaucht. Ich kann nicht atmen, als sich Esper suchend umblickt, doch der Mann neben ihm … Moment … Luc? … Luc stößt ihn vorwärts, tiefer hinein in den wirbelnden Rauch. Pfeifend hole ich Luft. Er kann laufen, es geht ihm gut, er ist frei …

Aus einem absurden Reflex heraus rütteln meine Hände am Türgriff, aber alles, was ich erreiche, ist, dass sich die Plastikstreifen noch tiefer in meine Haut graben.

»Gib Ruhe«, fährt Ric mich an, doch ich höre kaum hin.

Frustriert stöhne ich auf, ich will etwas tun, irgendetwas, will zu Esper, ihm helfen, endlich helfen, aber ich kann nicht. Gefesselt oder nicht, ich bin zu ausgelaugt, um eingreifen zu können.

Im ersten Stock fliegt erneut die Tür zur Feuerleiter auf. Wieder erstarre ich. Der Mann, der seinen Posten genau zwischen dem EUV und Nathalies Limousine bezogen hat, steht im Weg, doch als ich den Kopf ein wenig drehe, sehe ich es deutlich: Leo läuft die Stufen herab.

Einen Moment scheint die Welt stillzustehen. Selbst die Sicherheitsleute rühren sich nicht. Kein Befehl wird gebrüllt, sogar die Rauchschwaden teilen sich. Meine Gedanken kollidieren.

Leo hebt den Kopf und schaut zu den Autos herüber. Ich weiß, dass er durch die verdunkelten Scheiben nichts erkennen kann, aber ich habe das Gefühl, als würden sich unsere Blicke treffen. In diesem Moment, in dem ich schwach und hilflos zusehen muss, wie sie tun, was ich nicht konnte, wie sie Esper in Sicherheit bringen, da vergehen die Wut und die Verzweiflung und die Abscheu. Da bleibt nur noch die Sehnsucht übrig, ihn jetzt bei mir zu haben.

Wieder höre ich Nathalies Stimme, und bevor die Worte sich durch meine wolkigen Gedanken gewühlt haben, hebt Jill draußen vor dem EUV die Waffe, zielt und drückt ab. Mein Blick findet Leo, als er gegen die Wand prallt und auf die Stufen sackt. Ein roter Fleck zeichnet sich auf dem Beton hinter ihm ab.

»Nein! Nein, nein, nein!«, brülle ich immer wieder, doch meine Stimme wird von einem Zischen übertönt, und gerade als Jill den Befehl zum Vorrücken gibt, steigen neue Qualmwolken auf, so dicht, dass ich nicht mehr mitkriege, was drüben am Gebäude passiert.

»Halt die Klappe!«, raunzt mich Ric mehrfach an, aber ich merke kaum, dass ich immer noch schreie. Die Panik hat mich fest im Griff, ich winde mich auf meinem Sitz und drehe den Kopf in alle Richtungen, um mehr erkennen zu können als nur den Ring aus Sicherheitsleuten, die ihre Waffen auf den Rauch gerichtet halten. Doch es ist hoffnungslos. Was immer dort draußen passiert, ich bekomme nichts davon mit.

Ich weiß nicht, wie viel Zeit vergeht, ich merke nicht, wann ich aufhöre, nach einem Lebenszeichen von Leo und Esper, Luc, sogar Mathea Ausschau zu halten. Nathalies Security-Team bleibt in Habachtstellung, nur meine Energie ist aufgebraucht. Wären die Ledersitze nicht so tief, ich würde auf den Boden rutschen, trotz der Kabelbinder, die natürlich keinen Millimeter nachgegeben haben.

Irgendwann verzieht sich der Rauch, der Himmel klart auf, die Sonne strahlt über dem Hof, als wäre nichts geschehen. Aber es ist etwas passiert – alles hat sich verändert. Ich weiß es und Nathalie weiß es auch.

Draußen stecken Jills Leute die Waffen weg. Vor dem Fenster neben mir erkenne ich eine Bewegung. Bevor ich reagieren kann, zieht jemand die Tür auf. Meine Hände werden schmerzhaft mitgerissen und bremsen abrupt den Schwung der Tür. Mir entwischt ein Schmerzenslaut, als sich die Kabelbinder so tief in meine Handgelenke graben, dass Blut fließt. Hektisch atmend knie ich im Fußraum, mit verdrehten Armen, und versuche, die Tränen zurückzuhalten, während ich Nathalie ins Gesicht starre.

Ihre Wut ist eiskalt, und hätte ich nicht Angst, dass mir das

Plastik im nächsten Moment die Sehnen durchtrennt, wäre ihr Anblick eine Genugtuung. Ich kann das Gleichgewicht nicht mehr halten und rutsche ein Stück weg, sodass die Schmerzen rotglühend durch meine Arme in mein Gehirn schießen und mir schwarz wird vor Augen. Der Laut, den ich zu spät unterdrücke, klingt selbst in meinen Ohren wie ein Winseln, und endlich streckt sie die Hand aus und zerschneidet meine Fesseln mit einem Cutter. Ich kann nicht verhindern, dass ich nach hinten falle, aber Arme fangen mich auf. Ich wimmere und verachte mich dafür.

Mit dem letzten Rest meiner Willenskraft pumpe ich Luft in meine Lungen, dann lasse ich mir von Ric aufhelfen. Nathalie tritt zur Seite und er schiebt mich aus dem EUV. Schniefend straffe ich die Schultern, und dann muss ich beinahe wirklich heulen, als ich den Schock auf den Gesichtern ringsum wahrnehme. Rics Hand liegt warm auf meinem Rücken, wie zum Trost, doch wenn ich verhindern will, dass ich jetzt vor aller Augen in die Knie gehe, kann ich sein Mitgefühl nicht gebrauchen. Ich schüttle ihn ab und hebe das Kinn, gerade als sich eine Träne aus meinem Augenwinkel löst. Ich presse die Kiefer aufeinander und erwidere Nathalies Blick.

Sie mustert mich kalt. Dann deutet sie mit dem Kinn zum Eingang. »Bringt sie hinein.«

5

Der Tag ist noch nicht vorüber, das wird mir schnell klar. Einer der Weißkittel verarztet meine Handgelenke, dann bringt mir Ric eine kleine Schüssel Suppe und ein Brötchen. Gerade so viel, damit ich nicht umkippe, aber nicht genug, um meine Kräfte aufzuladen. Ich spiele mit dem Gedanken, das Essen zu verweigern, doch das hartnäckige Knurren meines Magens zerstreut meinen Trotz in alle Winde.

Die Suppe stillt meinen Hunger, aber das hohle Gefühl bleibt. Ich bin so erledigt, dass ich im Stehen schlafen könnte, doch meine Gedanken galoppieren. Die Schreie der Dorfbewohner gellen mir in den Ohren, ich höre das Krachen und Bersten, als die Mauern der Häuser den Wassermassen nicht mehr standgehalten haben. Darunter mischt sich der Protest der Menge vor dem Tor. War die Demonstration ein Ablenkungsmanöver? Ein Versuch, Nathalies Security zu beschäftigen, um unbemerkt in das Gebäude zu gelangen? Ich schüttle den Kopf. Der Gedanke ist absurd. Und er erklärt auch nicht, warum EcoQuest und Lucs Leute zusammenarbeiten sollten. Woher wussten sie überhaupt, wo sie Esper finden? Und waren sie erfolgreich? Ist Esper wirklich in Sicherheit? Ich hoffe es. Nathalies Zorn war nicht gespielt.

Die Schnitte an meinen Handgelenken brennen und pochen und lenken mich gnädigerweise von dem Gedanken ab, den ich so weit in die Tiefen meines Hirns verbanne, wie es geht. Doch selbst das Entsetzen über Nathalies Brutalität sitzt nicht so tief, dass es das Bild auslöschen würde, das sich in mein Hirn eingebrannt hat. Leos Blut an der Wand. Der Moment, als er zusammensackte. Sein Blick, der mich suchte.

Jetzt ist meine Selbstbeherrschung aufgebraucht. Die Tränen fließen, fließen in Strömen, bis ich heulend zusammensinke und den schlimmsten Schmerz zulasse: die Hoffnung, dass ich mich getäuscht habe.

Ich werde es bereuen. Ich werde die Schwäche verfluchen, die diese Hoffnung mit sich bringt, aber der Gedanke ist da und schlägt in meinem Herzen Wurzeln: dass Leo mich nie verraten hat. Dass er immer auf meiner Seite stand.

»Nein.« Ich schüttle mich und stehe auf. Gehe die paar Schritte, die die engen Grenzen meines Gefängnisses erlauben, auf und ab, auf und ab.

Ich darf dieser Hoffnung keinen Raum geben. Ich muss festhalten an dem Bild, das ich mir in den letzten Wochen von Leo gemacht habe. Noch einmal ertrage ich es nicht, wenn ich mich irre, wenn er mich wieder hinters Licht geführt hat und ich zulasse, dass er mich ein zweites Mal verletzt. Und so baue ich mit jedem Schritt die Mauer um mein Herz wieder auf, die sein Anblick heute eingerissen hat.

Als sich die Tür öffnet, steht meine Verteidigung. Das ist es zumindest, was ich mir einrede, denn ich werde den Rest des Tages nur mit Härte und Hass überstehen. Die Weichheit muss ich mir für die Nacht aufheben.

Ric und eine seiner Kolleginnen stehen auf dem Gang und fühlen sich unbehaglich. Ich schnaube verächtlich.

Ohne ein Wort führen sie mich einmal quer durch den Forschungstrakt zu der Halle, die Nathalie mir am ersten Tag gezeigt hat. Mit verschränkten Armen lehnt sie in der Tür zum Beobachtungsraum und sieht mir entgegen.

»Es reicht mir jetzt«, informiert sie mich. »Diese ständigen Störfeuer deiner Freunde sind mir zu lästig. Es wird Zeit, dass wir die Sache zu Ende bringen.«

»Und welche Sache ist das?« Mein Blick gleitet über die riesige Projektion einer Landkarte, auf der in einem gleichmäßigen Raster Orte eingezeichnet sind. Wie drei sich überlagernde Netze bezeichnen sie Punkte in Rot, Blau und Grün. Ich nehme an, dass es sich um das Wetterbeobachtungssystem von Bioverse handelt. Mein Magen krampft sich zusammen, als ich den Standort des Dorfes ausmache: zwischen Flussschleife und Wald, in direkter Nachbarschaft eines blauen Markers. Auch dort gibt es also eine Messstation. Die Bioverse-Zentrale ist blau, rot und grün markiert, wie das Herz eines riesigen Organismus.

Nathalie lächelt schmal. »Die Daten, die du uns bisher geliefert hast, sind beeindruckend. Aber ich glaube, wir haben einen toten Punkt erreicht. Es wird Zeit, dass wir das Wesen deiner Gabe erfassen.«

Ich halte meinen Gesichtsausdruck so neutral wie möglich, um Nathalie mein Erstaunen nicht sehen zu lassen. Während sie geredet hat, habe ich die Wandkarte weiter betrachtet. Wenn hier in der Zentrale drei technische Komponenten eingezeichnet sind, dann handelt es sich dabei – so viel ich bisher mitbekommen habe – um Messsensorik, um Wetterwarten mit festen Teams und um Drohnenstationen. Und das bedeutet, dass Nathalie nicht nur Messstationen in einem Ausmaß betreibt, bei dem nicht einmal der staatliche Wetterdienst mithalten kann, sondern dass sie auch ein wahres Heer an Wetterdrohnen unterhält. So viele, dass sie unabhängige Wettermacher überflüssig macht.

Ich räuspere mich. »Das Wesen meiner Gabe?«, frage ich ein wenig verspätet.

Sie nickt. Aus dem Augenwinkel beobachte ich, wie fünf weitere Sicherheitsleute die Halle betreten. Meine Konzentration liegt jetzt zu hundert Prozent auf Nathalie.

»Wir haben bisher unterschätzt, wie stark du dich bei der Beeinflussung des Wetters von Emotionen leiten lässt. Und es ist unerlässlich für den nächsten Schritt unserer Forschung, dass wir diese Wechselwirkung verstehen.« Die Sicherheitsleute verringern den Abstand zu mir. Nathalie deutet auf einen großen weißen Apparat an der hinteren Wand der Halle. Er ist neu, aber ich habe ihn bisher nicht beachtet. »Wir werden uns deine Gehirnaktivitäten genauer ansehen, Vega. Eine Magnetresonanztomografie zeigt uns bestimmt noch besser, wie deine Gabe funktioniert. Und das interessiert dich doch auch, nicht wahr?«

Ihre Stimme hat einen widerlich weichen Tonfall angenommen, als könnte der mich einlullen. Unwillkürlich trete ich einen Schritt zurück, doch im selben Moment legen sich grobe Hände auf meine Schultern. Die Sicherheitsleute sind schon da.

»Na, na«, gurrt Nathalie, und mir wird schlecht, als die Hände mich vorwärtsschieben.

Ich werde mich nicht in einer Röhre durchleuchten lassen, Nathalie und ihren Wissenschaftlern völlig ausgeliefert. Es ist genug, ich habe ihnen gegeben, was sie verlangt haben. Was sie nun wollen, werden sie nicht bekommen. Sie hat recht, das verstehe ich jetzt, das habe ich spätestens auf dem Feld begriffen, nach so langer Zeit in meiner Zelle. Meine Gefühle sind der Schlüssel, das emotionale Echo, das Wind und Regen in mir auslösen.

Als Nathalie auf uns zutritt, verkrampft sich mein Magen. Sie hat einen wilden, gleichzeitig überlegenen Ausdruck auf dem Gesicht, wie ein Tiger, der nur die Pranke heben muss, um seine Beute niederzustrecken. Mein Herz rast. Was jetzt kommt, wird wehtun.

»Weißt du, Vega«, schnurrt Nathalie, »du hast mir zehn Jahre lang Rätsel aufgegeben. Dabei muss ich dir dankbar sein. Erst durch dich ist meine Forschung das geworden, was du heute hier sehen kannst.« Sie deutet auf die Halle rund um uns herum, aber ihre Geste umfasst die ganze Bioverse-Anlage, das gesamte Netz an Messstationen.

Verwirrt starre ich sie an. Seit zehn Jahren? Was soll sie damals von mir gewusst haben?

Sie lacht leise, als ich offensichtlich nicht verstehe, was sie meint. »Dass ausgerechnet mein wankelmütiger Neffe mich zu dir führt, ist pure Ironie.« Einen Moment mustert sie mich. »Weißt du, Leo und ich ... wir sind gar nicht so verschieden. Wir hatten schon immer ähnliche Interessen, und es gab Zeiten, da standen wir uns wirklich nah. Nach dem Tod seiner Eltern ...« Eine wilde Mischung aus Emotionen fegt über ihr Gesicht, es ist eine der wenigen Gelegenheiten, bei denen Nathalie die Fassung verliert. »... da dachte ich, wir würden das Erbe unserer Familie gemeinsam weiterführen.« Sie schnaubt. »Aber er ist weich. So weich wie du. Ihr wollt nicht verstehen, dass es um das große Ganze geht. Wir leben in einer existenziellen Krise. Die Welt wird nie wieder sein, wie sie war. Es sei denn, wir bringen Opfer. Und dazu gehört zu erkennen, dass Einzelne weniger zählen als viele.«

»Und deswegen bringst du mich dazu, ein Dorf zu verwüsten?«, unterbreche ich tonlos ihren Vortrag. »Ein Dorf, in dem Menschen leben?«

»Sie waren verzichtbar. Du bist es nicht.«

Der Griff der Sicherheitsmenschen wird härter. Ohne dass ich es gemerkt habe, habe ich mich angespannt, wie zum Sprung. Doch der Tiger hat noch nicht zum tödlichen Schlag ausgeholt.

Nathalie lächelt schmal. »Du kannst dich vielleicht nicht mehr erinnern, Vega, aber du hast Erfahrung im Zerstören von Dörfern. Was heute geschehen ist, braucht dein Gewissen also nicht groß zu belasten.«

Mein Atem kommt flach und gepresst. Ich will die Worte aus ihr herausschütteln, die Spannung beenden, die seit Minuten beinahe unerträglich ist. Gleichzeitig fürchte ich mich vor dem, was sie zu sagen hat. Und dass sie es sagen wird, ist unausweichlich.

Nathalie lässt mich stehen, zwischen den Security-Leuten, vor dem weißen Monster, das mir meine Gefühle aussaugen soll. Sie geht in den angrenzenden Kontrollraum, ihre Absätze klackern auf dem Boden. Sie kommt mit einem Tablet zurück, das anscheinend mit dem riesigen Monitor an der Wand gekoppelt ist, denn die Landkarte verschwindet.

Eine Slideshow startet. Es sind Bilder aus einem Katastrophengebiet. Entwurzelte Bäume, aufeinandergestapelte Autos, abgedeckte Dächer. Halb eingestürzte Mauern, die aus Schlammfeldern ragen. Verbogene Laternenmasten. Menschen, die in Gummistiefeln am Rand reißender Flüsse stehen, Flüsse, die einmal Straßen waren. Menschen, die die Überreste ihrer Existenz betrachten und weinen.

Deutsche Straßennamen, deutsche Kennzeichen. Das ist kein Sturm, der in irgendeinem anderen Winkel der Welt gewütet hat. Das ist vor unserer Haustür passiert.

Ich habe diese Bilder noch nie gesehen.

»Wann war das?«, krächze ich.

Nathalies Augen glitzern, während sie mich beobachtet wie eine Katze, die mit einer Maus spielt. »2041.«

Vor elf Jahren. In dem Jahr, als mein Vater gestorben ist.

Die Fotos sind furchtbar, das Leid der Menschen springt mir förmlich von der Wand entgegen, trotzdem verstehe ich nicht, warum Nathalie sie mir zeigt.

Doch dann ... Ein paar Sekunden lang dreht sich alles in meinem Kopf, meine Knie geben nach, sodass Nathalies Leute meine Arme fester greifen müssen.

»Ah, dämmert es langsam?«, fragt Nathalie vergnügt, aber die Spitze kommt gar nicht richtig in meinem Gehirn an, das von anderen Bildern überschwemmt wird, von einem dunkelblau gestreiften Autositz und einem weißen Airbag, von zitternden Kinderhänden, klein und rundlich, die sich mit dem Verschluss eines Gurts abmühen und nicht dagegen ankommen, von gesplittertem Glas, zerborstenem Holz, von einem Baum auf einem Hügel unter einem schwarzen Himmel. Die Bilderflut ist so schnell vorbei, wie sie gekommen ist. Nur ein grauenvolles Gefühl in meiner Magengrube bleibt. Brennend, lähmend, zerstörerisch.

Sind das meine Erinnerungen?

»Was hat das mit mir zu tun?«, presse ich hervor, um den

Bildern keinen Angriffspunkt mehr zu bieten. »Damals war ich sechs.«

»Ja.« Nathalie suhlt sich in ihrem Triumph, von dem ich noch nicht einmal weiß, worin er besteht. »Ein Kind. Und schon so gefährlich.«

... Erfahrung im Zerstören von Dörfern ...

Nathalies Worte hallen in meinem Kopf nach. Das kann nicht sein, oder? Der Sturm, der damals mein Leben verändert hat – Big T hat Leo ihn genannt –, es kann nicht sein, dass ich ihn gerufen habe! Meine Erinnerungen an den Tag ... Papa, der mich getragen hat, weil ich nicht mehr laufen konnte ... die Kälte, die Erschöpfung ... und um uns herum nichts als Regen, Wind und Angst ... Alles, woran ich seit Jahren nicht denke, weil es keinen Sinn ergibt und ich jedes Mal weine, wenn das Krachen in mir widerhallt, das Knirschen, Papas Schrei und dann die schreckliche, schreckliche Stille ... all das bekommt nun einen neuen Hintergrund.

... sie dürfen nie davon erfahren ...

Und plötzlich ergeben die Worte meiner Mutter einen neuen Sinn.

Nathalie sieht zu, wie die Wahrheit einsickert. Sie sieht die Tränen, die sich an meinem Kinn sammeln und auf mein Shirt tropfen. Sie hält mir sogar einen Papierkorb hin, als ich in die Knie gehe und mich erbreche, bis nicht nur mein Magen leer ist, sondern mein ganzes Ich. Alles, was ich je geglaubt habe zu sein, vergeht in diesem Moment.

Als ich nur noch würge, reicht Nathalie mir ein Taschentuch. »Wisch dein Gesicht ab. Und dann leg dich hin. Wir fangen an.«

Die Kälte, die von ihr ausgeht, ist schlimmer als die, die

mich damals gelähmt hat. Wieder sitze ich, diesmal nicht in unserem zerstörten Auto, sondern auf einer Matratze. Jemand steht in der Tür ... meine Mutter. In dem Moment ist sie meine ganze Welt, warm und tröstlich, aber da ist auch etwas an ihr, was in den nächsten Jahren wächst und das Warme, Weiche einschließt. Es ist ein stählender Kern, und genau jetzt, auf den Knien in Nathalies Halle, begreife ich, dass sie ihn mir in jener Sekunde auch eingepflanzt hat. Ihr hat er geholfen, mich zu beschützen. Mir, zu überleben.

Und wenn auch sonst nichts mehr von mir übrig ist – dieser Kern ist geblieben.

Ich stemme mich auf die Füße. Suche nach einem Ausweg. Wenn ich damals ganze Dörfer vernichten konnte, was wird Nathalie jetzt aus meinem Gehirn abzapfen? Welche Macht schlummert darin? Was habe ich all die Jahre nicht an die Oberfläche gelassen?

Ich kann nicht erlauben, dass sie es herausfindet.

Schritt für Schritt stolpere ich vorwärts, wehre mich gegen den Griff der Hände, reiße die Augen auf, als sich zwei Weißkittel neben dem Tomografen postieren. Nathalie wirkt fast gelangweilt, als wüsste sie, wie das hier endet. Und ich kann es ihr nicht verdenken, denn was hätte ich ihren Leuten schon entgegenzusetzen?

Außer ...

Außer den Sturm.

Und als ich den Gedanken vollende, spüre ich seine Wahrheit an meinen Fingerspitzen. Ich bleibe stocksteif stehen.

Nathalie hält meine Emotionen für die Quelle meiner Gabe, und auch wenn sie zum Teil recht hat, weiß ich, da ist mehr. Wir sind beide auf der richtigen Spur, aber ich bin zuerst am

Ziel angelangt. Stirnrunzelnd betrachtet sie mich, und irgendetwas muss sie in meinem Gesicht lesen, denn ihre Lippen öffnen sich ein winziges Stück, so als würde ihr ein Stöhnen entwischen. Ich höre es nicht, die Halle ist zu groß und sie ist plötzlich von einem Rascheln und Rauschen erfüllt.

Nathalie streicht sich die Haare aus dem Gesicht. »Das ist unmöglich«, sagt sie, und diesmal verstehe ich sie.

Denn genau das dachte ich auch.

Wir haben uns geirrt.

Meine Hände kribbeln, die Verwirbelungen um meine Fingerspitzen werden stärker.

Nathalie scheint als Einzige zu begreifen, was vor sich geht, denn sie kreischt beinahe, als sie ihre Leute anweist, mich unter Kontrolle zu bringen. Ich glaube, sie wissen gar nicht, was sie von ihnen will. Nur die Hand auf meiner rechten Schulter packt fester zu. Ich drehe mich noch nicht einmal um, als ich einen Impuls in diese Richtung schicke. Der Mann fliegt zwanzig Meter weit durch die Halle.

Dunkel erinnere ich mich an die Nacht im Chemiewerk. An meinen Schock, dass ich meine Gabe gegen Menschen eingesetzt hatte. Doch nun hält mich nichts mehr zurück.

Die Luft gerät in Bewegung. Ich brauche die Energie nicht mehr, die draußen, unter freiem Himmel, in ihr liegt. *Ich* bin die Energie. Und mit jedem Schlag meines Herzens lade ich die Luft in der Halle weiter auf.

Menschen stemmen sich gegen den Wind, wenden ihr Gesicht von dem Wirbel ab, der sich um mich bildet. Er reißt loses Papier mit sich, eine Jacke, eine Brille. Das Tosen wird lauter, übertönt beinahe die ratlosen Rufe des Sicherheitsteams, Nathalies gebrüllte Befehle.

Über mir rappeln die Dachplatten. Ich lege noch etwas mehr Kraft in den Luftwirbel, der bis unter die Decke reicht und immer noch weiter nach oben strebt. Es knackt, es knirscht, die ersten Schrauben geben nach, und dann fliegen Teile des Dachs davon, bis wir schließlich unter einem blauen Himmel stehen.

Die ganze Halle ist jetzt erfüllt von Heulen und den Schreien der Menschen, die vor dem Wüten Schutz suchen. Nathalie hat sich im Kontrollraum in Sicherheit gebracht, sie hat ein Funkgerät am Ohr und fordert wahrscheinlich Verstärkung an. Aber wer soll mich noch aufhalten?

Jetzt, als ich unter freiem Himmel stehe, als ich nichts vom Wind will als seinen Schutz, da strömt seine Energie in mich zurück. Ich fühle die Wärme, die sich in mir ausbreitet, meine Reserven auflädt und meine Müdigkeit fortweht.

All die Jahre … All diese Zeit dachte ich, meine Gabe würde nur eine Richtung kennen, würde mich auslaugen und einen Preis von mir verlangen. Doch jetzt lasse ich frei, was ich unter Kontrolle gehalten habe, nehme und gebe, und während die Energie der Atmosphäre durch mich hindurchfließt, diese nie versiegende Kraft, die unsere Welt in Bewegung hält, sehe ich mich zum ersten Mal in aller Klarheit. Es ist zu spät, mich zu verstecken. Ich habe alle Masken abgelegt.

Noch einmal verstärke ich die riesige Windhose, die das Innere der Halle verwüstet und alles durch das offene Dach davonträgt, was in ihre Gewalt gerät. Während ich in seinem stillen Auge auf das Tor zugehe, dessen Flügel kaum mehr in den Angeln hängen und keine Sekunde später weggerissen werden, als wären sie aus Papier, bewegt sich der Wirbel mit mir wie ein tosender Schutzwall. Ich trete hinaus und atme tief ein.

Die Welt hier draußen wird gefährlicher sein als zuvor, aber zum ersten Mal seit langer Zeit habe ich keine Angst mehr. Denn jetzt weiß ich, wer ich bin.

6

Der Wind treibt mich voran.

Meine Welt besteht nur noch aus schwingenden Armen, meinen Füßen auf der Erde und der Luft, die mich trägt. Mein Kopf verweigert seinen Dienst, ich muss laufen, laufen, laufen, bis ich wieder denken kann.

Es ist so einfach. Ich bin leicht wie eine Wolke, mein Gewicht merke ich kaum, und manchmal, wenn der Boden uneben ist oder ich über Gräben springe, dann trägt mich eine Bö weiter, als ich je aus eigener Kraft kommen würde.

Doch ich fliege nicht, ich laufe immer noch selber. Mein Atem geht schneller, nach den Wochen in meiner winzigen Zelle spüre ich die Anstrengung in meinen Muskeln.

Aber wie gut sich das anfühlt! Es kommt mir vor, als wäre ich wieder fünf, voller Mut und Vertrauen und noch ganz unbelastet von warnenden Stimmen. Tief atme ich ein, den Duft des Grases unter meinen Füßen, den warmen Geruch der Erde. Meine Gabe ... endlich gehört sie wieder ganz mir.

Das Chaos in meinem Hirn kommt mir nicht mehr ganz so unbezwingbar vor. Der Gedankensturm legt sich, ich kann einzelne Fragen entwirren.

Die wichtigste ist: Sind die Bilder wahr? Nicht die, die mir Nathalie auf dem Bildschirm gezeigt hat, sondern die in meinem Kopf. Von dem Hügel und dem Baum und dem schwarzen Himmel. Es fühlt sich an wie die dringlichste Sache der Welt, diesen Hügel zu finden und die Antworten, die meine sind, auch wenn ich Angst habe, dass ein Teil von mir die Wahrheit schon kennt.

Doch zuerst muss ich mir ein anderes Schlachtfeld ansehen.

So gut es geht, meide ich die riesigen Äcker, auf denen die Landmaschinen zur Ernte unterwegs sind, und halte mich im Schatten der wenigen Baumgruppen. Hin und wieder sende ich meine Sinne voraus, um mich zu orientieren, und sie leiten mich zu dem Fluss, der sich jetzt am Nachmittag noch immer wilder anfühlt als das zahme Bächlein am Morgen.

Ich weiß nicht, warum es mich dorthin zieht. Was hoffe ich zu finden? Aber ich muss sehen, was ich angerichtet habe. Ob ich noch etwas tun kann.

Dass ich mich dem Dorf nähere, merke ich an den Helikoptern. Zwei Rettungshubschrauber sind unterwegs und das lässt mich aufatmen. Tote würden sie nicht mit Hubschraubern transportieren, oder? Vielleicht war die Flutwelle nicht so stark, wie ich dachte, vielleicht haben die Häuser standgehalten und die Menschen konnten sich rechtzeitig auf die Dächer retten.

Neue Hoffnung lässt mich noch einmal schneller werden. Ich folge der Straße, die zu dem Aussichtspunkt führt, von wo aus ich Nathalies Anweisung ausgeführt habe. Dann wappne ich mich und trete auf die offene Fläche hinaus. Mit ein paar Schritten bin ich an der Abbruchkante und nach einem weiteren tiefen Atemzug hebe ich den Kopf und schaue ins Tal hinunter.

Das Dorf ist fort.

An der Flussschleife sieht es genauso schlimm aus, wie ich es mir vorgestellt habe.

Fundamente sind noch hier und da zu erkennen, in kleinen Senken sammelt sich Unrat. Aber das meiste wurde fortgespült, bis zur nächsten Flussbiegung, wo das Wasser wieder seichter wird.

Als ich die Menschen entdecke, gehe ich in die Hocke und ducke mich hinter die verwitterte Wandertafel. Dort unten, zwischen den Ruinen, suchen Leute mit orangen und lila Uniformen nach – ja, wonach eigentlich? Kann jemand so eine gewaltige Flut überlebt haben? Auch flussabwärts, auf der Kiesbank mit den Bergen an Schutt und entwurzelten Bäumen, erkenne ich nun Helfer, Männer und Frauen, die plötzlich hektisch winken.

Ich lasse sie nicht aus den Augen, als sie mit bloßen Händen und ein paar wenigen Werkzeugen Trümmer auseinanderstemmen. Zwei Sanitäter rennen mit einer Trage auf sie zu, immer wieder stolpern sie auf dem unebenen Terrain. Dann gelangen sie bei der Gruppe an, gerade als die Helfer einen Mann unter dem Schutt hervorziehen. Ein Junge ist es wohl eher, ein oder zwei Jahre jünger als ich. Sie heben ihn auf die Trage und beginnen mit der Ersthilfe.

Vorsichtig setze ich mich auf den staubigen Boden und beobachte. Ich wende den Blick nicht ab, bis ihre Bewegungen etwas von der Anspannung verlieren und sich der Oberkörper des Jungen aufbäumt. Sie kippen ihn zur Seite, damit er abhusten kann, dann lässt er sich wieder auf den Rücken fallen. Einer der Männer streicht ihm über den Kopf, und obwohl ich zu weit entfernt bin, um ihren Gesichtsausdruck zu erkennen, weiß ich, dass er dabei lächelt. Sie lächeln alle.

Ich fühle mich, als wäre ich auf einem anderen Planeten. Dort unten sind Menschen, die andere retten. Die ihre Talente einsetzen, um Gutes zu tun. Meine Gabe hat Zerstörung und Leid gebracht.

Mit einem Mal geht mir die Kraft aus. Ich lehne mich an den Pfosten der Tafel und strecke die Beine aus.

Warum? Warum wollte Nathalie, dass ich dieses Dorf zerstöre? Aus Neugier? Wollte sie sehen, ob meine Gabe stark genug ist? Was hat sie sich davon versprochen? Mit ihren Gewitterstürmen ist sie längst in der Lage, solche Katastrophen auszulösen.

Ich finde keine Antwort. Vielleicht ist dieser ganze Wahnsinn nur dazu da, um mich aus dem Gleichgewicht zu bringen. Big T, dieses Dorf ... Ja, die zerstörerische Seite meiner Gabe macht mir Angst. Und Angst macht Leute kontrollierbar. Doch das will ich nicht mehr sein. Schon gar nicht für Nathalie.

Mit einem Ruck komme ich auf die Füße. Ich werde Nathalies Spiel nicht mehr mitspielen. Ihre nächsten Schritte kenne ich nicht, aber zumindest ihr Ziel: Das Wetter für Millionen von Menschen soll künftig ganz in ihrer Hand liegen. Und das darf einfach nicht sein. So viel Macht darf niemand haben, kein Staat, kein Konzern und schon gar nicht ein einzelner Mensch.

Aber wie soll ich das verhindern? Was kann ich noch tun, damit sie das Wissen, das sie mir abgepresst hat, nicht einsetzt?

Ein trotziger, fast lächerlicher Gedanke formt sich in meinem Kopf: Ganz in der Nähe des Dorfes ist eine Bioverse-Wetterstation. Ich erinnere mich an die Markierung auf der riesigen Landkarte. Dieses Netz an Messstationen ist die Grundlage für Nathalies Gewitterstürme.

Und plötzlich weiß ich, was ich zu tun habe. Es ist nicht viel, es wird nichts ändern, nicht im Großen. Aber vielleicht gibt es mir das Gefühl, nicht hilflos zu sein.

Der Hügel muss warten.

Die Sonne geht schon unter, als ich die Wetterstation endlich finde. Mein Magen knurrt, und den Durst kann ich schon seit einer Weile nicht mehr ignorieren, aber woher ich Verpflegung bekomme und wo ich die Nacht verbringe, überlege ich später. Was ich vorhabe, ist wichtiger. Ich weiß, es wird nichts wiedergutmachen, aber wenn ich Nathalie heute auch nur ein kleines bisschen bestrafe, kann ich besser schlafen.

Die Sensoren stehen in einem kleinen, eingezäunten Areal auf einer Lichtung. Ein Forstweg führt dorthin, so bin ich überhaupt erst auf die Anlage gestoßen. Denn um sie zu warten, muss man ja mit einem Auto hinfahren. Ich kann mir kaum vorstellen, dass Nathalies Leute durch die Gegend latschen, selbst mit besseren Schuhen nicht, als ich sie habe.

Eine Weile bleibe ich im Schatten einer Eiche stehen und suche nach Kameras. Wahrscheinlich bin ich schon paranoid nach all der Zeit bei Nathalie, denn ich finde keine. Vielleicht ist es selbst für die Cyprians zu weit hergeholt, eine abgelegene Wetterstation zu überwachen.

Die Anlage wirkt total unscheinbar. Vier, fünf weiße Geräte, manche zylinderförmig, andere rechteckig, mit seltsamen kreisrunden Antennen. Über die Wiese husche ich zu dem kleinen Tor, das den einzigen Zugang zu dem Areal darstellt. Es wird von einem Metallzaun gesichert, drei Meter hoch und oben mit stabilen, leicht nach außen geneigten Zacken versehen. Drüberklettern ist keine Option.

Einen Moment überlege ich, ob ich meine Gabe einsetzen soll. Doch heute scheint mir das nicht die richtige Antwort zu sein. Ich rüttle an der Tür, aber natürlich ist sie abgesperrt. Das Schloss … Ich gehe in die Hocke und betrachte es. Ich bin nicht besonders geübt im Schlösserknacken, das war immer Espers Aufgabe, doch mit ein bisschen Glück könnte ich es schaffen. Mit dem richtigen Werkzeug.

Ich stemme mich hoch und gehe ein paar Meter zurück in den Wald. Vor Jahren hat hier jemand neue Bäume angepflanzt und sie mit einem Drahtzaun gegen Wildverbiss geschützt. Aber anscheinend waren nicht die Rehe das Todesurteil für die Sprösslinge, sondern die Dürre. Hier und da ragen noch ein paar vertrocknete Stämmchen aus dem Waldboden.

Der Zaun ist an vielen Stellen niedergetrampelt. Ich suche mir eine passende Stelle und bald habe ich das Maschengeflecht aufgedröselt und ein Stück Draht herausgelöst.

Damit mache ich mich am Schloss der Wetterstation zu schaffen. Wieder vergehen die Minuten und mittlerweile schwindet meine Geduld. Aber ich will morgen nicht noch einmal hierherkommen. Oder vielleicht will ich auch heute einen letzten Triumph haben.

Da macht es klick. Ich halte die Luft an, während der Riegel zurückgleitet, dann schiebe ich die Tür auf und gehe ans Werk.

Wenig später ist von der Anlage nur noch Schrott übrig. Mein Brustkorb hebt sich hektisch, und mir läuft der Schweiß den Rücken hinab, aber das war es wert. Nichts ist mehr an seinem Platz, die Sensoren liegen zertreten auf dem Boden, selbst die hartnäckigen Stahlpfeiler stehen nicht mehr ganz so aufrecht. Ich weiß nicht, wie lange es dauern wird, bis sie diese Wetterstation repariert haben und sie wieder Daten liefert. Aber zumindest für einen kurzen Moment setze ich Nathalie etwas entgegen. Das ist mehr, als ich in den letzten Wochen getan habe.

Die Nacht verbringe ich in einem baufälligen Wanderpavillon. Früher war das bestimmt ein beliebter Rastplatz. Ich muss schlucken, als mir wieder einfällt – das erste Mal seit Jahren –, dass Papa mir während unserer Wanderungen auf den Karten an solchen Orten immer gezeigt hat, wo wir gestartet und wohin wir unterwegs waren. Wichtiger ist aber ein anderer Gedanke, der wie aus heiterem Himmel kommt: An manchen Rastplätzen gab es Brunnen oder Quellen, an denen wir unsere Wasserflaschen auffüllen konnten.

Obwohl ich mich schon auf die wacklige Bank gelegt habe, die rund um den sechseckigen Pavillon verläuft, stehe ich noch einmal auf und trete hinaus unter den freien Himmel. Mit ein paar Schritten bin ich auf der Rückseite des kleinen Baus und atme erleichtert ein. Hier steht tatsächlich ein länglicher Steintrog mit einer altmodischen Handpumpe. Die Mechanik ist eingerostet, aber nachdem ich ein wenig gerüttelt und gezogen habe, lässt sich der Schwengel bewegen. Wenn jetzt noch Wasser kommt …

Ich fange beinahe an zu quietschen, als nach ein paar Sekunden tatsächlich die ersten Tropfen in den Trog fallen, gleich darauf wird daraus ein richtiger Strahl. Wie lange muss ich wohl pumpen, bis alles abgestandene Wasser aus der Leitung geflossen ist? In der Dämmerung kann ich nicht gut erkennen, ob der Strahl verfärbt ist, aber irgendwann ist meine Geduld am Ende.

Ich halte die Handfläche unter den Wasserstrahl und probiere. Es schmeckt rein und frisch und vor Dankbarkeit gehe ich fast in die Knie. Ich mache mir nichts vor: Wenn ich morgen nichts zu essen finde und irgendetwas, um darin Trinkwasser zu transportieren, ist mein Ausflug in die Wildnis vorüber, bevor er richtig angefangen hat. Dann muss ich ohne meine Antworten zurück in die Stadt.

Aber das Brunnenwasser werte ich als gutes Zeichen. Während ich es mir durch die Kehle rinnen lasse, bis mein Magen voll ist, und mir dann den Schweiß des Tages abwasche, kehrt eine vorsichtige Ruhe in meinem Bauch ein. Esper ist in Sicherheit, und gegen ihren Willen hat Nathalie mir so viel mehr über ihre Pläne verraten, als wir noch vor Wochen wussten. Vor allem hat sie mir durch ihre unersättliche Gier ein Geschenk gemacht, das sie noch teuer zu stehen kommen wird: Sie hat mir geholfen, alle Schranken zu überwinden, die meine Gabe im Zaum gehalten haben. Vor nicht allzu langer Zeit schien mir Bioverse übermächtig, jeder Versuch, Nathalie etwas entgegensetzen zu wollen, hoffnungslos. Doch diese Zeiten sind vorbei.

Mit tropfenden Haaren lege ich mich wieder hin, so zuversichtlich wie seit Wochen nicht. Erst in meinen Träumen kann ich das Bild nicht mehr unterdrücken, wie eine rote glänzende Blutspur eine kahle Betonwand verschmiert.

Als ich aufwache, ist die Sonne noch nicht aufgegangen. Ich fröstle, und beinahe muss ich lachen, dass mein Körper sich so schnell wieder an natürliche Temperaturen gewöhnt hat. Vielleicht ist es auch tröstlich.

Woran er sich definitiv nicht gewöhnt, ist, dass er zuletzt vor vierundzwanzig Stunden etwas zu essen bekommen hat. Ich trinke noch einmal vom Brunnenwasser, aber diesmal lässt sich mein Magen nicht mehr besänftigen. Schnell wasche ich mich und will mich schon auf den Weg machen, etwas Essbares aufzutreiben, als mein Blick auf die Wanderkarte fällt, die es auch hier gibt.

Sie hängt in einem verglasten Kasten. Ich trete näher und plötzlich stehen mir Tränen in den Augen. Die Karte ist von 2027, von vor der Großen Dürre, als es noch viele solcher Dörfer wie drüben am Fluss gab. Meine Fingerspitzen gleiten auf der Scheibe von einem Ort zum nächsten – Steinhagen, Ziltendorf, Dreilinden –, doch die Namen sagen mir nichts. Wahrscheinlich ist keins der Dörfer mehr bewohnt, und wenn, dann nur von ein paar wenigen, die mit dem Mangel umzugehen gelernt haben.

Ich kneife die Augen zusammen und suche auf der Karte die nähere Umgebung ab. Wenn ich nur wüsste, wo ich anfangen muss! Ein Hügel wäre auf einer Wanderkarte eingezeichnet. Nur in welcher Himmelsrichtung er liegt, daran kann ich mich nicht mehr erinnern.

Einen Moment zögere ich, dann hebe ich einen faustgroßen Stein auf und schlage damit die Scheibe ein. Dass ich damit einem Wanderer die Orientierungsmöglichkeit nehme, ist eher unwahrscheinlich.

Vorsichtig löse ich die Karte aus dem Rahmen, falte sie und schiebe sie in meinen Hosenbund, dann gehe ich zurück in den Pavillon und stecke den Bleistiftstummel ein, der neben dem zerfledderten Gästebuch liegt. Aus Neugier wische ich ein paar trockene Blätter zur Seite und entziffere den letzten Eintrag: »… wie immer eine willkommene Erfrischung. Mia und Jonas, September 2038.«

Mit einem Ruck drehe ich mich um und nehme den Weg Richtung Steinhagen.

Von den ehemals zehn Häusern stehen noch drei. Eines scheint mir stabil genug zu sein, um hineinzugehen, und auch wenn die ehemaligen Bewohner nicht viel zurückgelassen haben, finde ich doch einen löchrigen Henkelbeutel und ein verstaubtes Schraubglas. Im Garten eines anderen Hauses haben ein paar Obstbäume überlebt, und ich sammle so viele von den Pflaumen auf, wie ich tragen kann.

In der Dorfmitte steht eine Kapelle, daneben ein Tisch, eine Holzbank und ein altersschwacher Kastanienbaum. Auch hier gibt es noch eine alte Handpumpe, und obwohl nur ein klägliches Rinnsal herauskommt, schmeckt das Wasser frisch. Alles in allem finde ich Steinhagen recht sympathisch.

Das spärliche Laub der Kastanie spendet nicht allzu viel Schatten, trotzdem atme ich erleichtert auf, als ich mich auf die Bank setze. Während ich mich mit Pflaumen vollstopfe, breite ich die Karte auf der Tischplatte aus und beginne, Punkte darauf zu markieren. Es sind Annäherungen, das weiß ich natürlich, aber ausgehend von dem Standort hinter dem Dorf an der Flussschleife – Erlau, wie ich jetzt erfahre – zeichne ich Bioverse' Netzwerk an Wetterstationen ein. Die Abstände auf der großen Karte in der Halle waren so gleichmäßig, dass ich ziemlich sicher bin, die richtigen Orte zu erkennen. Was ich damit anfange, weiß ich noch nicht, aber es kommt mir wichtig vor, mein Wissen festzuhalten.

Denn wie lange ich für mein nächstes Ziel unterwegs sein werde, weiß ich nicht.

Nach ein paar Minuten lehne ich mich entmutigt zurück. Mir ist klar, dass kein einzelner Baum eingezeichnet sein kann, trotzdem habe ich gehofft, etwas Bekanntes zu entdecken. Doch die Karte ist alt, so alt, dass sich die Stadt mittlerweile kilometerweit ins Umland gefressen hat. Woher weiß ich, dass es den Hügel mit dem Baum immer noch gibt? Vielleicht steht längst eine Fabrikhalle an der Stelle oder er ist plattgemacht worden für eine Straße.

Ich kaue auf dem Bleistiftstummel herum und versuche so angestrengt, meine Erinnerungen an die Wanderungen mit Papa durch die Augen einer Erwachsenen zu sehen, dass sie schon beinahe an der Kapelle sind, als ich sie bemerke.

Es sind vier. Ein Mann um die fünfzig, ein vielleicht vierzehnjähriges Mädchen und zwei Jungs in meinem Alter.

Mein erster Impuls ist, aufzustehen und zu rennen, aber dann bleibe ich doch sitzen. Das hier ist eine freie Bank in einem freien Land.

Jetzt erst werfe ich einen genaueren Blick auf ihre Mienen und wünsche mir, doch weggelaufen zu sein. Da ist jemand auf Krawall aus.

»Hi«, sagt der Mann, als sie sich rund um den Tisch aufgestellt haben. Er ist nicht allzu groß, doch er wirkt wie jemand, der gelernt hat, seine mangelnde Körpergröße mit Gemeinheit auszugleichen.

»Hallo«, antworte ich vorsichtig.

»Das hier ist unsere Gegend und die da«, er deutet mit dem Kinn auf die Pflaumen, die ich neben die Karte gelegt habe, »gehören uns.«

Mein Blick fällt auf die beiden Bollerwagen, die die Jungs hinter sich herziehen. Säcke und Kartons stapeln sich darauf, manche leer, andere mit Himbeeren, alten Schuhen und sogar Konserven gefüllt. »Gehören« ist anscheinend Ansichtssache.

Langsam lehne ich mich auf der Bank zurück. »Da stand kein Name drauf«, antworte ich.

Das Mädchen und der blonde Junge plustern sich empört auf, aber der Mann rutscht neben mir auf die Bank. Ich rieche seinen Schweiß, doch ich bezweifle, dass ich nach den letzten beiden Tagen nach Rosen dufte.

Der Zeigefinger des Mannes landet auf meiner Karte. »Von hier«, sagt er, dann beschreibt er einen großen Bogen, der mehrere Dörfer umschließt, »bis hier sind wir unterwegs, niemand sonst, klar? Gibt eh kaum mehr was zu holen.«

Wenn sie öfter zum Plündern hierherkommen, erklärt das, warum die meisten Häuser komplett leer geräumt wirkten. Das ist auch eine armselige Beschäftigung – verlassene Dörfer nach den letzten brauchbaren Dingen durchstöbern.

»Okay.« Ich nicke und schaue ihn an. Ihm stehen Schweißperlen auf der Stirn. »Euer Revier, hab's kapiert. Ich hatte nichts zu essen dabei, deswegen hab ich die Pflaumen genommen. Aber es sind noch genügend am Baum.«

Der Arm des blonden Jungen schnellt nach vorn. Er schnappt sich meinen Beutel und wiegt ihn in der Hand. »Da sind auch noch welche drin.«

Das Mädchen ist einen Schritt näher gekommen. Sie wirkt erschöpft, aber ihrer Gier tut das anscheinend keinen Abbruch.

Langsam schüttle ich den Kopf. Wind streicht um meine Knöchel und raschelt im trockenen Gras unter der Bank. Ich lasse ihn weiter auffrischen, gerade so viel, dass er die Haare im Nacken des Mädchens anhebt und sich der Mann neben mir aufatmend über die Stirn wischt.

Ich sehe dem blonden Jungen in die Augen. »Die behalte ich. Ich hab es schon gesagt: Es hängen noch genügend am Baum.«

Vorsichtig ziehe ich den Beutel wieder zu mir.

Nach und nach weicht die Anspannung aus der Gruppe. Der blonde Junge senkt die Schultern, der Ausdruck des Mädchens wirkt nicht mehr ganz so feindselig. Selbst der schwarzhaarige Junge, der sich bisher im Hintergrund gehalten hat, scheint sich in der kühlen Brise ein wenig zu entspannen.

»Was willst du hier draußen?«, fragt er.

Ich zögere, doch dann kommt mir ein Gedanke.

»Ich suche einen Ort«, antworte ich. »Einen kleinen Hügel, auf dem ein einzelner Baum steht. Früher lagen drum herum Felder, aber das ist schon eine Weile her. Sagt euch das was? Ihr kommt doch bestimmt viel rum und kennt euch hier aus.«

Das Mädchen und der blonde Junge wechseln einen Blick, und der Mann, der immer noch neben mir sitzt, nickt. Er greift nach dem Bleistift und zieht die Karte zu sich. Kurz orientiert er sich, dann malt er ein Kreuz neben ein paar konzentrische Kreise.

»Den hier meinst du wahrscheinlich. Früher gab's da mal ein Dorf, aber davon steht nicht mehr viel.« Ich schlucke, doch das scheint er nicht zu bemerken. Stattdessen zeichnet er ein zweites Kreuz und verbindet die beiden Punkte mit einem Strich, der mehreren Wegen und schmalen Straßen folgt. »Fünfunddreißig Kilometer vielleicht. Heute wirst du es nicht mehr schaffen.«

Ich betrachte die Route, die er mir eingezeichnet hat, und sehe auf. »Danke.«

Er nickt, dann fällt sein Blick auf meine Klamotten. »Kommst du aus der Stadt?«, will er wissen, und wieder hat sich eine misstrauische Note in seine Stimme geschlichen.

Unwillkürlich schaue ich an mir herunter. Ja, ich kann verstehen, warum ich in meinem verdreckten Aufzug nicht gerade vertrauenerweckend wirke. Die blutigen Striemen an meinen Handgelenken helfen wahrscheinlich auch nicht.

Entschuldigend zucke ich mit den Schultern. »Bin schon ein paar Tage unterwegs.«

Einen Augenblick lang herrscht Ruhe, wahrscheinlich überlegen sie, ob sie nachfragen sollen. Also greife ich eilig nach der Karte, falte sie zusammen und stecke sie in den Henkelbeutel. Als der Mann auf die übrigen Pflaumen deutet, werfe ich sie hinterher.

Während ich aufstehe, bedanke ich mich noch einmal, aber dann fällt mir etwas ein. »Kann ich mir vielleicht kurz ein Unice ausleihen?«

Das Mädchen prustet laut. »Anscheinend warst du länger als ein paar Tage unterwegs.«

Blondie kichert, doch der zweite Junge meidet meinen Blick, als ich ihn ansehe.

Der Mann grinst. »Ich glaube nicht, dass die Polizei unsere Einschätzung teilt, dass wir hier was Gutes tun. Wir beklauen niemanden, aber getrackt werden wollen wir trotzdem nicht.«

Zustimmend brumme ich. Es ist ja auch schon eine Weile her, dass ich ein unbescholtenes Leben geführt habe. Seitdem versauert mein eigenes Unice in irgendeiner Asservatenkammer der PAO. Dann muss ich eben einen anderen Weg finden, Esper zu kontaktieren. Oder Luc.

Zum ersten Mal seit ich Nathalie entkommen bin, spüre ich ein schlechtes Gewissen. Luc wird es wahrscheinlich nicht groß kümmern, wo ich abgeblieben bin, aber Esper macht sich bestimmt Sorgen um mich. Energisch schiebe ich den Gedanken beiseite und verabschiede mich. Ich fühle die Blicke der vier auf mir, bis ich um die erste Kurve verschwinde.

Es ist, als würde ich durch ein fremdes Land laufen, so groß ist der Unterschied zu den Straßen und Plätzen in der Stadt, selbst zu den Grünflächen dort. Vielleicht gerade zu ihnen.

Dass es etwas Außergewöhnliches war, mit meinem Papa in der Natur unterwegs zu sein, habe ich erst begriffen, als er tot und meine Mutter verschwunden war. Die meisten Leute, die ich jetzt kenne, haben die Stadt noch nie verlassen, und wenn doch, dann nur, um in eine größere Stadt zu gehen, nach Berlin oder Köln. Keine Ahnung, was dort besser sein soll.

Ich halte mich nach Westen und komme durch eine Landschaft, der man ansieht, dass sie viele, viele Jahrzehnte bewirtschaftet wurde. Es sind sanfte Hügel, es gibt kleine Baumgruppen, die sogar hier und da eine Kapelle oder eine Holzbank beschatten, wuchernde Hecken an Gräben, durch die früher wahrscheinlich Bäche geflossen sind. Ein paar Vögel ziehen über mir ihre Kreise, ansonsten sehe ich nicht viel Lebendes. Außer Ameisen. Ameisen scheinen mit der Dürre ganz gut klarzukommen.

Was nicht mehr ist wie früher, sind die Felder. Wahrscheinlich sind sie zu klein, um für die Agrarindustrie interessant zu sein, oder ihre Bewässerung hat sich einfach nicht gelohnt, denn aus ihnen sind Steppen geworden, bewachsen mit niedrigen Büschen und dürrem Gras.

Ich schiebe all diese Gedanken weg. Es hat ja keinen Sinn, darüber nachzugrübeln, wie sehr sich alles verändert hat. Im Nachhinein gab es Stimmen, dass es alle hätten wissen können, doch wer will schon hören, dass ein Staat, der hundert Jahre lang aufgebaut wurde, innerhalb von einem Jahrzehnt den Bach runtergehen könnte?

Es ist nicht schwer, den Markierungen auf der Wanderkarte zu folgen, deswegen hat mein Hirn genug Zeit, andere ungebetene Gedanken zu produzieren. Gedanken an Leo, an Esper, sogar an meine Mutter.

Ich wünschte, ich hätte etwas zu tun.

Am schlimmsten sind meine Erinnerungen. Es kommt mir so vor, als hätten die Bilder auf Nathalies Tablet eine Schleuse geöffnet, die ich seit Jahren mit aller Kraft verschlossen gehalten habe. Doch nun strömen sie hervor, mit einer Macht, die mich mit sich reißen wird, sobald ich es zulasse.

Aber jetzt noch nicht.

Jetzt brauche ich einen klaren Kopf, damit ich den Hügel finde. Den Hügel mit dem Baum.

Die Ruinen lassen mich beinahe umkehren. Vor ein paar Tagen wäre ich gedankenlos daran vorbeigelaufen, hätte mich vielleicht über die Dummheit der Menschen geärgert, die jahrzehntelang zu bequem waren, solche Schicksale zu verhindern. Sicher hätte ich vermutet, dass der tödliche Wechsel aus Dürre und Überschwemmungen die Bewohnerinnen und Bewohner vertrieben hat.

Aber was sie vertrieben hat, war ich.

Wenn ich nicht so sicher gewesen wäre, hätte ich die Wasserränder an den Wänden nicht entdeckt, die gesplitterten Fensterscheiben, durchschlagen von Steinen, Ästen und Trümmern. Ich hätte den überwucherten Lieferwagen unter dem umgestürzten Baumstamm übersehen und den Unrat, der sich hinter dem Haus türmt, für eine private Müllkippe gehalten. Dieses Anwesen war einmal ein Heim, vielleicht ein kleiner Gärtnereibetrieb mit Gewächshaus und Beeten, die sich die Natur längst zurückgeholt hat.

Der Anblick ist so trostlos, dass es sich anfühlt, als hätte mir jemand durch die Rippen in den Brustkorb gefasst und mein Herz herausgerissen. Ich bin wieder so hohl wie in dem Moment, als Nathalie mir die Fotos gezeigt hat. Aber noch immer kenne ich nur Bruchstücke, ergeben die Bilder in meinem Kopf keinen Sinn.

Länger als nötig bin ich bei der Gärtnerei stehen geblieben. Ich scheue mich davor weiterzugehen, doch ich weiß, dass ich den Baum finden muss. Wenn ich Klarheit haben will, muss ich ihn finden.

Gerade als ich mich abwende, fällt mein Blick auf einen rosa Fleck. Die Farbe ist verblasst, es war einmal ein strahlendes Rot, das die Hütte zierte. Jetzt ist es keine Hütte mehr, nur noch ein Haufen Bretter, der verloren an der Wand einer Garage lehnt. Aber mich durchfährt ein Stoß wie ein Elektroschock. Das Rot einer Erdbeere, daran erinnere ich mich. Sie hatte goldgelbe Samen und eine wunderschöne grüne Mütze und sie sollte die Leute von der Straße zur Gärtnerei locken. Bei Papa und mir klappte es. Ich erinnere mich an Süße und Saftigkeit und den unbeschreiblichen Luxus, eine ganze Schale der reifen Früchte allein essen zu dürfen. Papa unterhielt sich in der Zwischenzeit mit dem Mann in der Verkaufshütte.

Vielleicht war es auch ein Junge, ich weiß nur noch, dass er hellblaue Augen hatte und ein breites Lächeln mit sehr weißen Zähnen und mir zum Abschied auch noch eine Handvoll Himbeeren schenkte.

Etwas an dieser Erinnerung lässt mein Herz klopfen, so schnell, als wäre ich kilometerweit gerannt. Was stimmt nicht mit diesen Bildern? Was sehe ich nicht?

Ich fange an zu schwitzen. Wie auf der Flucht drehe ich mich um und lasse die Ruinen hinter mir. Wohin ich unterwegs bin, nehme ich kaum wahr, aber irgendwann wird die Straße zu einem Feldweg. Ich schaue mich um. Am Horizont erstreckt sich ein Waldgebiet, braun, wo die Wipfel verdorrt sind, doch direkt vor mir … direkt vor mir erhebt sich ein Hügel mitten in der flachen Landschaft. Und darauf steht ein einzelner riesiger Baum.

Jeder Schritt darauf zu ist wie eine weitere Welle, die die Schleuse aufstemmt. Dann ist kein Halten mehr: Ich bin wieder sechs Jahre alt und der Tag – der Tag, von dem jahrelang nichts übrig war als dieser Baum und ein pechschwarzer Himmel – spielt sich wie ein Film vor meinen Augen ab. Mehr noch: Ich fühle das Prickeln der Luftfeuchtigkeit auf meinen Armen, die elektrisch geladene Luft stellt mir die Haare im Nacken auf. Ein Gewitter zieht auf, das muss ich gar nicht denken, ich weiß es einfach. Was ich denke, ist: Sie streiten. Wieder. Wegen mir. Mama will, dass ich vorsichtig bin, wie immer, Papa lächelt mir zu und runzelt dann die Stirn, weil er will, dass sie mich sein lässt, wie ich bin.

Aber wie das ist, das weiß ich gar nicht.

Vorsicht, Vorsicht, Vorsicht, das gibt mir Mama auf den Weg. Papa kauft mir Erdbeeren.

Und dann hat er gesagt, wir spielen ein Spiel. Er hat mich zu diesem Baum geführt, unter dem ich jetzt sitze, an den Stamm gelehnt, anders als damals, als die Baumkrone noch nicht so ausladend war. Da habe ich mit ausgebreiteten Händen dagestanden, halb auf das Gewitter gelauscht und halb auf Papa. Er meinte, er wäre da, würde auf mich aufpassen. Er wüsste, dass ich stark genug sei, mutig genug. Seine Worte waren wärmer als die Luft um mich herum, sie waren alles, was ich brauchte, um auf dem Hügel stehen zu bleiben und doch hinauszufliegen, mitten ins Gewitter. Und weil ich ihn immer noch hörte, weil sein Vertrauen in mich Leine genug war zwischen meinem Geist und meinem Körper, ließ ich los.

Die Erinnerung an dieses Gefühl zerreißt mich. Für lange, lange Minuten war ich pure Energie, Licht und Wärme, zu Hause in den Wolken. Ich konnte fühlen, wie der Wind nach meinem Willen stärker und schwächer wurde, wie wir hoch, hoch, hoch in die Luft stiegen, uns immer schneller drehten, wie meine Wärme strömte und die Wirbelwinde glitzernd um mich herumtanzten. Irgendwann prickelte die Feuchtigkeit, wurde kalt und kälter, wurde zu Tropfen, Kristallen, Eis. Es war schön, aber ich wusste, es war auch trügerisch. Zu viel Kälte tat weh.

Ich streckte mich, wollte den Wind in alle Richtungen schicken, sanft und harmlos, doch mein Impuls ging ins Leere. Ich legte mehr Energie hinein, versuchte es zumindest, aber ich hatte mich ablenken lassen. Ich hatte zu lange gespielt und jetzt war ich müde. In meinem Kopf kreischte es. Vielleicht waren es meine Gedanken, vielleicht meine Stimme, ich weiß es nicht mehr. Ich weiß nur, dass ich in diesem Moment Angst bekam.

Und die Angst ließ mich den Sturm fühlen.

Mein Körper stand im Wind, notdürftig geschützt nur von Papas Armen. Er fühlte sich eiskalt an, blutete am Kopf, hatte die Augen wegen der Böen und des herumfliegenden Staubs geschlossen.

»Du musst aufhören«, presste er hervor, und ich kann mich erinnern, dass er es schon oft gesagt hatte. Ich hatte ihn nur nicht gehört.

Ich wollte ihm sagen, dass ich längst aufgehört hatte, dass dieser Sturm nicht länger tat, was ich wollte, aber ich hatte die Kraft nicht mehr. Stattdessen legte ich alles, was noch übrig war, in einen letzten Versuch. Doch meine Energie war ein Flämmchen gegen den Flächenbrand, der über uns tobte.

Schwarz, schwarz, schwarz war der Himmel, so weit ich sehen konnte. Hagel hatte den Hügel weiß zugedeckt, aber ich fühlte, dass schon bald der Regen einsetzen würde, in Sturzbächen. Wimmernd schickte ich meine Gabe aus, immer wieder, erfolglos, bis der Himmel mein Blickfeld dunkel färbte, bis ich weder Kopf noch Arme heben konnte. Der Wind, mein Freund, mein Spielgefährte, war so groß und mächtig geworden, dass er mich in die Knie zwang. Und der Teil von mir, den ich so gut kannte, auf den Papa so stolz war – der, der mich ausmachte –, er fühlte sich plötzlich gar nicht mehr an wie Spielen. Sondern wie Sterben.

Tropfen laufen über mein Gesicht. Ich schmecke Salz, also ist es wohl nicht nur der Regen, der einen Weg durch das Laub findet. Meine Wange presst sich auf den Boden, der zwischen den spärlichen Grashalmen allmählich zu Matsch wird.

Vorsichtig richte ich mich auf und wische mir über die Augen. Ein paar Sekunden bin ich verwirrt, orientierungslos, aber dann fällt mir wieder ein, wo ich bin, warum ich hier bin, und die Leere in meinem Inneren ergibt Sinn. Mir ist kalt und das kommt nicht nur von meinen klatschnassen Klamotten. Doch mit diesem Gefühl muss ich nun leben.

Eine Weile starre ich vor mich hin, den Rücken an den Stamm gelehnt, bis mir einfällt, dass ich hier nicht im Regen sitzen muss. Seufzend sammle ich das bisschen Energie zusammen, das ich noch in mir finde, und schicke die Wolken über mir in alle Himmelsrichtungen. Vielleicht regnen sie an anderen Orten ab. Irgendwo, wo sich die Leute über das Wasser freuen.

Als der Regen nur noch träge von den Blättern tropft, stemme ich mich auf die Füße. Ein winziger Teil von mir – der, dem nicht alles egal ist –, warnt mich davor, zu lange hier sitzen zu bleiben. Denn auch wenn nicht mehr viel wichtig zu sein scheint, eins darf nicht passieren: Nathalie darf niemals in die Lage kommen, solche Kräfte zu entfesseln, wie ich damals auf diese Gegend losgelassen habe.

Ich stolpere den Hügel hinunter und dann … Unentschlossen blicke ich mich um. Wohin? Wohin gehe ich jetzt?

Eine Sehnsucht zupft an mir, ein Wunsch, von dem ich jahrelang nicht wusste, dass ich ihn noch habe. Nachdem Papa gestorben war, wurde es schwierig zwischen meiner Mutter und mir. Es war, als würde sie eine zu kleine Decke über mich breiten und versuchen, mich darunter zu verbergen. Aber dieses Gewitter … dieser mächtige Sturm … Vielleicht war es ihre Art, mich vor mir selber zu beschützen. Vielleicht … wenn ich sie jetzt treffen würde … wäre alles ganz anders.

Ich schiebe diese Gedanken weg. Wo sollte ich anfangen zu

suchen? Sie hat sich gegen mich entschieden. Bestimmt sind nach all den Jahren die Vorwürfe gewachsen und der Beschützerinstinkt ist kleiner geworden.

Langsam drehe ich mich einmal um mich selbst. Gehe ich zurück in den Wald? Irgendwie könnte ich mich dort schon durchschlagen. Vielleicht finde ich sogar ein Plätzchen, wo ich Gemüse anbaue und alles vergesse, was mit Wetter und Wolken zusammenhängt. Nie wieder jemandem in die Augen blicken. Niemandem erklären müssen, was ich getan habe.

Wem mache ich etwas vor? Ich bleibe stehen, als mein Gesicht Richtung Stadt weist. Big T wird ab jetzt immer ein Teil von mir sein, eine Last, die ich tragen muss. Den Schaden kann ich nicht mehr gutmachen. Aber Nathalie ... Nathalie kann ich noch aufhalten.

Müde setze ich mich in Bewegung. Ich brauche Hilfe, so viel steht fest. Ich werde Esper suchen, Luc, vielleicht Willem. Es muss einen Weg geben, Nathalie aufzuhalten. Und den werde ich finden.

Ein paar Minuten später werde ich gefunden. Es hat aufgehört zu regnen, aber meine Klamotten und Haare sind noch nicht wieder ganz trocken, sodass ich mich entschieden haben, nicht am Waldrand, sondern auf der Straße in der prallen Sonne zu laufen. Seit Bioverse halte ich Kälte nicht mehr gut aus.

Als ich hinter mir ein Auto heransurren höre, verfluche ich mich für meine Unvorsichtigkeit. Ich sprinte über das Feld davon, aber das Auto hupt wie wild, und das Geräusch ist so quietschig, dass ich mich unwillkürlich umdrehe. Garantiert gibt es in Nathalies gesamtem Fuhrpark kein Fahrzeug, das so würdelos klingt.

Als ich ihn erkenne, sehe ich vor Erleichterung Sternchen. Esper winkt mir durch das heruntergelassene Seitenfenster zu, und ich mobilisiere meine letzten Reserven, um die paar Meter zurück zur Straße zu rennen.

Keuchend stütze ich mich am Türrahmen ab und schaue ihn einfach an.

Esper.

Es geht ihm gut.

Das ist das Erste, was ich denke.

Dann denke ich nichts mehr. Oder so viel auf einmal, dass nichts mehr Sinn ergibt.

Ich habe mir bestimmt hundertmal ausgemalt, wie und wann ich ihn wiedersehen werde, aber was jetzt passiert, habe ich mir kein einziges Mal vorgestellt.

Er deutet über die Schulter. »Steig ein. Lass uns verschwinden.«

Und irgendwie ist es genau das Richtige.

Eine Weile bin ich zu überwältigt von allem, um etwas sagen zu können. Ich beobachte Esper beim Fahren, wie er immer wieder einen Blick in den Rückspiegel wirft, wie er vor den Kurven nur minimal abbremst, wie seine Augen unermüdlich hin und her wandern.

»Glaubst du, sie sind hinter mir her?«, frage ich schläfrig. Ich habe keine Energie mehr für Adrenalin und Alarmiertheit übrig.

Espers Blick schnellt wieder zum Rückspiegel. »Nathalie hat sich eine Menge einfallen lassen, um zu kriegen, was sie wollte. Kann mir nicht vorstellen, dass sie dich jetzt einfach laufen lässt.«

In diesen Sätzen schwingt so viel mit, aber ich verschiebe alle Fragen und Antworten auf später.

Obwohl, eines interessiert mich doch: »Wie hast du mich gefunden?«

Ganz kurz sieht er zu mir herüber. Er lächelt sogar beinahe. »Hab gehört, du hast dich an fremden Pflaumen vergriffen.«

»Was?« Überrascht lache ich auf.

Esper zuckt mit den Schultern. »Einer der Jungs, die du gestern in dem Dorf getroffen hast ... Ich kenne ihn von früher. Er hat mir das Versteck in der Hainbuchschule verraten.«

»Das hätte er mir ja vielleicht mal sagen können. Ich hab ihn noch gefragt, ob ich sein Unice benutzen darf!«

»Ja, deswegen hat er sich auch bei mir gemeldet. Er wollte nur vor den anderen nicht damit rausrücken, dass er mal auf der Straße gelebt hat.«

Ich verdrehe die Augen. Bauernhöfe plündern, aber sich dafür schämen, auf Dachböden zu schlafen. Doch ich beschwere mich nicht. Ich bin froh, dass er mich erkannt und Esper Bescheid gegeben hat.

Als hätte er meine Gedanken gelesen, sagt Esper: »Bloß gut, dass er sich gemeldet hat. Wir hatten ja keine Ahnung, was mit dir ... also, wo du warst.«

Sein erneuter Seitenblick lässt mich ernst werden. Er muss wieder nach vorn sehen, weil wir an eine größere Straße kommen und es hier Verkehr gibt, anders als auf den schlaglöchrigen Landstraßen bisher. Ich bin froh darüber, weil ich plötzlich ganz heiße Wangen habe. Er hat recht, sie konnten nicht ahnen, dass ich entkommen bin. Nach allem, was sie wussten, hätte Nathalie mich in dieser Eiszelle längst tiefgefrieren können. Und die ganze Zeit war ich nur mit mir selbst beschäftigt.

»Wer ist ›wir‹?«, frage ich, auch wenn ich eine Ahnung habe.

»Luc.«

Ich brumme unbestimmt. Noch immer weiß ich nicht, was ich davon halten soll, dass er bei der Bioverse-Aktion dabei war.

»Denkst du, er hilft uns gegen Nathalie?«

Esper blinzelt ein paarmal, dann sieht er mich an, länger, als ich es beim Fahren für ratsam halte. »Also willst du sie drankriegen?«

Ein gefährlicher Unterton schwingt in der Frage mit, und zum ersten Mal merke ich, dass ich Nathalie nicht nur aufhalten will. Das zwischen ihr und mir – es ist längst persönlich. Was sie uns angetan hat, Esper und mir, ist mit nichts zu rechtfertigen. Esper hat recht: Ein dunkler, unnachgiebiger Teil von mir will, dass sie bezahlt.

»Allein, wenn es sein muss. Aber wenn ich Hilfe habe, stehen die Chancen ein bisschen besser.«

Er lacht leise. »Sie wird sich wundern, mit wem sie sich angelegt hat.«

Unwillkürlich straffe ich die Schultern. Seine Worte fühlen sich gut an, wie zu den Zeiten, als wir noch ein Team waren. Als wir beide noch keine Entscheidungen getroffen haben, die uns auseinandergebracht haben. Diese Zeiten sind vorbei. Damals schien unser größtes Problem die PAO, jetzt haben wir eine Gegnerin, der Gesetze nicht gleichgültiger sein könnten.

Aber es ist tröstlich zu wissen, dass sie ihm nicht den alten Kampfgeist ausgetrieben hat.

Esper konzentriert sich aufs Fahren, und ich habe Gelegenheit, ihn zu betrachten.

Trotz seiner Sommersprossen und des etwas zu breiten

Munds erkenne ich nicht mehr viel von dem Jungen in ihm wieder, mit dem ich im Juni in eine Kleingartenanlage marschiert bin. Sein Kiefer ist kantiger, der Bartwuchs deutlicher. Ich frage mich, ob ich auch so viel erwachsener auf ihn wirke.

»Wie geht es dir?«, frage ich leise.

Sein Adamsapfel senkt und hebt sich, als er schluckt. »Ich bin in Ordnung.« Beinahe schüchtern wirft er mir einen Blick zu. »Und dir?«

Er deutet auf meine immer noch feuchte Hose. Das ist ziemlich rücksichtsvoll für Espers Verhältnisse. Meine struppigen Haare, die Grashalme, die mir im Gesicht kleben, und meine rotgeweinten Augen sind deutliche Hinweise darauf, dass ich keinen entspannten Sonntagsausflug gemacht habe.

Ich sehe nach vorn auf die Straße. Eine Weile suche ich nach Worten, Worten, die meine Tränen nicht aus mir herausgespült haben. Ich finde keine. Es ist noch nicht zu Ende, das fühle ich, ich muss mich meiner Vergangenheit noch einmal stellen. Nicht nur ein Mal, viele Male. Aber nicht jetzt. Jetzt bleibt der Sturm mit all den Erinnerungen und den Dingen, die ich neu über mich weiß, auf dem Hügel unter dem Baum zurück. So lange, bis ich die Kraft habe, sie wieder hervorzuholen.

Ich wende den Kopf und lächle wacklig. »Es geht bergauf.«

Esper mustert mich, dann nickt er leicht und setzt den Blinker, um die letzte Abzweigung vor der Stadt zu nehmen.

Eine Weile schweigen wir, hin und wieder fasse ich nach dem Griff der Autotür, um die Bodenunebenheiten auszugleichen. Manchmal erhasche ich durch die Lärmschutzwände oder die Bäume am Straßenrand einen Blick auf die Gegend dahinter, auf riesige Windparks und Fabriken, deren Schlote schon lange nicht mehr rauchen. Aber meist ist meine Aufmerksamkeit hier im Auto, und ich vergleiche das, was ich wahrnehme, mit dem, woran ich mich erinnere.

Nach einer Weile lege ich eine Hand auf Espers Schulter und streiche mit dem Zeigefinger über seine Wange. Irgendwie fühlt es sich richtig an, auch als er den Kopf neigt und sich an meinen Handrücken schmiegt. Bevor Nathalie mich entführt hat, sind wir nicht im Guten auseinandergegangen – oder zumindest hatten wir nicht alles zwischen uns geklärt. Das steht noch an, keine Frage, doch in diesem Moment sind wir wie in einer Blase, die uns noch ein bisschen Aufschub gewährt. Die es uns erlaubt, an einer Version von uns festzuhalten, die uns die Welt längst nicht mehr sein lässt.

Ich atme tief aus und richte den Blick auf die Fahrbahn. Die Sonne schüttet goldenes Licht über die Landschaft aus, sodass es mir vorkommt, als würden wir in eine leuchtende Wolke hineinfahren. Doch es dauert nicht lang und die dunkle Silhouette der Stadt taucht am Horizont auf.

Bin ich bereit zurückzukehren? Will ich mich den Entscheidungen stellen, die ohne Zweifel auf mich warten?

Ich könnte Esper bitten, zu wenden und mich dorthin zurückzubringen, wo ich mich nicht darum zu kümmern brauche, was Nathalies nächster Schachzug ist. Wo ich mir einreden kann, dass alles, was uns bevorsteht, nichts mit mir zu tun hat und es nichts gibt, was ich dagegen unternehmen könnte. Aber ich tue es nicht.

Falls ich diese Stadt wieder verlasse, weil wir überlebt und es geschafft haben, Nathalies Pläne zu vereiteln, dann wird Esper nicht neben mir sitzen. Vielleicht werde ich allein sein, vielleicht nicht, ich weiß es nicht. Ich weiß nur, dass ich einem Ende entgegenfahre. Und, wenn ich Glück habe, einem Anfang.

7

Esper parkt das Auto nordöstlich der Innenstadt. »Den Rest müssen wir laufen«, sagt er, während er die Türen mit einem Fingerscan verriegelt.

»Wo gehen wir überhaupt hin?« Bisher habe ich mir noch gar keine Gedanken gemacht, wohin wir unterwegs sind. Wir haben ja keinen Ort mehr, wo wir unterkommen könnten, und nur weil ich ein paar Tage verschwunden war, heißt das nicht, dass die PAO nicht mehr nach mir sucht.

Wachsam blickt Esper sich um, aber es dämmert schon, und auf dem riesigen Parkplatz ist außer uns niemand unterwegs.

»Ich dachte, du könntest was zu essen vertragen«, antwortet er wie beiläufig. »Und ein Bett für die Nacht wäre auch nicht schlecht.«

Mit beidem hat er recht, also lasse ich es ihm durchgehen, dass er mir ausweicht.

Er streckt den Arm aus, so als wollte er meine Hand nehmen, aber im letzten Moment lässt er ihn wieder an seine Seite fallen. Ich tue so, als hätte ich die Bewegung nicht mitbekommen, und in den nächsten Minuten achten wir beide darauf, Abstand zu wahren. Das zwischen uns ist noch nicht wieder im Gleichgewicht, und wenn er einen Ort weiß, an dem wir in Ruhe reden können, umso besser.

Wir sind eine Weile unterwegs, doch mit der Zeit lässt die

Spannung zwischen uns nach. Hin und wieder fühlt es sich beinahe so an wie früher, als wir durch die Stadt gestreift sind, zufrieden damit, dass wir zusammen waren und genug Geld hatten, um zumindest ein paar Wochen über die Runden zu kommen. Ich jedenfalls war zufrieden – dass Esper noch andere Ziele verfolgte, weiß ich ja nun.

»Hast du das Geld eigentlich wiederbekommen?«, frage ich in die abendlichen Geräusche der Straße hinein.

Er sieht mich von der Seite an. »Willem hat's aufbewahrt. Er wollte erst dich fragen, woher du es hast.«

Leise lache ich. Monatelang dachte ich, Willem wäre ein schmieriger Wettermacher, der seine Kollegen ausspioniert, bevor er sich als Anführer einer Klimaschutzbewegung entpuppte. Aber tief im Inneren scheint er so überkorrekt zu sein, dass er auch für die PAO arbeiten könnte. Er ist sogar mit einer Anwältin zusammen, Cora Feretti, die Wettermacher auf Schadenersatz verklagt. Da bleibt alles in der Familie.

»Du hättest es ausgeben sollen«, sagt Esper leise. »Aus der Stadt verschwinden.«

Ich seufze schwer, weil wir das Thema schon hatten, doch ich bekomme keine Gelegenheit, ihm noch mal zu erklären, dass ich niemals ohne ihn gegangen wäre. Damals zumindest nicht. Esper deutet nach links in eine Zufahrt, durch die wir in einen Innenhof gelangen. Keine Betonwüste wie so häufig, sondern ein Garten, komplett mit ausladenden Obstbäumen, Gemüsebeeten, einer Schaukel und ein paar Bänken, auf denen Leute unterschiedlichen Alters sitzen und rauchen. Sie scheinen sich prima zu verstehen und ihr Lachen füllt den ganzen Hof.

Eine Brise trägt ganz unterschiedliche Gerüche herüber.

»Puh.« Ich wedle mit der Hand vor meiner Nase herum. »Kein Wunder, dass die so gut drauf sind.«

Esper grinst und winkt dem Grüppchen zu, ein paar von ihnen winken zurück.

»Kennst du die?« Erstaunt sehe ich ihn an.

Er zuckt mit den Schultern. »Ich übernachte hier hin und wieder. Wenn's brenzlig wird.«

Wir kommen zu einem offenen Treppenhaus, durch das er mich mehrere Stockwerke nach oben führt. Das gibt mir Zeit, meinen Ärger in den Griff zu bekommen. Genau solche Geheimnisse sind es, die mich zweifeln lassen, ob ich ihn wirklich kenne. Wir haben jahrelang zusammengearbeitet, waren Freunde – beste Freunde, was mich anging –, ein Paar, und trotzdem wusste ich nicht, dass er hier in diesem Vorort andere Freunde hat, Bekannte zumindest, bei denen er unterschlüpft, wenn sich in der Stadt Ärger zusammenbraut.

Ja, wir haben so einiges zu besprechen, aber nicht jetzt. Denn gerade wehen laute Stimmen aus einer hell erleuchteten Wohnung im obersten Stock auf den Außenbalkon. Esper hält darauf zu, also sind wir wohl da.

Er bleibt vor der Wohnungstür stehen und klopft.

Wie oft habe ich es erlebt, dass es bei einem Klopfen spät am Abend schlagartig ruhig wurde? Meine Mutter hätte mir notfalls den Mund zugehalten, wenn ich auch nur einen Mucks gemacht hätte. Aber nicht hier. Hier geht die muntere Unterhaltung weiter, nur eine weibliche Stimme bellt eine Aufforderung. Jedenfalls vermute ich das, es klingt wie ein afrikanischer Dialekt, aber der Tonfall solcher Anweisungen ist wohl überall auf der Welt gleich.

Die Tür wird aufgerissen und auf der Schwelle steht ein vielleicht zehnjähriger Junge. Sein Gesicht leuchtet auf, als er Esper erkennt.

Esper klatscht ihn ab. »Hey, Yero. Ist deine Maman da?«

»Natürlich ist die da.« Im Flur taucht eine Frau um die fünfzig auf, nicht allzu groß und ziemlich drahtig, aber ihre Persönlichkeit scheint den kompletten Raum einzunehmen. Als sie ins Licht tritt, strahlen uns blaue Augen aus dem dunklen Gesicht entgegen. Sie schiebt Yero zur Seite und umarmt Esper.

»Zeit, dass du uns mal wieder besuchst, mein Junge«, murmelt sie, während sie ihn an sich drückt.

»Es ist erst ein paar Wochen her, Aminata«, gibt Esper zurück, in einem Tonfall, der sowohl Respekt als auch Vertrautheit ausdrückt.

»Hm«, macht die Frau, während sie von ihm zurücktritt und mein Gesicht mustert.

»Das ist Vega«, stellt Esper mich vor. »Ich hatte gehofft, wir könnten vielleicht eine Nacht bleiben.«

Etwas Seltsames passiert mit Aminata, als sie meinen Namen hört. Wachsamkeit schleicht sich in ihre Augen und sie spannt die Schultern an. Schleunigst klappe ich den Mund wieder zu. Ich wollte fragen, ob ich eins und eins richtig zusammengezählt habe und Esper mich ausgerechnet zu Lucs Mutter geschleppt hat, aber ihr plötzliches Misstrauen räumt jeden Zweifel aus. Was auch immer Luc Aminata erzählt hat, es war nichts Gutes.

Trotzdem lächelt sie mich an und es wirkt sogar ehrlich. Sie geht einen Schritt zur Seite, sodass wir eintreten können. »Vega. Espers Freunde sind uns willkommen. Natürlich könnt ihr bleiben.«

Ich habe keine Zeit, über Aminatas Vorbehalte nachzudenken, denn sie scheucht uns in einen Wohnraum, in dem ein riesiger Esstisch fast den gesamten Platz einnimmt. Ein paar Sofas quetschen sich noch an die Wände und in einer Ecke steht eine Vitrine, aber es ist offensichtlich, wo sich das Leben in dieser Wohnung abspielt.

Der beträchtliche Lärmpegel steigt noch einmal deutlich an, als Esper in der Tür stehen bleibt und grüßend die Hand hebt. Leute umarmen ihn und klopfen ihm auf den Rücken, er erkundigt sich nach dem Wohlbefinden und den Geschäften und reihum erfahre ich die Namen der Familie.

Die einzige andere Frau außer Aminata ist Youma, Lucs jüngere Schwester. Genau wie ihre Mutter trägt sie ein traditionelles afrikanisches Gewand – senegalesisch wahrscheinlich, jedenfalls hat Esper mal erzählt, dass Lucs Familie von dort nach Europa geflohen ist – und plötzlich komme ich mir in meiner löchrigen Hose und dem verschwitzten Shirt wie eine Aussätzige vor. Luc sieht ja schon gut aus, aber seine Schwester ist umwerfend. Das einzig Unregelmäßige an ihrem Gesicht ist eine Narbe, die dicht unter ihrem linken Auge verläuft. Youma hat eine Tochter, Bintu, und Yero behandelt seine ungefähr sechsjährige Nichte, wie es ein älterer Bruder tun würde: mit Herablassung und Beschützerinstinkt. Außer den vier sind noch drei Männer im Raum, zwei Jungs, die ein paar Jahre älter sind als Esper und ich, und ein zurückhaltender Mann, der in dem Chaos und dem überbordenden Temperament um ihn herum auffällt wie ein Stein im Ameisenhaufen. Jemand drückt mich auf den Stuhl neben ihm und er stellt sich als Binh vor.

Sekunden später landen Schüsseln vor Esper und mir auf

dem Tisch und jemand reicht mir einen tiefen Teller voller Wasser.

»Du sollst deine Hände waschen«, raunt Binh, als ich nur verständnislos daraufstarre.

Die nächsten fünf Minuten sind voller Fettnäpfchen, die ich mit Binhs Hilfe mühsam umschiffe. Esper zwinkert mir über den Tisch hinweg zu, aber er hatte wahrscheinlich auch schon hundertmal eine senegalesische Mahlzeit. Schließlich kapiere ich, dass alle gemeinsam aus den Schüsseln essen und dafür die rechte Hand benutzen. Und kaum habe ich den ersten Bissen probiert, legt sich auch meine Verlegenheit, und ich schaufle Hirse, Gemüse und Bohnen in mich hinein.

Zumindest mein Appetit scheint mich in Aminatas Achtung steigen zu lassen. Und dabei meint Esper immer, ich hätte kein ausgeprägtes Talent dazu, mir Freunde zu machen.

Der Abend vergeht bei Essen und Gesprächen. Ich höre eigentlich nur zu, oft verstehe ich auch gar nicht, was gesagt wird, weil die Familie in eine Mischung aus Französisch und ihrem Heimatdialekt wechselt, wenn es hitzig wird. Es ist gleichzeitig entspannend und nervenaufreibend, da zu sitzen, an einem Tisch, wo ich trotz der Gastfreundschaft nicht weiß, ob ich willkommen bin. Die jüngeren Fadigas ignorieren mich hauptsächlich, aber auf eine selbstverständliche, freundliche Art, so als würde ich einfach zur Ausstattung gehören. Nur Aminatas Blick huscht hin und wieder zu mir, nachdenklich und forschend zugleich.

Nach und nach löst sich die Runde auf. Youma bringt Bintu ins Bett und singt ihr ein Schlaflied. In meinem schläfrigen Zustand lausche ich, es klingt fremdartig und vertraut zugleich. Yero ist der Nächste, der in den Tiefen der Wohnung verschwindet. Eigentlich habe ich gehofft, Esper und ich könnten noch reden, doch gegen Mitternacht schickt Aminata uns alle schlafen. Esper folgt den anderen Männern, während Youma mir eine Matte in einem Kämmerchen gegenüber dem Wohnzimmer zuweist. Anscheinend teilen sie und Bintu sich den Raum mit Aminata, die nach ein paar Minuten nachkommt.

Ich bedanke mich für das Essen und die Schlafgelegenheit und lege mich hin. Mein Kopf schwirrt mit allem, was heute geschehen ist, aber die vielen Eindrücke vom Abend, diese Einblicke in Lucs Herkunft sind das, was mich wach hält. Die drei Fadigas atmen bald tief und langsam, aber ich wälze mich immer wieder herum, unfähig, Ruhe zu finden.

Das hier ist eine völlig andere Welt, meilenweit von dem entfernt, was Luc als Image in der Unterstadt pflegt. Ich verstehe, dass er seine Familie aus seinen Angelegenheiten heraushält, um sie zu schützen, aber diese beengten Verhältnisse ... Ich hätte gedacht, dass Lucs Geschäfte genug Geld abwerfen, um seiner Mutter und seinen Geschwistern irgendwo ein Haus zu finanzieren.

Zumindest haben sie reichlich zu essen, erinnere ich mich, genug, um eine Wildfremde zu bewirten.

Und einen nicht ganz so Wildfremden. Genervt drehe ich mich auf die andere Seite. Wenn Luc Esper all die Jahre, seit ich ihn kenne, verboten hat, mir von seiner Familie zu erzählen, wieso bringt er mich dann ausgerechnet jetzt her? Am liebsten würde ich aufstehen und Esper aus dem anderen Schlafzimmer holen, aber ich will niemanden aufwecken. Vor allem will ich nicht Aminatas Zorn auf mich ziehen. Ich glaube, das ist etwas, was man unbedingt vermeiden sollte.

Als ich mich zum gefühlt dreihundertsten Mal umdrehe,

wird die Wohnungstür aufgeschoben. Ich erstarre. So spät? Soll ich Alarm schlagen? Mein Herzschlag dröhnt in meinen Ohren, als ich so langsam wie möglich den Kopf wende, um durch den Türspalt in den Flur hinauszusehen.

Beinahe im selben Moment höre ich leise Schritte, die aus der Richtung der Schlafzimmer kommen.

»Hey.« Gerade als ich Lucs Stimme erkenne, gewöhnen sich auch meine Augen an das spärliche Licht im Flur, und ich sehe seine Silhouette. Ich komme mir albern vor, weil ich mich seinetwegen so erschrocken habe. Dass er seine Familie besucht, ist ja völlig normal.

»Hey«, antwortet Binh. Er tritt nah an Luc heran und sie küssen sich.

Okay, morgen kriegt Esper echt Ärger. Das wird mir jetzt alles zu viel mit dieser erzwungenen Intimität. Luc traut mir so wenig über den Weg, dass er mich praktisch aus der Stadt verbannt hat, und jetzt kriege ich mit, wie er mit seinem Freund knutscht. Einem netten Freund eigentlich. Ich kneife die Augen zu, und am liebsten hätte ich mir auch die Ohren zugehalten, aber dann hätte sicher meine Decke geraschelt, und das Letzte, was ich will, ist, dass Luc mitkriegt, dass ich wach bin.

Weiß er überhaupt, dass Esper mich hergebracht hat?

»Sie ist hier«, beantwortet Binh meinen Gedanken.

»Wer?« Luc klingt neugierig, nicht misstrauisch.

»Die Wettermacherin.«

Die kleine Pause dauert wahrscheinlich nur eine Sekunde, aber für mich dehnt sie sich endlos. Stürmt Luc gleich ins Zimmer und schmeißt mich raus?

Doch nichts passiert. Stattdessen fragt er nach: »Vega?«

Binh nickt, und da erst merke ich, dass ich die Augen wieder geöffnet habe.

Luc atmet tief ein und fährt sich über die raspelkurzen Haare. »Was hat Maman gemacht?«

»Was sie immer macht. Sie hat ihr was zu essen gegeben.«

Lucs Mundwinkel wandern nach oben, und selbst in dem Schummerlicht erkenne ich die Wärme, mit der er Binh betrachtet. Ich weiß, dass ich das alles gar nicht mitkriegen sollte, dass ich weghören muss, doch ich bin so verwirrt, dass ich einfach nicht anders kann, als ihn weiter anzusehen. Dort im Flur steht ein völlig anderer Mensch. Diesen Luc kenne ich überhaupt nicht.

Esper schon, sagt eine Stimme in meinem Kopf, und auf einmal ergeben ein paar Dinge, die in den letzten Wochen passiert sind, Sinn.

Nur warum Aminata komisch auf mich reagiert hat, kapiere ich immer noch nicht.

Luc folgt Binh den Flur hinunter, sodass ich nichts mehr von ihrem Gespräch verstehe. Dankbar höre ich, wie eine Tür ins Schloss klickt. Ich drehe mich auf den Rücken und atme langsam aus. Vielleicht sollte ich besser verschwinden. Wenn Luc über Nacht bleibt, will ich das Frühstück eher nicht mitbekommen. Aber es ist Wochen her, dass ich irgendwo geschlafen habe, wo andere Menschen waren, und das gleichmäßige Atmen der drei Fadigas hat etwas Tröstliches. Plötzlich rollt eine Welle von Müdigkeit über mich hinweg, die tiefer geht als körperliche Erschöpfung. Sekunden später hat sie mich unter sich begraben.

8

Und das, ohne mich zu fragen! Was denkst du, warum niemand weiß, wo meine Familie wohnt?«

»Sie würde nie was verraten!«

»Ja? Nachdem sie sich mit einem Cyprian eingelassen hat? Bist du dir da sicher?«

Esper und Luc.

Stöhnend richte ich mich auf und sehe sofort, dass Aminata, Youma und Bintu schon aufgestanden sind. Wie spät ist es? Wie lange streiten die da drüben schon?

Ich lausche, aber außer dem Brüllflüstern aus dem Wohnzimmer ist in der Wohnung nichts zu hören. Wahrscheinlich sind alle ausgeflogen, damit Luc Esper rundmachen kann. Und mich wahrscheinlich, sobald ich meinen Hintern hochgewuchtet habe.

Vorsichtig dehne ich meinen Nacken, meine Schultern, meinen Rücken und versuche, möglichst wenig aus dem Nebenraum mitzubekommen. Dann wird es mir zu blöd, krampfhaft weghören zu müssen. Ich stemme mich auf die Füße, lege die Decke ordentlich gefaltet auf Youmas Bett und rolle die Matte so auf, dass sie in einen Spalt zwischen Wand und Kleiderschrank passt.

Das Ganze macht anscheinend ausreichend Lärm, sodass das Gespräch nebenan verstummt. Nach einem kurzen Ausflug ins Bad hole ich Luft, straffe die Schultern und schiebe die Tür zum Wohnzimmer auf.

Luc und Esper sitzen am Esstisch und funkeln sich über Baguette und Kaffee an.

»Guten Morgen«, krächze ich und räuspere mich.

»Morgen«, brummt Esper, lächelt aber flüchtig.

Luc mustert mich kalt. »Na, hat sie dich laufen lassen?«

Dieser eine Satz macht mich so wütend, dass ich nicht auf seine Einladung warte, sondern mich auf einen Stuhl fallen lasse, Kaffee in einen Becher gieße und mir ein riesiges Stück von dem Weißbrot abbreche.

»Wie immer hast du keine Ahnung, Luc«, fahre ich ihn an.

Er hebt eine Augenbraue. »Klar. Ich habe keine Ahnung, warum du spurlos von einem gesicherten EcoQuest-Stützpunkt verschwindest und tagelang wie vom Erdboden verschluckt bist. Ich habe auch keine Ahnung davon, dass es zwei Dutzend Leute gebraucht hat, um Esper bei Bioverse rauszuholen. *Und* einen Insider, der uns die Türen aufgemacht hat.« Falls er bemerkt, wie mir kurz der Atem stockt, lässt er sich nichts anmerken. »Und *natürlich* habe ich keine Ahnung davon, wie du es schaffst, ein paar Tage später mitten im Nirgendwo aufzutauchen. Wen hast du diesmal reingelegt, EcoQuest oder Bioverse?«

Mir wird ganz kalt, so wütend bin ich. »Was ist dein Problem, Luc? Ich will mit niemandem Ärger. Ich will einfach nur meine Ruhe, aber das interessiert Bioverse, EcoQuest oder die PAO einen Scheißdreck. Da brauche ich nicht auch noch dich, der mich permanent verdächtigt!«

Luc schlägt mit der flachen Hand so fest auf den Tisch, dass das Geschirr klirrt. »Merde. Du bist hier in *meinem* Haus, gefährdest *meine* Familie. Da werde ich dich verdächtigen, so viel ich will.«

Mein Blick schwirrt zu Esper, der den ganzen Schlamassel hier ja angerichtet hat, aber er starrt in seine Kaffeetasse, als würde sich darin ein Portal in eine andere Wirklichkeit auftun. Doch im Grunde stimmt es – das hier ist mein Beef mit Luc. Zwei-, dreimal atme ich tief ein, dann nicke ich.

»Okay, du hast recht.« Ich suche Lucs Blick, in dem für eine halbe Sekunde so was wie Überraschung aufblitzt. »Danke, dass du mich hast bleiben lassen. Deine Familie hat von mir nichts zu befürchten. Ich arbeite mit niemandem zusammen, nicht mit EcoQuest und sicher nicht mit Bioverse. Mit niemandem von Bioverse«, schiebe ich hinterher, falls wirklich Zweifel bestehen sollten, dass das mit Leo ein für alle Mal vorbei ist. »Ich bin nur entkommen, weil ihr Esper rausgeholt habt. Als Nathalie kein Druckmittel mehr hatte … gab's nichts mehr, wovor ich Angst haben musste.«

Luc betrachtet mich völlig ungerührt. Doch mittlerweile kenne ich ihn gut genug. Wenn er mir nicht glauben würde, würde er mich spätestens jetzt rauswerfen.

»Das erklärt nicht, wie du rausgekommen bist.«

»Ich bin aus demselben Grund rausgekommen, warum sie mich überhaupt erst entführt haben.«

Er presst die Lippen aufeinander, einen winzigen Moment nur, aber lang genug. Er weiß, was Nathalie von mir wollte. Irgendwie hat er von meiner Gabe erfahren. Vielleicht glaubt er nur noch nicht recht daran.

Auf dem Tisch steht eine Schale mit braunem Zucker. Ich will keine Sauerei veranstalten, also muss ich mich konzentrieren, als ich einzelne Körnchen in die Luft steigen lasse, erst so wenige, dass sie im schräg durchs Fenster fallenden Morgenlicht kaum zu sehen sind, dann immer mehr, bis sie in der orangen Sonne aufleuchten wie Karamell. Sie drehen sich, schrauben sich in die Höhe, bis fast unter die Decke. Der Strudel glitzert und schimmert, es sieht hübsch aus. Ich widerstehe der Versuchung, ihm auf einen Schlag Energie zu entziehen, und schwäche den Wirbel nur langsam ab, sodass die Zuckerkörnchen schön ordentlich in der Schale landen.

Ich schaue Luc an. »So bin ich rausgekommen. Nur mit tausendmal mehr Energie.«

Täusche ich mich oder wirkt er irgendwie zufrieden? Bevor er etwas sagen kann, werden vor der Wohnungstür Stimmen laut. Sekunden später ergießt sich ein Strom Menschen in den Flur und von dort ins Wohnzimmer und in die Küche. Wir werden begrüßt, Taschen und Kartons werden in Ecken und auf jede freie Fläche gestellt.

Luc wirkt wie ausgewechselt. Er verteilt Küsse und Schulterklopfen, packt an, wenn er gebraucht wird, und hat anscheinend komplett vergessen, dass wir uns vor fünf Minuten beinahe an die Kehle gegangen wären.

Ich schiebe meinen Stuhl zurück, gieße meine Tasse noch einmal voll und nehme mir ein zweites Stück Brot. Dann drücke ich mich so unauffällig wie möglich an der Wand entlang zur Tür. Beim dritten Mal kapiert Esper meinen Wink und steht ebenfalls auf.

Ohne größere Zusammenstöße erreichen wir das Treppenhaus und von dort den Garten. So früh ist hier niemand außer uns, nur Bintu werkelt ein Stück entfernt in einem Gemüsebeet. Wir suchen uns einen Platz in der Mitte, vor Blicken geschützt durch die dichten Baumkronen. Jetzt bei Tageslicht ist es noch erstaunlicher, dass es mitten in der Stadt so eine grüne Oase gibt. Woher nehmen sie nur das Wasser?

»Hilft Luc hier mit Geld nach, damit sie den Garten gießen können?«, spreche ich einen spontanen Gedanken aus.

Esper zuckt mit den Schultern. »Mit Geld oder … anderen Methoden.« Als ich die Stirn runzle, fügt er an: »Irgendjemand schuldet ihm doch immer was, auch in den Behörden.«

Schnaufend lasse ich mich auf eine Bank sinken, die rund um den Stamm eines großen Apfelbaums führt. Schweigend trinke ich meinen Kaffee und kaue auf dem Baguette herum. Esper weiß, dass jetzt der Moment gekommen ist, für den er mich hergebracht hat, aber ich bin in einer ungnädigen Stimmung. Mein Nacken tut weh und mein Kopf dröhnt. Dabei dachte ich, ich hätte ganz gut geschlafen.

Eine Weile druckst Esper herum. Er fährt sich über den Schädel, so als wären da noch Haare, lang genug, dass er sie sich aus dem Gesicht streichen könnte.

Schließlich fasst er sich ein Herz. »Dass du … dass du das bei Bioverse für mich gemacht hast, das war … Ich meine, ich weiß es zu schätzen. Danke.«

Ich verdrehe die Augen. »Quatsch nicht rum. Nathalie ist völlig irre, ich hätte doch nicht zusehen können, dass sie den Druck erhöht, bis dir der Kopf platzt.«

Esper wird blass und im selben Moment tun mir meine flapsigen Worte leid. Wahrscheinlich war es genau dieses Gefühl, das er in diesem Windkanal hatte. Genau diese Angst.

Ich reiße mich zusammen. »Du hättest dasselbe für mich getan«, versichere ich ihm.

Wieder fährt er sich mit den Händen über den Kopf. »Wirklich? Und dabei verraten, was niemand wissen sollte?« Er wirft mir einen Seitenblick zu. »Dabei hat sich doch herausgestellt, wie gut ich Geheimnisse bewahren kann.«

Okay. In diese Richtung geht dieses Gespräch also. Soll mir recht sein.

Etwas heftiger als nötig stelle ich meine Tasse neben mir auf die Bank und verschränke die Arme. »Und jetzt bist du bereit für die Wahrheit? Dann schieß mal los.«

Esper sieht aus, als würde er sich dem Unvermeidlichen beugen, und dieser leidende Ausdruck macht mich wütend, aber je länger er erzählt, desto mehr verpufft mein Ärger. Dass er als kleiner Knirps in die Unterstadt gekommen ist und einige Zeit – Wochen, Monate, jedenfalls zu lange – von Müll gelebt hat, wusste ich schon. Auch, dass er verdreckt und verlaust zu Luc kam, der ihn aufpäppelte und recht schnell für Botengänge und kleinere Aufträge einsetzte.

»Hat der Waschraum, wo wir uns kennengelernt haben, auch Luc gehört?«, frage ich.

Esper nickt. »Damals war ich noch nicht schlau genug zu kapieren, dass es nicht sinnvoll ist, zu hundert Prozent von Luc abhängig zu sein.«

Wieder schnaube ich, auch wenn es mich aufregt, wie so vieles, was ich damals für Zufall hielt, eins zu eins nach Lucs Plan ablief. »Also wusste er, dass ich irgendwann auftauchen würde? Bei dir oder bei einem anderen seiner Leute?«

»Luc hat ein Auge auf Straßenkinder. Immer schon. Du warst speziell, das war ihm klar. Die meisten Straßenkinder stammen nicht aus der Vorstadt. Die wachsen in der Unterstadt nach.«

Mein Kopf schwirrt. Was trieb Luc damals um? Wenn er so ein Interesse an mir hatte, warum hat er mich dann nicht einfach eingefangen und mich genauso an sich gebunden wie Esper und all die anderen? Er hätte schon einen Weg gefunden, da bin ich mir sicher. Stattdessen hat er wochenlang zugesehen, wie ich auf der Straße fast eingegangen wäre. Und als ich längst am Boden war, hat er mir Esper geschickt.

All die Dinge, die wir gemeinsam erlebt haben, spielen sich in rasender Geschwindigkeit vor meinem inneren Auge ab. All die schönen, lustigen Momente, all die Zeiten, in denen es schwierig war.

»Was ich nicht verstehe …«, beginne ich leise und weiß noch nicht, wie der Satz enden wird, »was ich nicht verstehe, ist, warum du dich hast einspannen lassen. Oder nicht einspannen – einsperren! Hast du in all den Jahren überhaupt dein Leben gelebt? Das, das du haben wolltest?«

Esper hat immer davon gesprochen zu verreisen. Auch wenn ich wusste, dass das Träume waren, dass er die Stadt nie freiwillig verlassen hätte, war er doch nur eine Marionette, von Luc abgestellt, um mich unter Kontrolle zu halten.

Tränen der Scham und Enttäuschung schießen mir in die Augen und hastig schaue ich auf den Boden.

Wahrscheinlich war ich nicht schnell genug und Esper hat sie gesehen, denn er setzt sich neben mich. Wenigstens wagt er es nicht, den Arm um mich zu legen, auch wenn er gern würde. Ich sehe, wie seine Hand zuckt.

»Nachdem du verschwunden bist, hab ich viel über diese Frage nachgedacht«, sagt er leise. »Vielleicht war ich zum ersten Mal in meinem Leben ehrlich zu mir.«

Ich lache erstickt, und er versteht sofort, was ich meine.

»Ja, zu mir wenigstens. Ich glaube, ich hab mir eingeredet,

wertvoll für Luc zu sein und dabei das Nützliche mit dem Angenehmen zu verbinden.«

Ich balle die Fäuste, bis sich meine Fingernägel in meine Handflächen graben. Das Angenehme? Unsere Erlebnisse? All unsere Küsse? Unsere gemeinsamen Nächte?

Meine Ohren fühlen sich an, als würden sie gleich Feuer fangen. Um irgendetwas zu tun, greife ich nach meiner Tasse, aber mein Magen rebelliert, und ich stelle sie wieder auf die Bank, ohne daraus zu trinken.

»Vega.« Er merkt, wie es mir geht. Und er schämt sich. Vielleicht musste ich genau das in seiner Stimme hören, damit ich ihn anschauen kann. Er weicht mir nicht aus, nicht mehr. »Es war nichts gelogen. Nichts gespielt. Wenn ich ein anständigerer Mensch gewesen wäre, hätte ich dir alles erzählt und dir die Wahl gelassen, ob du bleibst oder gehst. Aber so ist alles prima für mich aufgegangen. Ich hatte dich und ich konnte Lucs Auftrag erfüllen.« Jetzt steigt ihm die Röte ins Gesicht, so heftig, dass ich glaube, die plötzliche Hitze spüren zu können. »Ich war dir einen Schritt voraus, und das war der einzige Punkt, in dem ich mich dir überlegen fühlen konnte.«

Ich hätte nicht gedacht, dass es so wehtun würde. Es ist zu viel auf einmal, die Demütigung und die Enttäuschung und der Schmerz, den ich für dieses Mädchen fühle, das ich nicht mehr bin. Ich würde gern schreien, aber wenn ich nur ein Geräusch mache, dann wird meine Haut zerspringen wie das zarteste Glas.

Esper rückt ein Stück näher. »Vega.« Seine Stimme zittert und gegen meinen Willen sehe ich auf. »Es ist meine Schuld«, sagt er. »Nicht deine. Nie deine. Ich war einfach ein Junge, der cool sein wollte. Und stattdessen war ich ein Arsch.«

Lange Zeit sitzen wir nebeneinander auf dieser Bank, an diesem idyllischen Ort, und schweigen. Die Stille schwemmt alles aus mir heraus, die Fragen, die Zweifel, aber auch den letzten Rest der Gefühle, die ich mal für Esper hatte. Alles in mir fühlt sich so roh an, meine Lungen, mein Magen, mein Herz, auch meine Haut, wo sie das raue Holz berührt. Es ist noch nicht lange her, da hatte ich ein kleines, geheimes Leben. Es war nicht viel, aber es war genug. Jetzt ist nichts mehr davon übrig, doch was danach kommt, weiß ich nicht.

Vielleicht ist es auch das, was in Esper vorgeht, als er mich irgendwann ansieht und meine Hand nimmt. Ich lasse ihn.

»Meinst du, wir kriegen das wieder hin? Wir können noch mal neu anfangen?«

Ich blinzle. Hat er das wirklich gefragt? Ich ziehe meine Hand weg und springe auf.

»Hörst du dir eigentlich zu? Du hast mich jahrelang belogen, nur weil du dich nicht entscheiden konntest, wer du sein willst. Esper, egal, was wir versuchen, wir können nicht mehr zurück. Weil ich dich jetzt anders sehe. Und weil ich mich anders sehe«, schiebe ich hinterher. »Du musst klarkriegen, wem gegenüber du loyal bist.«

»Luc kann mich mal«, unterbricht er mich.

»Wenn das so ist, gut. Aber von ihm rede ich nicht. Auch nicht von mir.« Er klappt den Mund wieder zu. Anscheinend habe ich erraten, was er sagen wollte. »Ich rede davon, dass du dir selbst gegenüber loyal sein musst. Dass du wissen musst, was dir wichtig ist, und danach handelst.«

»So wie er, hm?« Seine Stimme klingt nicht bitter, eher resigniert.

Natürlich kapiere ich sofort, vom wem er redet, aber ich frage: »Wer?«

Esper zieht eine Augenbraue hoch, doch er lässt meine offensichtliche Lüge so stehen.

»Ich bin freiwillig mit ihm mitgegangen, weißt du?«, sagt er. »Er ist zu mir gekommen, weil er Angst hatte, dass Nathalie dich in dieser Kältezelle umbringt. Er dachte, wenn Nathalie ein Druckmittel hätte, würdest du einknicken, aber zumindest wärst du am Leben.« Er lacht leise. »Ist ja auch alles so gekommen. Nur was sich diese kranke Kuh für mich ausdenken würde, das war ihm anscheinend nicht klar.«

Ich starre ihn an. Mein Hirn braucht ein paar Sekunden, um diese neuen Infos zu verarbeiten. »Du bist freiwillig zu Bioverse?«

Esper schaut mich an, als würde ich den entscheidenden Punkt übersehen.

»Und Leo wollte mich beschützen? Nachdem er alles dafür getan hat, dass Nathalie mich in die Finger kriegt?«

»Hat er das?« Esper schüttelt den Kopf. »Ich glaube, es war genau andersrum. Als ihm klar war, was du kannst, hat er alles getan, um sie von dir fernzuhalten.«

Ich schließe die Augen. Mein Atem kommt in unregelmäßigen Stößen, als wäre ich aus einem Albtraum aufgewacht. Kann das sein? Hat Leo sich für mich und gegen seine Familie entschieden, als er verstanden hat, was Nathalie mit meiner Gabe anstellen könnte?

Aber dann schüttle ich den Kopf und öffne die Augen wieder. Ich kann das nicht glauben. Ich weiß nicht, was er Esper erzählt hat, aber Leo ist Nathalies Neffe. Wenn ich eines gelernt habe, dann dass man mit den Cyprians zuallererst vorsichtig sein muss.

»Esper!«

Wir fahren beide herum.

Luc ist zwischen den Bäumen aufgetaucht. Er deutet hinter sich. »Abmarsch.«

Esper blinzelt langsam. Mich wundert es auch, dass Luc so selbstverständlich davon ausgeht, dass er noch das Sagen hat. Aber Esper steht auf, vielleicht aus purem Reflex.

»Wo wollt ihr hin?«

Luc betrachtet mich mit gerunzelter Stirn. »Nicht dass es dich was angeht, aber wir besorgen jetzt Chems.«

»Was? Was heißt ›besorgen‹?«

Seufzend massiert sich Luc die Nasenwurzel. »Du hast es vielleicht nicht mitbekommen, aber seit den Gewitterstürmen im Juni behandelt die PAO Wettermacher wie Verbrecher. Die größeren Agenturen können noch arbeiten, aber alle, die sich die zertifizierten Chems der PAO nicht leisten können, sind angeschmiert. Ich habe in den letzten Wochen drei Ladungen Silberiodid verloren, weil die PAO sie an den Stadtgrenzen beschlagnahmt hat. Das Zeug wird dringend benötigt.«

Das habe ich wirklich nicht mitbekommen. Kann die PAO so dämlich sein? Prüfstelle für atmosphärische Optimierung, dass ich nicht lache. Alles, was die prüfen, sind die Bestechungsgelder der Konzerne.

»Die Wettermacher hatten nichts mit den Gewitterstürmen zu tun«, sage ich zum wahrscheinlich hundertsten Mal. »Die PAO schaut in die falsche Richtung.«

»Denkst du, das weiß ich nicht, Vega?« Luc wirkt plötzlich müde. So als würde er jeden Tag einen Felsbrocken einen Berg hinaufwuchten, nur um am nächsten Morgen festzustellen, dass er wieder hinuntergerollt ist. »Aber irgendwie müssen wir versuchen, das Geschäft am Laufen zu halten.«

Er wendet sich zum Gehen, doch ich stelle mich ihm in den Weg. »Dann hilf mir! Die PAO ist nicht das Problem. Mit der werden wir fertig, wenn wir Beweise haben, was Bioverse wirklich plant.«

»Und was plant Bioverse?« Er klingt wie ein geduldiger, etwas genervter Onkel, aber zumindest hat er mich nicht einfach zur Seite geschoben.

»Nathalie will die Wettermacher überflüssig machen.« Ich blicke ihm fest in die Augen. »Alle Wettermacher. Wenn sie Erfolg hat, dann war's das endgültig mit deinem Geschäft.«

Lucs Blick ist messerscharf geworden. »Woher weißt du das?«

»Stell dir vor, ich habe bei Bioverse auch was anderes gemacht als Kaviar zu essen und Champagner zu schlürfen.«

Er sieht Esper an. »Stimmt das? Gibt es diese Pläne?«

Ich boxe Luc gegen die Schulter. »Lass Esper da raus. Er hatte mit Nathalie nichts zu tun. Glaub mir oder lass es, aber Nathalie hat ein riesiges Netzwerk aus Wetterstationen und Drohnenrampen. Ich habe nur einen Bruchteil davon gesehen, aber ich glaube, sie will es auf das ganze Land ausweiten und wahrscheinlich darüber hinaus.« Lucs Gesichtsausdruck ist schwer zu lesen, also rede ich weiter: »Es kann nicht mehr lang dauern, bis Bioverse der mächtigste Wetterkonzern in Deutschland ist, vielleicht in Europa. Dann kontrolliert Nathalie jede Art von Wettermanipulation. Wir drei – Esper, du und ich – wissen, wie gefährlich sie ist. Wir müssen sie aufhalten.«

Luc sieht aus, als würde er nach meiner Einkaufsliste fragen, aber hinter der Fassade durchdenkt er längst unsere Optionen, da bin ich mir sicher. »Und was wollte sie von dir?«

Die Frage lässt mich schlucken. Ich zwinge mich, tief Luft zu holen. »Sie hat meine Gehirnströme gemessen. Die Wechselwirkung zwischen meinen Impulsen und den Veränderungen im Wetter müssen in ihre Software eingeflossen sein.«

»Und mit dieser Software will sie die einzelnen Eingriffe aufeinander abstimmen. Verstehe.«

Luc wendet sich an Esper. Er hat die Arme verschränkt und ist ziemlich blass im Gesicht, aber um seinen Mund liegt dieser störrische Zug, den er früher immer beim Zocken hatte, wenn ich drauf und dran war, gegen ihn zu gewinnen. Meistens habe ich dann noch verloren.

»Wie siehst du das? Haben wir gegen Bioverse eine Chance?«, fragt Luc.

»Mit Vega schon.«

Esper sagt es wie aus der Pistole geschossen. Ich kann mir ein Lächeln nicht verkneifen.

Wieder reibt sich Luc über den Kopf. Er geht ein paar Schritte auf und ab. »D'accord. Ich bin dabei. Was ist der Plan?«

Ich versuche, nicht allzu laut aufzuatmen. Dann improvisiere ich. »Wir müssen da anfangen, wo wir am leichtesten Zugriff kriegen – bei ihrer Infrastruktur. Das Herzstück ist die Software, aber ohne Messstationen ist sie blind und ohne Drohnenrampen handlungsunfähig.«

»Und ich soll euch helfen, die Anlagen in die Luft zu jagen?«

Esper springt auf den Zug auf. Er grinst Luc an. »Es reicht, wenn du den Sprengstoff besorgst. Ich kenne da jemand, der sich über ein bisschen Feuerwerk garantiert freut.«

»Nika?«, spreche ich meine Vermutung aus, und Esper nickt.

»Die von EcoQuest?« Luc sieht so skeptisch aus, wie ich mich fühle. »Und ihr traut ihr?«

Ich zucke mit den Schultern. »Sie kann mich nicht leiden, aber wenn es gegen einen Wetterkonzern geht, ist sie die Erste in der Schlange.«

Luc zieht ein uraltes Smartphone aus der Tasche, eins von denen, die auf dem Schwarzmarkt ein Vermögen kosten, weil sie nicht getrackt werden können. Er sieht auf die Uhr. »In Ordnung. Ich muss jetzt trotzdem los, aber wir treffen uns heute Abend im Club. Bring diese Nika um sechs dahin.«

Esper nickt. »Geht klar.«

Luc deutet auf mich. »Und du kommst mit.«

9

Luc führt mich zu einem Hinterhof, wo zu meiner Überraschung ein geländegängiger EcoQuest-Van parkt. Der Frosch, der – recht dezent in Grau – auf der hinteren Tür klebt, ist unverkennbar.

»Habt ihr den geklaut?«, frage ich.

Lucs Blick folgt meinem zu dem EcoQuest-Logo.

»Nur geliehen«, antwortet er mit einem Grinsen. »Ist für einen guten Zweck. Willst du mal sehen?«

Es kommt selten genug vor, dass Luc von sich aus Informationen anbietet, also nicke ich. Während ich mich noch frage, was die Antennen und grau verkleideten Kästchen auf dem Dach darstellen sollen, zieht Luc die beiden Hecktüren auf, und mir stockt der Atem. Der Wagen ist voll mit neuester Technik. Rechner, Displays, dazu Koffer mit mobilem Equipment und ein winziges Labor – ihr Wert muss in die Zehntausende gehen und Luc lässt den Van einfach so rumstehen.

Andererseits hätte ich auch Schiss, ihn zu beklauen.

»Das ist der Sturmjäger«, erklärt er, und er klingt ziemlich stolz für seine Verhältnisse.

Trotzdem muss ich lachen. »Sturmjäger? Und womit bringt ihr sie zur Strecke?«

»Mit Chems.« Luc hebt eine Augenbraue. »Das solltest du eigentlich wissen.«

»Bist du jetzt unter die Wettermacher gegangen oder was?«

Luc betrachtet mich einen Moment. »Weißt du, was passiert ist, seit diese Gewitterstürme die Stadt verwüstet haben? Nichts. Nichts ist passiert. Die Verwaltung hat es nicht für nötig befunden, in bessere Schutzsysteme zu investieren. Alle entsprechenden Anträge wurden abgelehnt. Sie sagen, sie sind noch bei der Ursachenforschung. Aber wenn sie damit fertig sind, ist von der Stadt nichts mehr übrig. Zumindest nichts mehr von den Stadtteilen, in denen nicht die Reichen wohnen.« Er sieht mich mit seinen intensiven blauen Augen an, und vielleicht ist das der erste Moment, in dem ich verstehe, warum er in seinen Leuten solche Loyalität hervorruft. »Aber das hier ist *meine* Stadt. *Ich* werde nicht zusehen, wie eine durchgeknallte Wettermacherin sie als Testgelände missbraucht. Oder sollte ich sagen: zwei?«

Ich schlucke. Ich weiß, er erwartet, dass er mich damit provozieren kann, aber der Gedanke an Big T gibt mir das Gefühl, dass ich jede Unterstellung verdiene.

»Und was heißt das?«, frage ich. Meine Stimme klingt gepresst.

»Das heißt, dass wir beim nächsten Mal vorbereitet sind. Wenn Nathalie Cyprian einen neuen Sturm auf die Stadt loslässt, können wir mit diesem Schätzchen hier mitten hineinfahren und herausfinden, wie wir ihn auflösen.«

Also das, was ich bei den ersten Gewitterstürmen versucht habe. Nur verstehe ich nicht, wo Luc ansetzen will.

»Wie wollt ihr das machen? Ihr habt keine … Oh. Die Wettermacher haben Drohnen.«

Luc nickt leicht. »Drohnen, aber keine Jobs. Es gab genug deiner Kollegen, die mal was Neues ausprobieren wollten.«

Er schlägt die Tür des Vans zu und streicht beinahe liebevoll darüber.

»Wir haben drei Teams, die rund um die Uhr abrufbereit sind. Mit dem Sturmjäger sammeln wir die Daten, wo sie gegen das Gewitter vorgehen sollen.«

»Und sie bringen dann an der richtigen Stelle die Chems aus, verstehe.« Wider Willen bin ich ziemlich beeindruckt. »Und das funktioniert?«

Luc zuckt mit den Schultern. »Wir lernen. Es gab nicht viele Unwetter, während du weg warst.«

Zumindest nicht in der Stadt. Vielleicht ... wenn sie rechtzeitig bei dem Dorf an der Flussbiegung gewesen wären ... Doch es hat keinen Sinn, darüber nachzudenken, ob sie etwas hätten ausrichten können. Sie waren nicht dort.

»Aber heute kannst du mal was für die Allgemeinheit tun, Vega«, fährt Luc in einem spöttischen Ton fort und geht um den Van herum zur Fahrertür. Ich steige auf der anderen Seite ein. »Meine Leute sind ja hochmotiviert, aber solange die PAO auf den Chems sitzt, nützt das wenig. Wird Zeit, dass wir diesen Mangel ausgleichen.«

»Das ist die Crew für heute Nachmittag.«

Luc zieht eine Tür zu einer Werkstatt auf. Die Halle gleich gegenüber ist mir nicht gerade in guter Erinnerung. Beim letzten Mal, als ich hier war, hat ein wütender Mob davor auf mich gewartet. Deswegen drehe ich mich auch einen Tick zu spät um und sehe genau denen ins Gesicht, die mich danach quer durch die Unterstadt gejagt haben: Urban, Stine und Fred. Sie starren mich an, als wäre ich ein Gespenst, und aus ihrer Sicht kann ich das sogar nachvollziehen. Hinter ihnen erkenne ich Mathea, die mir lässig zuwinkt, und Thierry. Er ist groß und breit und im Vergleich zu den anderen lächelt er beinahe.

Alles in allem hatte ich schon herzlichere Begrüßungen.

Kühlere allerdings auch.

»Hi«, sage ich, weil mir beim besten Willen nichts Schlaueres einfällt.

Urban und Stine treten zur Seite, um Luc vorbeizulassen, und ich schließe mich ihm schleunigst an. Bis hier nicht einige Dinge geklärt sind, gehe ich lieber kein Risiko ein.

Dann kommt mir plötzlich ein Gedanke: Selbst wenn sie zu fünft auf mich losgehen würden, könnten sie mir nichts anhaben. Mit einem Fingerschnippen könnte ich sie aus dem Weg räumen und unter einem Berg aus Werkbänken, Regalen und Kisten begraben.

Der Gedanke ist dermaßen befremdlich, sogar beängstigend, dass ich Freds Genöle erst gar nicht mitbekomme.

»… der Grund, warum wir überhaupt hier sind. Mir gefällt das nicht, Luc.«

Luc geht nicht einmal auf seinen Einwand ein. »Willst du den Job oder nicht?«

Unbehaglich tritt Fred auf der Stelle. »Doch, schon, aber …«

»Dann halt die Klappe. Vega ist heute dabei, Ende der Durchsage. Und ihr werdet mit ihr zusammenarbeiten, sonst könnt ihr euch nach was anderem umsehen.«

Stine versucht sich an einem Lächeln, und Urban nickt mir zu, als wir an den Tisch treten, auf dem Luc mit einem Tablet hantiert. Ich nehme an, dass das als Zeichen der Anerkennung reichen muss, und ich werde nicht meckern. Sie müssen mir nicht vertrauen, um das Ding heute Nachmittag durchzuziehen.

Luc hat mir im Sturmjäger grob erklärt, was er vorhat. Deswegen erzählt er nicht viel Neues, als er noch mal jeden Schritt des Plans durchspricht. Da er nicht wissen konnte, dass ich dabei sein würde, beschränkt sich mein Anteil am Geschehen offiziell aufs Schmierestehen. Inoffiziell nimmt Luc mich mit, damit ich im Notfall genau das mache, was mir vorhin bei Fred und den anderen durch den Kopf gegangen ist. Ich verkneife mir ein Grinsen. Ob ich der Typ fürs Grobe bin, muss sich noch herausstellen. Wenn es nach mir ginge, müsste meine Gabe heute aber nicht zum Einsatz kommen. Je länger mich meine Kollegen für eine normale Wettermacherin halten, desto besser.

Mit »Noch Fragen?« schließt Luc seine Ausführungen.

Ich hebe die Hand. »Warum gehen wir nachmittags rein und nicht in der Nacht?«

»Weil nachts Security vor Ort ist und tagsüber nur ein paar Angestellte.« Luc grinst. »Die bilden sich ein bisschen zu viel auf ihre Tarnung ein.«

Wie diese Tarnung aussieht, erfahre ich eine knappe Stunde später. »Bestattungen Frankowiak« steht in übergroßen Buchstaben in einem gewagten Orangeton auf der schwarzen Hallenwand.

»Dadrin?«, frage ich zur Sicherheit nach.

Mathea stellt den Motor ab und nickt. »Bioverse war der Standort im Chemiewerk nach unserer Aktion wohl zu heiß. Sie haben über die ganze Stadt verteilt Hallen angemietet, um dort neue Produktionslinien aufzubauen. Gelagert werden die Chems aber zum Großteil hier.«

Ich kann mir ein zufriedenes Grinsen nicht verkneifen. Dass

Luc Nathalie schon auf dem Schirm hatte und mit ihrer Chem-Produktion die Verluste ausgleichen will, die ihm die PAO-Razzien in den letzten Wochen beschert haben, ist eine schöne Ironie.

»Ihr wart fleißig«, sage ich anerkennend.

Mathea zögert, sodass ich den Kopf drehe und sie ansehe.

»Wir waren ja auch nicht in einer Zelle eingesperrt«, druckst sie und streicht sich eine dunkle Haarsträhne hinters Ohr.

Hoppla, so viel Einfühlungsvermögen hätte ich ihr gar nicht zugetraut.

Ich verziehe den Mund zu einem halben Lächeln und nicke ihr zu. »Danke. Dass ihr versucht habt, mich rauszuholen.«

Sie schneidet eine ähnliche Grimasse. »Keine Ursache. Ich finde dich ja ziemlich nervig, aber Luc mag dich. So verkehrt kannst du also nicht sein.«

Ich schnaube. Wenn Luc seine Zuneigung immer so zeigt wie mir gegenüber, wundert es mich, dass er überhaupt noch Freunde hat.

Wir warten darauf, dass Urban uns das Go gibt. Die Rückseite der Halle ist mit Überwachungskameras gesichert, doch angeblich ist es kein Problem, sie auszuschalten. Auf der anderen Seite des Lagers liegt ein Hof, der mit Containern zugestellt ist, daran schließt das eigentliche Produktionsgebäude an. Laut Luc werden die fertigen Chems nur dreimal am Tag von der Verpackungsanlage ins Lager gebracht. Bis dahin haben wir eine Stunde Zeit.

Mathea spannt sich an. Durch die Windschutzscheibe erkenne ich Thierry, der durch das Loch im Zaun aufs Gelände schlüpft. Er durchtrennt die Kette am Tor, dann läuft er weiter zu einer unscheinbaren Tür in der Rückwand der Halle.

Mathea und ich steigen aus und huschen zur Einfahrt. Wir haben beide eine Flasche Schmieröl dabei, aber die Torflügel lassen sich beinahe geräuschlos aufziehen. Luc und Fred rollen in je einem dunklen Transporter hindurch. Als sie nah an mir vorbeifahren, kann ich noch den Abdruck einer Werbeaufschrift erkennen: »Ihr Partner für Home-Security.«

Wir lassen das Tor offen und laufen zu der Tür, die Thierry mittlerweile aufgebrochen hat. Ich falle ein wenig zurück, weil mich Stimmen ablenken. Lauschend bleibe ich stehen. Es ist keine Unterhaltung, sondern ein rhythmisches Rufen.

Während die anderen beginnen, kistenweise Chem-Patronen aus der Halle zu schleppen, gehe ich weiter zur Ecke des Gebäudes und luge in den Hof. In unserer Nähe ist niemand zu sehen, aber jetzt höre ich die Stimmen besser. Es sind Sprechchöre, dreißig, vierzig Leute sind es bestimmt, und sie stehen vor dem Haupttor des Geländes. Von hier, wo ich stehe, erkenne ich Transparente und auch einzelne Personen.

»Vega!«

Ich drehe mich zu Luc um, der mich fragend ansieht. Mit einer Geste bedeute ich ihm zu warten, dann schaue ich wieder zu der Demo. Und schnappe nach Luft. Genau wie vor den Toren der Bioverse-Zentrale kippt auch hier gerade die Stimmung. Die ersten Protestierenden rütteln am Zaun, ein paar versuchen darüberzuklettern.

Auch die Sprechchöre werden lauter, aggressiver.

»Euer Profit ist unser Tod!«

»Schluss mit den Wetterexperimenten!«

»Weather Justice Now!«

Lucs Leute sind anscheinend nicht die Einzigen, die Bioverse' Tarnung durchschaut haben. Falls Esper Nika findet, müssen wir sie fragen, was sich EcoQuest von diesen Demonstrationen verspricht.

Aber jetzt sollten wir schnellstens verschwinden. Von hier aus kann ich den Haupteingang des Produktionsgebäudes nicht sehen, doch hinter einem Seitenfenster erkenne ich drei oder vier Leute mit weißen Schutzhauben, die angespannt auf die Straße blicken. Ich kann ihnen ihre Sorge nicht verdenken, gerade landen die ersten Demonstrierenden auf dem Gelände. Zwei Wachleute mit beschwichtigend erhobenen Händen rennen aus dem Gebäude auf sie zu.

Ich drehe mich um und laufe zu der Hallentür.

»Leute, wir müssen weg hier! Da vorn bricht gerade die Hölle los, wahrscheinlich ist die Security …«

… schon auf dem Weg, will ich sagen, aber die Worte erübrigen sich. Durch das Tor, das wir aufgebrochen haben, rollt schon ein erstes EUV.

»Weg hier!«, wiederhole ich.

Bevor ich reagieren kann, stoßen Urban und Fred mich zur Seite und laufen zu den Transportern.

»Wir müssen zumindest die Chems rausbringen!«, brüllt Fred.

»Nicht!«, rufe ich ihnen noch hinterher, aber da sind sie schon um die Ecke gebogen. Sie fahren direkt auf die Demo zu.

Doch darüber kann ich mir jetzt keine Gedanken machen, die EUV – drei sind es mittlerweile – haben uns fast erreicht.

»Vega! Verschwinde!«, höre ich Luc, dann trifft mich seine Hand im Rücken, und ich stolpere vorwärts.

Ich kann nicht erkennen, wohin die anderen laufen, Luc und ich rennen jedenfalls an der Rückwand der Halle entlang in die Richtung, die ich vermeiden wollte. Als wir an die Ecke gelangen, brettern zwei der EUV vorbei. Uns beachten sie nicht, und im nächsten Moment kapiere ich auch, wieso: Die EcoQuest-Anhänger haben es irgendwie geschafft, das Haupttor zu öffnen, und jetzt strömt die Menge auf den Hof.

Es sind viel mehr, als ich anfangs dachte, sicher über hundert, und die meisten von ihnen skandieren weiter ihre Forderungen. Ein paar andere klettern schon auf das Hauptgebäude, um ein riesiges Banner daran aufzuhängen.

Die EUV kommen quietschend zwischen den Containern zum Stehen. Innerhalb von Sekunden sind sie von einer Menschentraube umstellt, die verhindert, dass die Sicherheitsleute aussteigen können. Mit aller Macht stemmen sie sich gegen die Türen.

Als ich den Hals recke, erkenne ich, dass es Urban und Fred nicht anders geht. Die Protestierenden halten sie anscheinend auch für Security.

»Merde.« Neben mir flucht Luc aus voller Kehle. Hektisch sieht er sich um. »Das ist jetzt nicht zu ändern. Die beiden kommen raus, aber die Chems können wir abschreiben. Okay, los jetzt.«

»Geh du.« Etwas in mir sträubt sich, unverrichteter Dinge wegzulaufen. Wir wollten Bioverse' Chems selbst einsacken, ja, doch das wäre vor allem Luc zugutegekommen. Für meinen Plan ist es viel wichtiger, dass Nathalie sie nicht verwenden kann.

»Was?« Luc starrt mich an, aber ich komme nicht dazu, ihm zu erklären, was ich vorhabe, weil bestimmt zwanzig Leute auf uns zulaufen. Sie drängen uns auseinander, schieben Luc mit sich, drücken mich an die Hallenwand. Einen Moment noch hält Luc meinen Blick, dann verliere ich ihn aus den Augen.

Ich verschwende keinen Gedanken mehr daran. Er kommt durch. Luc kommt immer durch.

Mit dem Rücken zur Wand taste ich mich zurück zum Ende der Halle und biege um die Ecke. Hier habe ich mehr Platz, ich steuere die Tür an, schlüpfe hindurch und schließe sie hinter mir. Sofort wird es still.

Durch hohe Fenster fällt Sonnenlicht, die Luft ist klimatisiert. Haben sie in den Hochregalen früher Särge aufbewahrt? Ich kann mir gerade nicht vorstellen, wofür ein Bestatter so viel Lagerfläche benötigt, aber es ist ja auch egal. Ich trete in die Mitte der Halle, von wo aus ich sowohl das Haupttor als auch den hinteren Ausgang im Blick behalten kann, und lege los.

Ein leises Rascheln unterbricht die Stille. In irgendeiner Ecke hat sich ein Stück Plastikfolie versteckt, das jetzt in einem Bogen um mich herumfliegt. Ich atme tief ein, ziehe einen schützenden Wirbel um mich hoch und lasse die Energie fließen.

Innerhalb von Sekunden erwacht die Halle zum Leben. Die Regale beginnen zu wackeln, ihre Halterungen knirschen, dann schieben sich die ersten Kartons aus den Fächern. Bevor sie zu Boden fallen können, erfassen die Böen sie und wirbeln sie im Kreis. Karton reißt, Metallpatronen flitzen wie Geschosse durch den Raum. Dort, wo sie durch die schrägen Sonnenstrahlen fliegen, blitzen sie auf wie silberbäuchige Fische. Ich lache. Der Gedanke gefällt mir. Nach ein paar gezielten Impulsen stehe ich in einem Strudel aus Silber. Als würde ein riesiger Schwarm um mich herumschwimmen.

Aber es sind keine Fische. Es ist ein Mittel, die Menschen Nathalies Willen zu unterwerfen.

Ich verdopple die Geschwindigkeit des Wirbels, dann lasse ich ihn frei und die Chem-Hülsen prallen gegen die Hallenwand. Ein einzelnes Bersten wäre kaum hörbar, aber Tausende von ihnen klingen, als würde ein Flugzeug an einer Felswand zerschellen.

Die wilden Luftströme reißen das weiße Pulver, das sich aus den Kapseln löst, mit sich, und innerhalb von Sekunden kommt es mir vor, als wäre ich in einen Schneesturm geraten. Ich warte, bis das Silberiodid in der ganzen Halle verteilt ist, dann schicke ich einen gewaltigen Impuls aus und fange meine Gabe sofort ein. Das Pulver wird in alle Ritzen und Fugen gepresst und kommt dort zur Ruhe.

Ausatmend drehe ich mich im Kreis und betrachte mein Werk. Silberne Partikel schweben noch in der Luft, glitzern im Sonnenschein, aber der Anblick wirkt nur einen Moment lang friedlich. Der starke Impuls hat die Regale umgeworfen, wie ein Krater türmen sie sich um mich herum auf. Dort, wo die Verankerungen im Boden standgehalten haben, sind sie grotesk verbogen, andere hat der Windstoß in Einzelteile zerlegt. Und dazwischen erkenne ich Pappefetzen und Scherben.

Es sollte mich wundern, wenn Nathalie mit diesen Überresten etwas anfangen kann.

Über mir knarrt es. Ich lege den Kopf in den Nacken.

Oh.

Die Dachkonstruktion hat dem Wirbelwind nicht standgehalten. Die Metallstreben sind verbogen und an mehreren Stellen liegen die Dachplatten nur noch schräg auf den verbleibenden Trägern auf. Wieder knarrt es und eine riesige Platte gerät ins Rutschen.

Es wird Zeit zu verschwinden.

Ich drehe mich zur Hintertür, doch schon auf den ersten Blick erkenne ich, dass ich dort nicht rauskomme. Kreuz und quer stapeln sich die Skelette der riesigen Regale. Es würde viel zu lang dauern, mir einen Weg hindurchzubahnen.

Also das Haupttor.

Als ich mich in die andere Richtung wende und loslaufe, sehe ich ihn. Er steht auf der Schwelle, zwischen den beiden Torflügeln, die nur noch schräg in den Angeln hängen.

Hinter ihm laufen Aktivisten hin und her, einige springen auf den Containern und den EUV der Sicherheitsleute herum, die noch immer in ihren Autos gefangen sind, doch all das ist nur Kulisse.

Denn auf der Schwelle steht Willem. Er ist von Kopf bis Fuß mit hellem Pulver bedeckt, sogar seine Haare sind schneeweiß. Schützend hält er sich den Arm vor Nase und Mund, aber in seinem Blick liegt eine wilde Genugtuung. So als würde etwas, was jahrelang ein Rätsel war, endlich Sinn ergeben.

Ein schauerliches Ächzen durchschneidet die Stille zwischen uns. Unsere Blicke schießen nach oben, wo in diesem Moment eine Dachplatte aus dem Gleichgewicht gerät und nach unten kippt. Ich renne los, versuche gleichzeitig, den Sturz der Platte zu bremsen, aber Willems Auftauchen hat mich aus dem Konzept gebracht. Ich spüre, dass es nicht reicht, dass ich nicht rechtzeitig zum Ausgang gelangen werde, doch da schließt sich eine Hand um meinen Arm und reißt mich vorwärts. Ich habe zu viel Schwung, komme ins Straucheln und ziehe Willem mit mir zu Boden. Genau in dem Moment, als hinter uns Metall auf Beton prallt, lande ich hart auf der Schulter. Mein Kopf knallt gegen die Kante des Tors, und ein paar Sekunden glaube ich, der Sturz würde mir den Schädel spalten.

Etwas dringt an mein Ohr, jemand zerrt an meiner Schulter, aber ich versuche nur, den Schmerz auszuhalten, der meinen Körper durchrüttelt. Ich merke kaum, wie mich Hände auf die Füße ziehen.

Doch dann stehe ich und beiße die Zähne zusammen. Willem sieht mir ins Gesicht, er redet auf mich ein, aber ich verstehe ihn noch immer nicht.

Egal. Ich stehe wieder.

Und zwar genau zur rechten Zeit. Von allen Seiten strömen jetzt Sicherheitsleute auf den Hof, von fern sind auch Sirenen zu hören. Gleich wird es hier von Polizei wimmeln.

»Da lang.« Willem duckt sich hinter einen Container und will Richtung Hauptausgang loslaufen, dorthin, wohin der größere Teil der Demonstrierenden unterwegs ist, doch ich packe seinen Arm.

»Nein, komm mit!«

Ich warte nicht darauf, ob er sich entscheidet, mir zu vertrauen, sondern renne, so schnell mich meine wackligen Knie tragen, an der Halle entlang, um die Ecke und auf die Lücke im Zaun zu, die Thierry vorhin hineingeschnitten hat. Ein schwarzes EUV bremst neben mir ab, und eine Schrecksekunde lang glaube ich, sie halten und zerren mich ins Auto, aber da beschleunigt der Fahrer wieder und steuert auf die Menge im Hof zu.

Trotzdem zucke ich zusammen, als neben mir jemand gegen den Zaun prallt. Ich atme auf, als ich Willem erkenne. Ohne ein Wort klappt er den Maschendraht zurück, sodass ich hindurchkriechen kann, dann folgt er mir.

Augenblicke später sind wir in den angrenzenden Gassen verschwunden.

10

Immer wieder muss ich mir das Blut abwischen, das mir aus dem Riss an meiner Stirn über die Schläfe rinnt. Die Wunde pocht, und als wir mindestens zehn Minuten unterwegs sind und das Adrenalin nachlässt, tanzen mir immer wieder Lichtpunkte vor den Augen. Mehr als einmal muss ich mich an einer Wand abstützen, weil ich stolpere.

»Stopp jetzt«, sagt Willem, nachdem wir das Gewerbeviertel von Nathalies Chem-Lager längst hinter uns gelassen haben und schon in der Nähe der Unterstadt sind.

Ich will widersprechen, allein deswegen, weil es Willem ist, aber mittlerweile dreht sich alles um mich, und ich bin froh, dass ich direkt neben einer halbhohen Mauer zum Stehen komme. Sonst müsste ich mich garantiert auf den Boden fallen lassen. Ich unterdrücke ein Stöhnen, als ich mich setze.

Allmählich stabilisiert sich die Welt. Mein Atem kommt wieder gleichmäßig und die Kopfschmerzen ebben zu einem leisen Klopfen ab. Ich schließe die Augen, lasse den Kopf hängen und denke an gar nichts.

»Lass mal sehen«, verlangt Willem nach einer Weile.

»Was?«, murre ich.

»Deine Schläfe. Du tropfst den ganzen Boden voll.«

Nicht dass das auf dem abgeranzten Spielplatz etwas ausgemacht hätte. Aber dass ich immer noch blute, macht mir doch Sorgen.

Langsam hebe ich den Kopf und sehe Willem halb abwehrend, halb erwartungsvoll an. Er blickt erst an sich, dann an mir herunter, schließlich deutet er auf mein T-Shirt. »Was Saubereres haben wir nicht. Reiß ein Stück ab.«

Er hat recht. Er ist immer noch von oben bis unten mit Chem-Staub bedeckt, auch wenn er versucht hat, die gröbsten Spuren abzuklopfen. Ich fummle am Saum meines Shirts herum, doch plötzlich zittern meine Hände, und ich habe keine Kraft mehr in den Fingern.

»Mach du«, knurre ich und halte Willem einen Zipfel Stoff entgegen.

Er zögert kurz – ja, ich hätte mir auch nicht träumen lassen, dass ich mir mal die Klamotten von ihm zerfetzen lasse –, aber dann packt er zu, reißt die Seitennaht auf und trennt ein Stück ab. Er stellt sich vor mich, dreht die Wunde ins Licht und presst die Ränder zusammen.

»Ah! Verdammt!«, fluche ich und muss ziemlich hektisch gegen eine plötzliche Übelkeit anatmen.

Als ich mir wütend übers Gesicht wische, drückt Willem den T-Shirt-Stoff auf den Riss. »Halt das fest.«

Mir geht eine Auswahl sehr unflätiger Schimpfwörter durch den Kopf, aber ich halte die Klappe. Er tut es bestimmt nicht übermäßig zärtlich, doch er versucht, mir zu helfen.

»Das solltest du nähen lassen«, sagt er, als er sich neben mich auf die Mauer setzt.

Ich brumme unbestimmt. Ich kann froh sein, wenn ich irgendwo ein Pflaster finde. Nach kurzem Zögern sage ich: »Danke.«

»Keine Ursache. Ich konnte den Blutgeruch selber nicht mehr ertragen.«

»Dass du mich in der Lagerhalle rausgeholt hast, meine ich.«

Willem schweigt einen Moment. »So kannst du mir immerhin ein paar Fragen beantworten.«

Ich schnaube. »Du hast mir nur deswegen das Dach nicht auf den Kopf fallen lassen, weil du es nicht ertragen hättest, wenn ich meine Geheimnisse mit ins Grab genommen hätte?«

Ich muss ihn nicht mal ansehen, um zu wissen, dass er schmunzelt.

Seufzend frage ich: »Was willst du wissen?«

Eine Sekunde verstreicht, dann eine weitere. Schließlich fragt er: »Du arbeitest also nicht für Bioverse?«

Jetzt drehe ich doch den Kopf und blitze ihn an. »Nicht für Bioverse und nicht für irgendeinen anderen Wetterkonzern.«

Seine dunklen Augen mustern mich nachdenklich. »Und was ist das dann?«

Meine Mundwinkel heben sich, weil er es nicht über sich bringt, es beim Namen zu nennen.

»Das?«

Im Staub zu unseren Füßen erzeuge ich drei winzige Windwirbel. Sie sind eine Spielerei im Vergleich zu den Kräften, die Nathalies Chem-Lager zerlegt haben, aber Willem muss trotzdem schlucken. Er nickt.

Ich zucke mit den Schultern. »Weiß nicht genau. Meine Gabe eben. Ich kann das schon immer.«

»Wie … Magie, meinst du?«

»Wenn du es dir so erklären willst, von mir aus.«

Willem reißt den Blick von den Miniwindhosen los und

schaut mich an. Mir kommt es vor, als würde er unsere komplette Bekanntschaft noch einmal mit seinem neuen Wissen betrachten, von dem Moment, als wir uns vor etwas mehr als einem Jahr begegnet sind, bis zu dem Verhör in der EcoQuest-Zentrale nach der missglückten Aktion im Chemiewerk. »Ich kann verstehen, dass du das geheim hältst.«

Zumindest würde ich es gern. Einatmend wende ich den Blick ab. Zeit, das Thema zu wechseln.

»Reicht euch das?«, frage ich, und ich kann fühlen, dass er keine Ahnung hat, wovon ich rede. Ich drehe den Kopf wieder zu ihm. »Diese kleinen Störaktionen? Ihr nervt Bioverse, das schon, aber sonst? Was erhofft ihr euch?«

»Aufmerksamkeit«, antwortet er, so schnell, als hätte er diese Diskussion schon hundertmal geführt. »Öffentlichkeit. Aufklärung. Wir müssen die Medien dazu bringen, über die Wetterkonzerne zu berichten, und die Politik zwingen, ihnen die Unterstützung zu entziehen. Sie müssen ihre Finanzierung verlieren, damit sie nicht noch mächtiger werden. Wir dürfen nicht zulassen, dass ein paar Konzerne unreguliert in die Natur eingreifen.«

»Was, wenn es dafür schon zu spät ist?«

Er runzelt die Stirn. »Was meinst du?«

»Nathalie – Nathalie Cyprian – steht kurz davor, ein Wettermodifikationsprogramm zu starten, das die Arbeit von Wettermachern überflüssig macht. Das interessiert dich nicht, ich weiß«, komme ich seinem Einwand zuvor, »aber denk nach, was es bedeutet. Es wird nicht mehr viele kleine Eingriffe ins Wetter geben, sondern nur noch eine einzige Quelle. Eine mächtige Quelle.« Diesmal wartet er, bis ich weiterrede. »Das ganze Land wäre erpressbar, Willem. Nathalie könnte alles durchsetzen, weil wir keine Alternative hätten. Sie könnte über Leben und Tod entscheiden.«

Ich hatte nicht vor, melodramatisch zu werden, aber die Masche scheint bei Willem zu ziehen. Er wirkt ehrlich betroffen.

»Woher weißt du, wie weit sie mit ihrer Entwicklung ist?«, fragt er gepresst.

»Ich war da.« Stirnrunzelnd blickt er mich an. »Als ich aus eurer Zentrale verschwunden bin, haben sie mich entführt. Nathalie wollte meine Gabe in ihr Wetterprogramm einbauen.«

»Was? Wie?«

Ich zucke mit den Schultern. »Das weiß ich nicht genau. Und ich hoffe, ich konnte früh genug entkommen. Aber was ich weiß, Willem, ist, dass Bioverse mehr Messstationen unterhält als der Wetterdienst und seine Drohnenflotte übers ganze Land verteilt hat. Wir haben keine Zeit mehr für eine politische Lösung.«

Willem reibt sich die Schläfen. »Deswegen zerstörst du ihre Chem-Vorräte? Arbeitest du allein?«

»Nein. Das heute war nur der Anfang. Ich treffe mich gleich mit den anderen, um unser Vorgehen zu besprechen.« Ich drehe mich zu ihm und nehme den Stofffetzen von der Wunde. Für den Moment hat sie aufgehört zu bluten. »Komm mit. Du kannst uns helfen. Und dabei musst du dir noch nicht mal die Finger schmutzig machen.«

»Keine illegalen Aktionen?«

Ich schüttle den Kopf. »Nicht illegaler als heute.«

»Keine Sabotage?«

»Das übernehmen wir.«

»Und was ist meine Rolle dabei?« Willem wirkt noch immer skeptisch.

»Du machst so weiter, wie du begonnen hast. Such dir Leute, die das Wetter nicht den Konzernen überlassen wollen. Aktiviere deine EcoQuest-Kontakte. Binde Bioverse' Aufmerksamkeit.«

Einen Moment starrt er ins Nichts, dann nickt er und steht auf. Er hält mir die Hand hin. »Einverstanden. Also los. Ich nehme an, wir sind auf dem Weg zu Luc. Wenn ich schon in die Unterstadt muss, wäre ich gern bei Tageslicht unterwegs.«

Wir sind nur noch einen Block vom Club entfernt, als ich stehen bleibe. »Eins noch, Willem. Wir treffen gleich Fred und Stine und vielleicht noch ein paar andere Wettermacher. Dass du Umweltaktivist bist, kannst du dadrin kaum verheimlichen. Aber wenn ich du wäre, würde ich ihnen nicht auf die Nase binden, dass du sie monatelang ausspioniert und an die PAO verpfiffen hast.«

Nach außen hin wirkt Willem ungerührt, nur sein kurzes Zögern verrät, dass er meine Drohung versteht. »Ich habe keinen Grund, ihnen davon zu erzählen. Genauso wenig wie von deiner Gabe.«

Wir sehen uns an und auf einmal erfasst mich eine Welle der Erleichterung. Ob Willem und ich je Freunde werden, weiß ich nicht, doch er kennt mein Geheimnis, und anstatt dass er es gegen mich verwendet hätte, hat es uns zu Verbündeten gemacht. Das ist neu. Und es gibt mir die Hoffnung, dass meine Gabe in dem Kampf, der uns bevorsteht, etwas Gutes bewirken kann.

Es ist spät geworden, viel später, als wir vor unserem Aufbruch dachten, und im Club laufen längst die Vorbereitungen für die Nacht. Eine Barkeeperin winkt uns nach hinten durch und ich führe Willem die Galerie entlang bis zum Treppenhaus.

Dort kommt uns Esper entgegen.

»Vega! Endlich!«, ruft er und zieht mich in eine Umarmung. Es tut gut, mich einen Augenblick an ihn zu lehnen, doch ich mache mich gleich wieder los. Ich muss meinen Fokus behalten.

Das Wiedersehen zwischen Esper und Willem verläuft kühl, aber nicht unfreundlich. Wir steigen die letzten Stufen zu Lucs Halle hoch, und ich bin überrascht, dass außer Luc nur noch Nika im Raum ist. Wie immer trägt sie Massen an Schmuck und einen Turban, aber ihr Gesicht ist schmaler geworden, zumindest bilde ich mir das ein. Was sich nicht verändert hat, ist der misstrauische Blick, mit dem sie mich bedenkt. Dass sie beinahe trotzig das Kinn reckt, als Willem hinter mir auftaucht, entgeht mir allerdings auch nicht.

»Sind Mathea und die anderen okay?«, frage ich ohne Begrüßung.

Luc mustert mich von oben bis unten. »Okayer als du in jedem Fall.«

Aufatmend lasse ich mich auf einen der Hocker sinken, die in einem Kreis um einen niedrigen Tisch gruppiert sind. Lucs grünes Sofa wäre mir lieber gewesen, doch anscheinend benutzt er es nur zu offiziellen Anlässen. Oder wenn er Eindruck schinden will. Wichtiger sind aber sowieso die Linsenfalafel in der Schüssel auf dem Tisch.

Ich packe mir drei Stück zusammen mit Joghurt und Salat in ein Fladenbrot und beiße hinein.

»Lass es dir schmecken, Vega«, sagt Luc trocken. »Da, wo ich herkomme, wäscht man sich vor dem Essen die Hände.«

»Da, wo ich herkomme, vermeidet man um jeden Preis, dass man verhungert.«

Ich würde es nicht beschwören, aber es sieht beinahe so aus, als würde er grinsen. Er dreht sich zu Willem und deutet auf einen der übrigen Hocker. Willem setzt sich und nimmt sich ebenfalls etwas zu essen.

»Hab ich dir nicht gesagt, dass er dahintersteckt?« Nika lacht in sich hinein und leert ein Glas, das sie auf dem Knie balanciert hat.

»Stimmt das?«, will Luc von Willem wissen. »Die Demos bei Bioverse organisiert EcoQuest?«

»Oder was davon übrig ist«, murmelt Nika, doch niemand geht darauf ein.

Willem kaut und schluckt. »Ja. Als nach den Gewitterstürmen die ersten Proteste stattfanden, haben wir sie, sagen wir, in geordnete Bahnen gelenkt.«

Sein Blick wandert kurz zu mir, aber ich bin zu sehr mit meinen Falafel beschäftigt, um freiwillig irgendeine Erklärung zu liefern. Schon gar nicht, wenn Nika dabei ist.

Esper kommt herein und stellt eine Schüssel heißes Wasser auf dem Tisch ab. Dann zieht er den letzten Hocker neben mich und beginnt, an meiner Platzwunde herumzudoktern. Es brennt, und Nika grinst, als ich das Gesicht verziehe, aber ich lasse ihn machen. Es erinnert mich an früher und daran, dass ich Aufmerksamkeit nicht nur deswegen verdiene, weil ich wertvoll bin.

»Haben Esper und Luc dir erklärt, was wir vorhaben?«, frage ich Nika unter Espers Ellbogen hervor.

Sie richtet sich auf ihrem Hocker auf und nickt. »*Esper…*«, ich habe vergessen, dass Esper für sie bis vor Kurzem noch Finn hieß, »… hat erzählt, ihr wollt die Wetterstationen von

Bioverse in die Luft jagen, weil Nathalie Cyprian die Weltherrschaft ergreifen will.« Mit einem deutlichen Blick auf Willem fügt sie an: »Ich bin dabei. Wird Zeit, dass mal jemand was Sinnvolles unternimmt.«

Beinahe muss ich Willem bewundern, weil er ihre Provokationen so eiskalt ignoriert. Doch das ist ein Konflikt, der auch ohne Nathalie und ihre größenwahnsinnigen Pläne ausgebrochen wäre. Ihre Ziele mögen Nika und Willem vielleicht teilen, über den Weg dahin haben sie sehr unterschiedliche Ansichten.

Esper hat mich mit drei Klammerpflastern verarztet und klebt noch eine saubere Kompresse über den Riss. Er lächelt mir zu, dann dreht er sich zu den anderen um.

»Okay. Nachdem das heute so mittelerfolgreich war, wie gehen wir vor? Nathalie wird in der nächsten Zeit sicher ein Auge auf ihre Chem-Labore haben.«

»Ach, ich würde nicht sagen, dass wir keinen Erfolg hatten.« Grinsend erzähle ich von der Zerstörung, die Nathalies Chem-Vorräte unbrauchbar gemacht hat. Den Auslöser dieser Zerstörung nenne ich nicht.

»Siehst du deswegen aus wie paniert?«, fragt Nika Willem, doch ihre Augen sind wachsam. Sie begreift, dass sie außen vor gelassen wird, und es passt ihr nicht. Aber ich habe keine Lust, sie ins Vertrauen zu ziehen, zumindest jetzt noch nicht. Sie hat etwas Fanatisches an sich, genau wie Nathalie. Wenn sie von meiner Gabe wüsste, würde sie vielleicht ebenfalls auf dumme Ideen kommen.

Willem zuckt gutmütig mit den Schultern. Es ist, als müssten die beiden einen neuen Umgang miteinander aushandeln. EcoQuest, wie ich es kennengelernt habe, gibt es nicht mehr, und Nika ist nicht mehr Willems Nummer zwei. Die Frage ist, ob wir damit jetzt zwei starke Verbündete gewonnen haben oder ob uns deswegen Ärger ins Haus steht.

Luc nickt mir zu. »Das ist alles schön und gut, aber bring beim nächsten Mal meine Ladung mit, d'accord?«

»Wenn ich es einrichten kann«, gebe ich ungerührt zurück.

Esper wird das Geplänkel anscheinend zu bunt. Ungewohnt ernst blickt er in die Runde. »Leute, konzentriert euch. Wie sieht unser Plan aus?«

Er hat recht. Wir dürfen keine Zeit verlieren. Wir haben keine Ahnung, wie weit Nathalie mit ihren Vorbereitungen ist, geschweige denn, was genau sie vorhat. Noch ahnt sie nicht, was ihr ins Haus steht, also sollten wir das Überraschungsmoment nutzen.

Die anderen helfen mir, den Tisch freizuräumen, dann breite ich meine Karte darauf aus.

»Das sind die ungefähren Standorte der Anlagen für Nathalies Wetterprogramm«, erkläre ich. Ich lache humorlos, als Nika scharf einatmet und Willem große Augen bekommt. »Ja, es sind viele. Und ich bin mir sicher, es sind bei Weitem nicht alle. Also fangen wir besser an.«

11

Mein provisorischer Lageplan hat sich als erstaunlich akkurat herausgestellt. Zwei Tage sind vergangen, und in dieser Zeit hat Nika mit ihrem Team sieben Wetterstationen demoliert. In dem Tempo wird es wahrscheinlich nicht weitergehen, denn je weiter die Anlagen von der Stadt entfernt sind, desto komplizierter wird die Logistik. Dafür konnte Nika neue Leute rekrutieren, sodass jetzt schon vier Teams unterwegs sind. Die EUV hat Luc ihnen »zur Verfügung gestellt« – im Klartext heißt das wohl, er hat sie klauen lassen und mit neuen Kennzeichen ausgestattet.

Für mich waren die beiden Tage nervenaufreibend. Ich hatte mir vorgestellt, dass ich Nika begleiten, vielleicht sogar ein eigenes Abrissteam leiten würde, aber da hatte ich die Rechnung ohne Luc gemacht. Mit sehr fadenscheinigen Argumenten bestand er darauf, dass ich in der Stadt blieb und ihm und Esper half, Sprengstoff und Ausrüstung zu besorgen. Esper scheint mit dem Arrangement zufrieden zu sein, aber am zweiten Abend ist meine Geduld aufgebraucht.

»Es ist mir egal, dass ihr glaubt, ein Auge auf mich haben zu müssen«, schnauze ich die beiden an. »Das hier ist doch reine Zeitverschwendung! Du hast genug Leute, Luc, die dir alles besorgen, was du brauchst. Ich will nicht dumm rumsitzen! Ich will was tun!«

»Und dabei riskieren, Bioverse in die Falle zu gehen?« Luc dreht sich nicht mal zu mir um, sondern sortiert weiter irgendwelchen technischen Kram.

»So ein Quatsch! Nika sagt doch, dass ihr weit und breit noch niemand von Bioverse begegnet ist.«

»Und wie lang, denkst du, bleibt das so?«, wirft Esper ein.

Ich stemme die Arme in die Seiten und starre ihn vorwurfsvoll an. »Du willst doch nicht im Ernst behaupten, dass du Spaß an dieser Shoppingtour hast?«

Esper schüttelt den Kopf. »Darum geht's nicht. Es kann nicht lang dauern, bis Nathalie kapiert, was Sache ist, und die Sicherheitsmaßnahmen rund um ihre Anlagen hochfährt. Wahrscheinlich ist sie längst dabei. Wenn sie Nika erwischt oder jemanden aus ihrem Team, Pech. Da setzt es wahrscheinlich eine Anzeige und gut ist. Aber bei dir ist das was anderes und das weißt du genau.«

Ich verschränke die Arme. »Wann bist du so widerlich vernünftig geworden?«

Er grinst. »Also gibst du zu, dass wir recht haben?«

»Gar nichts gebe ich zu!«

Luc zieht eine Schranktür auf. Mit einem scharfen Impuls knalle ich sie ihm vor der Nase zu.

»Und du zeigst jetzt vielleicht mal genug Respekt, um dich zu mir umzudrehen!«

Mit hochgezogenen Augenbrauen wendet sich Luc mir zu. »Spar dir solche Kunststückchen, Vega. Genau das ist der Grund, warum Esper und ich dich keiner Gefahr aussetzen wollen. Wir wissen, was du kannst.«

Ich bin nicht bereit, als Erste wegzusehen, aber es ist ein sehr langes Blickduell.

Irgendwann seufzt Esper. »Das bringt doch nichts. Luc, wenn sie es drauf anlegt, wird sie was kaputt machen.«

»Darauf kannst du Gift nehmen.« Es geht mir erst in diesem Moment auf, doch Esper hat völlig recht: Ich will etwas kaputt machen. Etwas, was Nathalie gehört. Es ist ein kindischer Impuls, aber ich kann mir nicht helfen. Sie ist wie ein Bulldozer in mein Leben gewalzt und hat nichts als Trümmer übrig gelassen. Ich werde alles dafür geben, ihr Lebenswerk zu zerstören. Wenn ich auf dem Weg dahin ein wenig Chaos anrichten kann, wird meine Rache umso mehr Spaß machen.

Luc scheint Espers Argument wenig zu beeindrucken.

Ich ändere die Taktik. »Okay, folgender Kompromiss. Bisher hat sich Nika die Messstationen vorgenommen. Nathalie muss davon ausgehen, dass es bei den Angriffen nur darum geht. Aber hier ...«, ich trete vor die große Landkarte, auf der wir Nikas Einsätze markieren, und deute auf einen der grünen Punkte, »... gibt es einen Drohnenstützpunkt. Ich glaube nicht, dass der jetzt schon besetzt ist, das System läuft ja gerade nicht, aber falls ja, sind das Wissenschaftler. Wettermacher. Garantiert kein Sicherheitsteam.«

»Worauf willst du hinaus?« Luc verliert sichtlich die Geduld.

»Wenn ich die Leute in Schach halte, dann verschaffe ich Nika genug Zeit, um die Drohnen zu klauen.«

Lucs Augen leuchten auf. Er erkennt das Potenzial.

»Wenn wir nicht schnell genug sind und Nathalie das System aktivieren kann, bevor wir ihre Infrastruktur komplett zerstört haben – und seien wir ehrlich, das ist ziemlich wahrscheinlich –, dann brauchen wir unsere eigene Ausrüstung. Wir brauchen Drohnen und Chems und genügend Leute, die an vielen Stellen gegen Nathalies Wetter vorgehen können. Und wo sollte es bessere Drohnen geben als bei Bioverse?«

Ich wechsle einen Blick mit Esper. Er macht sich noch immer Sorgen, aber er sieht die Vorteile meines Plans. Genau wie für mich ist der Kampf gegen Nathalie für ihn persönlich.

Immer wieder presst Luc die Lippen aufeinander. Ich lehne mich an die Wand und verschränke die Arme. Ich weiß, zu welchem Ergebnis er kommen wird.

Schließlich seufzt er. »Meinetwegen. Ich halte es immer noch für einen Fehler, aber ich kann dich ja schlecht irgendwo festbinden.« Er deutet auf Esper. »Aber er kommt mit.«

»Nein.« Ich blicke zwischen Luc und Esper hin und her. »Auf keinen Fall. Wenn das passiert, wovor ihr anscheinend so viel Angst habt, dann hat Nathalie mich *und* ein Druckmittel. Und wir stehen wieder am Anfang. Nein, ich gehe allein. Also, mit Nika. Wenn sie Nika schnappt, kann ich Nathalie mit aller Glaubwürdigkeit versichern, dass mir nichts an ihr liegt.«

Es ist fast schon rührend, wie besorgt die beiden wirken. Selbst bei Luc weicht die Genervtheit der Resignation.

»Super, dann ist das geklärt.« Ich halte Luc die offene Hand hin. »Dann gib mir bitte dein Smartphone, damit ich Nika Bescheid geben kann.«

Wie erwartet ist Nika nicht gerade erfreut, dass ich sie begleite. Das Einzige, was sie damit versöhnt, mich einen ganzen Tag lang an der Backe zu haben, ist die Aussicht, Bioverse um eine Batterie Hochleistungsdrohnen zu erleichtern. Das ist zumindest etwas, was Nika und ich gemeinsam haben: Wir finden beide, dass wir zu langsam vorankommen.

Aber heute Abend sind wir ja vielleicht schon ein gutes

Stück weiter. Der Verlust der Drohnen mag für Nathalie verschmerzbar sein, doch uns werden sie enorm weiterhelfen. Wenn es sich um ein ähnliches Modell wie bei denen handelt, die wir im Chemiewerk gefunden haben, dann schaffen sie locker die zwanzig- bis dreißigfache Menge an Ladung im Vergleich zu handelsüblichen Drohnen. Und durch ihre verbesserte Bauart können sie selbst bei hohen Windgeschwindigkeiten fliegen. Diese Details sind für Nika nicht so wichtig, aber ich muss meine Vorfreude schon den ganzen Morgen im Zaum halten.

Thierry redet nicht viel, während wir mit einem von Lucs Lastwagen durch die Landschaft rollen. Der Innenraum riecht nach Chlor und im Seitenfach liegen Prospekte einer Firma namens »Schuchart Poolreinigung«. Lucs Leute geben sich anscheinend Mühe, nur Leute zu beklauen, die von den ungerechten Verhältnissen profitieren.

Draußen erstreckt sich Kilometer um Kilometer flaches, ausgedörrtes Land. Ich kann mich nicht erinnern, jemals etwas so Trostloses gesehen zu haben, und die ruinierte Landschaft dämpft meine Stimmung. Kaum ein Baum oder Strauch ist zu sehen, erst weit in der Ferne zeichnen sich Hügel mit dunklem Wald ab. Kurz hinter den äußersten Stadtvierteln kommen wir an einem riesigen Windpark vorbei, aber von den vielen Rotoren drehen sich nur wenige. Es sieht aus, als würde sich seit Jahren niemand mehr um den Erhalt der Anlage kümmern, an einer Stelle entdecke ich sogar zerbrochene Rotorblätter, die auf die Erde gestürzt sind.

Wird es etwas verändern, wenn wir Nathalie aufhalten? Werden wir es schaffen, das Land wieder zum Laufen zu bekommen, das mit jedem neuen Jahr der Trockenheit tiefer in Niedergeschlagenheit und Ratlosigkeit zu versinken scheint? Oder machen wir uns etwas vor und all unsere Anstrengungen werden am Ende gar nichts bewirken?

Ich werfe einen Blick in den wolkenlosen Himmel. Selbst hier im klimatisierten Innenraum ist die Kraft der Sonne zu spüren, ihre zerstörerische und gleichzeitig überlebensnotwendige Energie. Ob sie je wieder ein Verbündeter sein kann statt immer nur ein Feind?

Zum Glück erreichen wir bald das Waldstück, in dem die Drohnenstation liegt. Thierry ruft Nika an und holt sich die genaue Wegbeschreibung. Sie ist schon seit dem Morgengrauen mit ihrem Team vor Ort und hat sich auf dem Gelände umgesehen.

Die asphaltierte Straße, auf der wir unterwegs sind, gehört zu einem Industriegebiet. Neben mir taucht eine Halle auf, grau und fensterlos, davor Reihen an Reihen von leeren Parkplätzen. Die Teerdecke ist an vielen Stellen aufgebrochen, Gras und Löwenzahn wachsen in den Lücken, Efeu kriecht über Mauern und Zäune. Selbst kleine Bäume rücken an die Halle heran.

Ich kann verstehen, dass sich Nathalie dieses Gelände als Standort ausgesucht hat. Hier gibt es nichts mehr, was irgendjemanden interessieren könnte, trotzdem ist das Gebiet offen und bietet gute Start- und Landebedingungen. Noch dazu liegt es mitten im Wald, was ja beim Wettermachen nie verkehrt ist.

Wir treffen Nika und ihre Leute auf dem kleinen Hinterhof einer ehemaligen Metallgießerei. Sie wirkt noch mürrischer als sonst, und innerhalb von Sekunden verrät sie mir auch, wieso.

»Ich hab wirklich keine Ahnung, wieso du dabei bist«, murrt

sie, während wir uns um ihr Tablet versammeln. »Hier ist niemand. Wir gehen rein, beladen die Lastwagen und sind zum Mittagessen zurück in der Stadt. Wenn Luc schon Verstärkung schickt, dann wäre jemand mit einem breiteren Kreuz eine größere Hilfe gewesen. Nichts für ungut, Thierry.«

»Wenn du recht behältst, ist ja nichts verloren. Im schlimmsten Fall schaue ich zu und bin nutzlos.« Sie verdreht die Augen, spart sich aber einen Kommentar. Ich klopfe auf die Umhängetasche, die eine Wettermacherausrüstung enthält. »Aber wenn es Schwierigkeiten gibt, dann kann ich euch den Rücken freihalten.«

»Mit ein paar Regenwolken.« Sasha schnaubt. »Super.«

»Mit ein bisschen Wind.« Nika und Sasha betrachten mich halb misstrauisch, halb verwirrt. Ich lasse meine Worte gar nicht sacken, sondern deute auf das Foto auf dem Tablet. »Ist das der Stützpunkt?«

Nika bejaht, und als ich die Aufnahme größer ziehe, erkenne ich auch die Silhouetten mehrerer Drohnen auf dem Flachdach. Ich schiebe das Bild ein wenig hin und her, bis ich fündig werde.

»Das da. Auf dem Dach gegenüber hab ich euch gut im Blick. Ich laufe jetzt los, und wenn ich auf Position bin, könnt ihr starten. Okay?«

Nika passt es überhaupt nicht, dass ich ihr eine Ansage mache, aber sie zuckt mit den Schultern. »Meinetwegen. Setz das Headset auf und dann ab mit dir.«

Es ist ein unwirkliches Gefühl, zwischen den leeren Werkstätten und Ausstellungshallen hindurchzulaufen. Der Wind säuselt um die Ecken der Gebäude. Immer mehr Hallen kommen in Sicht, Parkhäuser, Verwaltungsgebäude, dazwischen Mauern. Und nirgends ein Laut. Nicht von Menschen.

Als wäre ich ganz allein auf der Welt.

Trotzdem habe ich plötzlich das Bedürfnis, in Deckung zu gehen. Was, wenn Nathalie uns längst auf die Spur gekommen ist und schon auf uns wartet? Wenn ich ihren Leuten geradewegs in die Arme laufe?

Aber der Gedanke ist absurd. Nikas Team hat das Gelände seit Stunden im Blick. Wieso sollte gerade hier und gerade heute eine böse Überraschung auf uns warten?

Hinter einem riesigen Wegweiser, an dem mindestens zwanzig Blechschilder mit vergilbten Firmennamen angeschraubt sind, versuche ich, mich zu orientieren. Die Drohnenrampe liegt schräg rechts von mir, also laufe ich im Schatten einer Lärmschutzwand geradeaus weiter und halte auf eine kleine Autowerkstatt zu. Wieder richte ich meine volle Konzentration auf meine Umgebung. Der Geruch nach warmem Asphalt liegt in der Luft, hier und da raschelt ein Blatt eines kümmerlichen Strauchs in der Brise, ansonsten ist es still.

Ist es zu still? Müsste nicht zumindest mal ein Vogel zu hören sein? Oder gibt es hier einfach keine mehr?

Dafür höre ich jetzt etwas anderes. Es ist ein leises Summen, nicht von einem Insekt, sondern … von elektrischer Spannung. Ich bin auf der richtigen Spur – die Bioverse-Geräte brauchen Strom, wenn sie Daten liefern sollen.

Zwei Ecken weiter finde ich, was ich gesucht habe. Auf der Rückseite der Werkstatt gibt es eine Feuertreppe, über die ich aufs Dach gelange. Vorsichtig setze ich einen Fuß vor den anderen, aber die Bausubstanz scheint in Ordnung zu sein.

Auf dem Flachdach laufe ich geduckt weiter. Der Bioverse-

Stützpunkt ist genau gegenüber, kaum hundert Meter entfernt. Es ist eine große Anlage, drei Stockwerke hoch, mit einem kompletten Satz an Messinstrumenten auf einem tiefer liegenden Teil des Dachs. Den meisten Platz nehmen aber die fünf stromlinienförmigen Drohnen ein, die unter Planen auf ihren Einsatz warten.

Eine Weile bleibe ich in Deckung und schaue mich um. Er ist nicht leicht zu entdecken, doch auf einer Ausstellungshalle schräg gegenüber sitzt einer von Nikas Leuten und lässt das Bioverse-Gebäude nicht aus den Augen. Der Mann wirkt ziemlich entspannt, trotzdem sagt mir mein Instinkt, dass wir vorsichtig sein sollten. Wenn die Drohnen schon startklar auf dem Dach stehen statt irgendwo in einer Halle, dann ist es gut möglich, dass der Stützpunkt besetzt ist. Ich kann mir zwar nicht vorstellen, dass selbst Nathalie grausam genug ist, jemanden in dieser Einöde auszusetzen, andererseits lässt sie ihre Sicherheitsleute auch auf ihren Neffen schießen. Man weiß also nie.

Als sich nach ein paar Minuten noch immer niemand gezeigt hat und auch weiterhin nichts zu hören ist als der Wind, tippe ich an mein Headset.

»Bin auf Position. Ihr könnt loslegen.«

Von Nika kommt das Okay, dann passiert erst mal eine Weile nichts. Nur abgehackte Befehle aus dem Lautsprecher in meinem Ohr deuten an, dass in dem Gewirr aus Gebäuden und Parkplätzen etwas vor sich geht. Schließlich kommt Bewegung in den Mann auf dem Dach gegenüber. Er verschwindet kurz, dann taucht er vor der Halle wieder auf, genau in dem Moment, als aus zwei Richtungen Autos und Lastwagen heranfahren. Und dann bin ich ziemlich beeindruckt, wie professionell das Team zusammenarbeitet.

Wie in einer Tanzchoreografie steigen zwölf oder dreizehn Leute aus den Fahrzeugen. Fünf von ihnen bleiben vor dem Gebäude stehen und sichern die Fluchtwege, die anderen warten kurz vor dem Eingang, bis eine der Frauen die Tür aufgebrochen hat. Nacheinander verschwinden sie im Inneren.

Es dauert nur zwei Minuten, bis die Ersten auf dem Dach auftauchen. Sie beginnen, die Seilwinde vorzubereiten, die am Rand des Dachs montiert ist. Als würden sie so etwas jeden Tag machen, hängen sie die erste Drohne in die vorgesehenen Halterungen und lassen sie behutsam auf den Hof hinunter. Dort wird sie von zwei Männern in Empfang genommen.

So ungern ich es zugebe: Nikas Leute sind Profis. Das sieht überhaupt nicht mehr nach dem laienhaften Protest der letzten Monate aus. In der Zwischenzeit hat ihr Team viel dazugelernt. Ich glaube, es gibt eine ganze Menge, was Nika uns nicht erzählt hat.

Ich bin so fasziniert von der Präzision, mit der sie auch die zweite Drohne vom Dach abseilen und in einen Lastwagen verladen, dass mir das Kribbeln in meinem Nacken beinahe entgeht. Automatisch blicke ich in den Himmel, aber es hat nichts mit dem Wetter zu tun. Mein Körper warnt mich vor einer anderen Gefahr.

Im selben Moment bricht das Chaos los.

Aus allen Richtungen kommen plötzlich Stimmen – befehlsgewohnte genauso wie panische. Menschen tauchen auf, die ersten in normalen Klamotten, dahinter mindestens dreimal so viele in Bioverse-Uniform, alle von ihnen mit gezogenen Pistolen. Sie treiben die Leute auf dem Dach zusammen, umstellen die Lastwagen, nehmen die umliegenden Gebäude ins Visier.

Instinktiv ducke ich mich, doch dann fällt mir ein, warum ich hier bin. Und schon wird aus dem Säuseln des Windes ein Rauschen.

Noch einmal tippe ich an mein Headset. »Nika, haltet euch bereit. Ich gebe euch Rückendeckung, aber ihr müsst so schnell wie möglich weg. Holt mich am Treffpunkt ab.«

Ich entdecke Nika hinter einem Aufbau auf der anderen Seite des Stützpunkts. Zwei Männer mit Waffen im Anschlag gehen langsam in ihre Richtung. Sie antwortet mir nicht, sondern hebt nur die Hand, wie in Zustimmung.

Eine Sekunde lang schließe ich die Augen, atme tief ein. Ich suche die Verbindung, dieses Band, das gleich mehr Verwirrung und Durcheinander stiften wird als der Hinterhalt von Bioverse, und als ich die Energie in jedem Winkel meines Körpers vibrieren fühle, lege ich los.

Die beiden Männer, die Nika beinahe erreicht haben, werden von einer Bö von den Füßen gerissen und zwanzig Meter weit quer über das Dach geweht. Ein überraschter Schrei hallt herüber, aber ich achte darauf, dass sie nicht zu hart landen. Es soll niemand verletzt werden, nur weil er für Nathalie arbeitet.

Nika verliert keine Zeit. Sie stürzt aus ihrem Versteck hervor und mischt sich in ein ruppiges Handgemenge zwischen EcoQuest-Leuten und Security ein. Ich könnte versuchen, sie zu trennen, aber meine Aufmerksamkeit wird auf die Gruppe um die Fahrzeuge gelenkt.

Unsere Leute stehen mit erhobenen Händen vor den LKW, während die Bioverse-Teams sie immer weiter einkreisen. Ich erkenne Thierry.

Mit einzelnen Windstößen erreiche ich hier nichts mehr, also schicke ich ein paar Wärmeimpulse aus. Kleine Wirbel rund um die Lastwagen saugen Staub auf, drehen sich, immer höher, bis ich kaum mehr nachhelfen muss, sondern sie genug Energie besitzen, um sich selbst zu füttern.

Wieder spreche ich über mein Headset. »Wenn ich es sage, geht unter den Lastwagen in Deckung.«

Hier und da sehe ich ein Nicken, andere starren unbewegt geradeaus. Thierry hebt fast unmerklich den Daumen. Länger kann ich nicht warten, ich hoffe, dass die, die nicht kapiert haben, was ich von ihnen will, dem Beispiel der anderen folgen.

Mit weiteren Impulsen erhöhe ich die Geschwindigkeit der Windwirbel. Sie saugen Luft an, steigen weiter auf, sind jetzt fast so hoch wie ein Mensch. Sie drehen sich immer schneller, bis sie genug Kraft haben, um erst trockenes Laub, dann Zweige, schließlich Steine aufzunehmen und alles über den Haufen zu räumen, was sich ihnen in den Weg stellt.

»Deckung!«, sage ich in das Headset.

Ich sollte gestresst sein, stattdessen fühle ich mich beinahe euphorisch. Meine Finger kribbeln, als ich die Wirbel zwischen EcoQuest und Bioverse dirigiere. Unsere Leute tauchen ab, robben unter die Lastwagen, doch Nathalies Männer sind so überrascht, dass sie die Arme vors Gesicht reißen. Das ist besser so, denn immer wieder werden sie von Steinen und Unrat getroffen.

Noch einmal erhöhe ich die Energie der Windhosen, dränge sie auf die Sicherheitsleute zu, zwinge die Männer auszuweichen. Sie stolpern rückwärts, auf das Gebäude zu, aber ich lasse sie nicht hinein, sondern lenke sie auf den Hof.

Das Letzte, was Nika und ihr Team brauchen können, sind noch mehr Sicherheitskräfte.

»Thierry, bringt die Ladung hier raus«, sage ich, während ich die Energie der Wirbel aufrechterhalte.

Ich warte nicht darauf, dass sie unter den Lastwagen hervorkriechen, sondern kümmere mich um die Bioverse-Leute auf dem Dach. Sie haben einen Teil von EcoQuest in einer Ecke isoliert, doch ein paar gezielte Böen holen sie von den Füßen. Diesmal stürzen sie heftiger, sodass die drei Aktivistinnen Zeit haben, zu der Seilwinde zu laufen. Zuerst denke ich, sie sind verrückt genug, noch eine Drohne hinunterlassen zu wollen, aber dann packt eine das Seil und stößt sich ab.

»Mist.«

Vom Dach aus konnten sie natürlich nicht erkennen, was unten auf der Straße passiert, deswegen muss ich eine der Windhosen umlenken. Ich bin nicht schnell genug und stöhne selber auf, als der Wirbel die Aktivistin erfasst und gegen die Hauswand wirft. Ihr Schrei geht beinahe in dem Heulen des Windes unter. Zum Glück lässt sie das Seil nicht los. Nach einer Schrecksekunde beginnen ihre Kolleginnen wieder, sie hinunterzulassen.

Ich weiß, dass ich ein Risiko eingehe, aber auf einmal kann ich nicht mehr in Deckung bleiben. Mein ganzer Körper vibriert von der Energie, die durch ihn fließt, und im Stehen ist es so viel leichter, sie zu dirigieren. Ich sehe nicht mehr nur einzelne Situationen, sondern als hätte sich mein Sichtfeld geweitet, als hätte meine Konzentration plötzlich mehrere Fokuspunkte, habe ich das Geschehen oben auf dem Dach und rund um das Gebäude gleichzeitig im Blick. Es fühlt sich befremdlich an, dass ich im selben Moment die Bioverse-Fahrzeuge auf der Straße ineinander verkeilen kann und Thierry mit dem Lastwagen eine Fluchtgasse öffne, die Aktivistinnen am Seilzug sicher auf dem Boden absetze und die Security-Leute, die Nika und ihr Team in die Mangel nehmen, immer wieder abdränge. Doch ich kann nicht darüber nachdenken. Ich will einfach das Gefühl auskosten, dem Wind den Weg zu weisen, ihm mehr Kraft zu verleihen oder ihn abzuschwächen und seine Macht zu meiner zu machen.

Es ist berauschend.

Und kein einziges Mal habe ich das Gefühl, die Kontrolle zu verlieren.

Nebenbei bekomme ich mit, dass Nika und ihr Team das Dach verlassen und nach kurzer Zeit vor dem Gebäude auftauchen. Ihr Rückzug wirkt nicht mehr ganz so koordiniert, im Gegenteil, sie stürzen zu ihren Autos und jede Ordnung ist ihnen egal.

Jetzt tanzt der Wind und er tanzt für mich.

»Vega«, höre ich Nikas Stimme in meinem Ohr, »verschwinde von da oben!«

Noch nicht. Unser Job ist noch nicht erledigt.

Ich vergewissere mich, dass das EcoQuest-Team unbehelligt an den Bioverse-Leuten vorbeikommt, dann erzeuge ich einen weiteren Wirbel auf dem Dach des Stützpunkts. Ich halte Abstand zu Nathalies Sicherheitskräften, die sich mittlerweile hinter einem der Aufbauten verschanzt haben, dann verstärke ich die Windhose so, dass sie eine der verbliebenen Drohnen vom Dach räumt. Krachend schlägt sie auf dem Boden auf und zerschellt in ihre Einzelteile.

Von EcoQuest ist nun nichts mehr zu sehen. Ich taste nach meiner Umhängetasche, dann laufe ich über das Dach zu der Leiter und die Treppe hinunter auf den Parkplatz. Den Windwirbel über dem Stützpunkt habe ich in der Zwischenzeit eine zweite Drohne über die Kante schieben lassen. Ohne hinzusehen, erhöhe ich seine Energie noch einmal und schicke ihn in die Richtung der Messstation. Sekunden später erfüllt ein befriedigendes Knirschen die Luft, es übertönt sogar das Heulen des Windes. Ich drehe den Kopf und grinse zufrieden. Die Windhose hat so viel Kraft, dass sie die Sensoren Stück für Stück auseinanderreißt und in den Himmel schleudert.

Überall um mich herum ist die Luft in Bewegung, als ich mich zum Treffpunkt aufmache. Sie zerrt an meinen Haaren, lässt mein T-Shirt flattern und ich fühle mich so gut wie seit Wochen nicht. Das Blut pulsiert durch meinen Körper, alle meine Sinne sind geschärft.

Hinter einem Glascontainer bleibe ich noch einmal stehen. Es wird Zeit, zum Ende zu kommen. Allmählich ziehe ich Energie aus der Windhose auf dem Dach und nehme mir stattdessen ein anderes Ziel vor. Viele der Bioverse-Fahrzeuge sind ineinander verkeilt, sodass es lang dauern wird, bis sie wieder fahrtüchtig sind, lang genug hoffentlich, bis wir verschwunden sind. Ein Stück die Straße hinunter entdecke ich noch einen Transporter. Ich lenke eine Windhose zu ihm. Der Van gibt ein schauerliches Geräusch von sich, als er in die Luft gehoben wird, fast wie ein Stöhnen, aber es ist das Schreien der Bioverse-Leute, das mir die Haare im Nacken aufstellt. Vorsichtig drehe ich die Windhose, entziehe ihr Energie, damit sie niemanden in Gefahr bringt, dann lasse ich den Bus fallen. Nathalie mag ein Monster sein, doch diese Menschen haben vielleicht Familie.

Der Schaden ist auch so groß genug. Die Bioverse-Leute, die sich allmählich wieder aufrappeln, laufen herum wie aufgeschreckte Hühner, erwarten Befehle, die nicht kommen, manche versuchen sogar, auf das Dach zu gelangen, aber dort gibt es nichts mehr, was sie retten könnten.

Jetzt ist unser Job erledigt.

Ein paar Sekunden betrachte ich das Chaos, das das absolute Gegenteil der Stille ist, die noch vor einer halben Stunde hier geherrscht hat, dann wende ich mich um. Für mich ist es Zeit zu verschwinden.

Ich zwänge mich durch eine Lücke in einer Lärmschutzwand und komme auf einem Parkplatz heraus, der anscheinend mal zu einem Bürogebäude gehört hat. Einen Moment brauche ich, um mich zu orientieren, dann schlage ich die Richtung zum Treffpunkt ein.

Sekunden später knallt es, neben mir splittert Holz.

Geschockt bleibe ich stehen und blicke mich um. Gegenüber der Lärmschutzwand steht eine Bioverse-Frau und zielt auf mich. Gerade noch rechtzeitig springe ich hinter eine halbhohe Mauer, die den Parkplatz von einem verdorrten Grünstreifen trennt. Aus dem Augenwinkel erkenne ich, dass zwei weitere von Nathalies Leuten aus der entgegengesetzten Richtung auf mich zurennen.

Das war nicht der Plan.

»Nika«, flüstere ich, »ich schaffe es nicht zum Treffpunkt. Ihr müsst mir entgegenkommen.«

Es dauert einen Moment, dann höre ich einen deftigen Fluch. »In Ordnung. Wo bist du?«

Für eine Antwort habe ich keine Zeit, denn ich dränge die drei Sicherheitsleute mit gezielten Windstößen zurück. In dem Moment, in dem sie abgelenkt sind, renne ich um die nächste Ecke und an der Rückseite des Gebäudes auf einen Zaun zu. Er ist nicht hoch, ich kann hinüberklettern. Ich lande auf einer schmalen Durchfahrt, in der sich alte Reifen und Schrott stapeln. Sie bieten keinen Schutz, also laufe ich weiter.

Schon höre ich hinter mir wieder Schritte. Nathalies Leute sind hartnäckig, ich hätte nicht gedacht, dass sie mir so schnell folgen können. Schweiß prickelt in meinem Nacken, aber ich muss mich beruhigen. Ich brauche meine Konzentration, um sie loszuwerden. Die Schritte werden lauter, ich lege ein bisschen mehr Energie in den nächsten Impuls, und an einem mehrstimmigen Stöhnen erkenne ich, dass auch die nächste Bö die drei erwischt.

Reicht mein Vorsprung, um mich zu verstecken? Wenn sie an mir vorbeilaufen, kann ich mich in die andere Richtung wenden, und es ist leichter, sie abzuschütteln. Nika brabbelt in meinem Ohr, aber ich ignoriere sie.

Ich probiere es in einem Unterstand für Mülltonnen. Mein Atem geht so laut, dass ich mir die Hand vor den Mund halte. Kaum habe ich mich in einem Winkel zusammengekauert, biegt jemand in den Hof ein. Ich höre noch die Schritte einer zweiten Person, dann ist es still. Es ist unheimlich – verständigen sie sich nur mit Zeichen? Ich lausche so angestrengt, dass mir die Frau beinahe zu spät auffällt, die sich mir gegenüber um eine Ecke schiebt. Suchend sieht sie sich um.

Verstecken war offenbar keine gute Idee.

Langsam kommt die Frau auf mich zu, aber noch hat sie mich nicht entdeckt. Auf allen vieren, gerade außerhalb ihres Blickfelds, krieche ich zur anderen Seite des Unterstands und schiebe mich auf die Außenseite.

»Keine Bewegung!«

Ich blicke direkt in die Mündungen von zwei Waffen.

Langsam nehme ich die Hände hoch. Auch die Frau kommt jetzt heran, genau wie die beiden Männer richtet sie ihre Waffe auf mich. In meinen Ohren rauscht es. Dann fällt mein Blick auf ihre Gesichter, und vielleicht sollte das, was ich darin lese, mich vorsichtiger machen. Stattdessen werde ich leichtsinnig.

Ich überlege gar nicht. Energie braust durch mich, und der Impuls, der sie erfasst, schleudert sie quer über den Hof. Alle drei bleiben liegen.

Wieder renne ich davon, diesmal zu einem Erdwall, der wohl mal begrünt war. Ich habe so viel Schwung, dass ich beinahe hinüberspringe, gerade noch rechtzeitig, denn wieder knallt ein Schuss. Ich verliere das Gleichgewicht, stürze und muss mich auf der anderen Seite über die Schulter abrollen. Dabei verheddere ich mich so im Träger meiner Tasche, dass ich mir beinahe die Luft abschnüre. Verfluchtes Scheißding.

Mit Mühe komme ich wieder auf die Füße und schaue mich um.

»Huberts Hähnchengrill«, informiere ich Nika.

Sie braucht einen Moment, bis sie fragt: »Was?«

»Da bin ich gerade! Beeilt euch!«

Eine Erwiderung spart sie sich. Ich ducke mich hinter einen Müllcontainer und behalte die Zufahrt zum Parkplatz im Blick. Mein Atem kommt keuchend, vom Rennen, aber vor allem vom Schock. Bilde ich mir das ein? Tauchen meine Verfolger immer dann auf, wenn ich denke, dass ich sie abgeschüttelt habe? Gerade ist von den dreien nichts zu sehen, aber ich bin mir ziemlich sicher, dass das nicht mehr lang so bleiben wird.

Ich höre ein Auto heranfahren.

»Seid ihr das?«, zische ich ins Headset.

»Ja. Schwing deinen Hintern zur Straße!«

Das lasse ich mir nicht zweimal sagen. Doch gerade als ich loslaufe, taucht auf der anderen Seite des Erdwalls einer von

Nathalies Männern auf. Hektisch blicke ich mich um, aber es gibt nichts, wo ich in Deckung gehen könnte. Wieder hebt er die Waffe und zielt auf mich, und ich habe keine Wahl, als ihn mit einem weiteren Windstoß auszuknocken.

Vor mir kommt ein EUV mit kreischenden Bremsen zum Stehen, und ich bin so überfordert, dass ich schon umdrehen will, als Nika die Tür aufstößt. »Steig ein!«

Wieder zischt es und ich ziehe den Kopf ein. Eine Kugel gräbt sich in die Wand des Imbisses.

Es reicht mir jetzt. Ein letztes Mal drehe ich mich um und blicke den beiden verbleibenden Security-Leuten ins Gesicht. Ein einzelner Impuls genügt, um sie fünf Meter in die Luft zu heben und sie auf der anderen Seite des Parkplatzes abzusetzen. Ich warte nicht ab, ob sie wieder aufstehen, sondern werfe mich herum, springe auf den Beifahrersitz des Autos, Nika gibt Gas, und dann sind wir auf und davon.

12

Verdammt, Vega!« Luc steht hinter der Bar in seinem leeren Club und knallt eine Schnapsflasche auf den Tresen. »Ich hab dir gesagt, dass es eine miese Idee ist! Beinahe hätten sie dich geschnappt!«

»Vielleicht hast du es noch nicht gemerkt, Luc, aber nicht die ganze Welt tanzt nach deiner Pfeife.« Ich klinge einigermaßen unbeeindruckt, trotzdem verschränke ich die Arme. Bilder von nackten weißen Wänden und blau unterlaufenen Fingernägeln blitzen immer wieder in meinem Kopf auf. Aber auf gar keinen Fall werde ich zugeben, dass es mich erschüttert hat, wie knapp ich davongekommen bin.

»Stell dich nicht dümmer, als du bist! Obwohl ich gerade meine Zweifel habe, ob du dich groß verstellen musst …«

»Sag mal, geht's noch?« Die Wut, die plötzlich in mir aufsteigt, reicht völlig aus, um das wacklige Gefühl in meinen Knien zu vertreiben. Ich stemme die Hände gegen die Theke. »Es ist nichts passiert! Und wenn ich nicht dabei gewesen wäre, hätten sie Nika und die Hälfte ihres Teams einkassiert! Oder Schlimmeres.«

Luc starrt mich an. Er schnauft wie ein wildgewordener Bulle, aber dann nimmt er sich ein Glas aus dem Schrank und füllt es. Schneller, als er gucken kann, ziehe ich es ihm unter der Nase weg und stürze den klaren Inhalt runter.

Es schmeckt grauenhaft, doch ich wende die Augen nicht von Lucs Gesicht.

»Gott, bist du nervig«, murmelt er, doch ich kann sehen, dass seine Mundwinkel zucken.

»Du hältst mich nur für nervig, weil du es nicht mehr gewohnt bist, dass dir jemand widerspricht.«

Überraschenderweise bringt ihn das zum Lachen. »Du hast meine Mutter und meine Schwester kennengelernt, oder?«

Esper, der an der Tür gewartet hat, bis das Unwetter vorübergezogen ist, kommt zu uns und zieht sich grinsend einen Barhocker heran. Ich werfe ihm einen bösen Blick zu, aber ich merke selber, dass er nur halbherzig ist.

Luc stellt ihm ein Bier hin. Wie kommt er nur immer an all das Zeug? Alkohol ist beinahe so teuer wie Kaffee.

Mit einem hinterhältigen Grinsen füllt er mein Glas ein zweites Mal, dann schenkt er sich selber ein. Als er mir zuprostet, nippe ich widerwillig.

»Luc hat recht«, fällt Esper mir ein weiteres Mal in den Rücken. »Du bist zu wichtig, für Nathalie und für uns. Und jetzt ist klar, dass sie die Sicherheitsmaßnahmen rund um ihre Anlagen hochgefahren hat. Lass Nika wieder übernehmen, sie ist der Profi.«

Der Profi für Zerstörung ... Ich schnaube, aber ich hüte mich, ihm zu widersprechen.

Luc sagt nichts mehr. Er lässt die Worte wirken und leider funktioniert es. Ich weiß es ja selber. Wir können nicht unendlich viele Leute losschicken, um die Bioverse-Anlagen zu zerstören. Vielleicht dachte Nathalie bisher, dass sich niemand für ein paar Wetterstationen in der Pampa interessiert, doch spätestens jetzt ist das vorbei. Und je mehr sie in den Schutz der Anlagen investiert, desto schwieriger wird es, dort Schaden anzurichten. Wenn Nika nicht mehr weiterkommt, muss der zweite Teil unseres Plans stehen.

Ich drehe das halb volle Glas zwischen den Fingern hin und her. Der Schnaps ist so kalt, dass die Luftfeuchtigkeit am Glas kondensiert.

Hinter mir zieht jemand die Tür auf, aber Luc schüttelt den Kopf. Die Tür schließt sich wieder.

»Wir bräuchten jemand, der uns bei Bioverse einschleust«, überlege ich laut. »Ric vielleicht.« Ich sehe auf. »Das ist einer der Sicherheitsleute. Ich glaube, der macht sich seine eigenen Gedanken über Nathalie und ihr Vorgehen. Wenn er uns ins Gebäude lässt ... Was?«

Luc hat sich auf die Ellbogen gestützt und betrachtet mich mit krauser Nase, und Esper wirft mir diesen Blick zu, den er für Gelegenheiten reserviert, in denen ich mich seiner Meinung nach absolut lächerlich aufführe. Auch er sagt nichts. Ich hasse es, wenn er Lucs Psychotricks imitiert.

»Auf keinen Fall«, sage ich fest.

»Er ist die einzige Chance, die wir haben«, hält Esper dagegen.

»Es muss ohne ihn gehen.«

Beinahe vier Tage habe ich es jetzt geschafft, mich mit Geschäftigkeit und Hektik von ihm abzulenken, abends so erledigt zu sein, dass ich sofort einschlafe. Aber jetzt ist alles wieder da. Es ist, als hätte ich gerade so den Kopf aus dem aufgewühlten Wasser gereckt, doch sofort schlägt die Welle wieder über mir zusammen.

Was, wenn Esper und Luc sich täuschen? Wenn Leo irgendeinen geheimen Grund hatte, ihnen zu helfen? Wenn er uns wieder ans Messer liefert?

»Du brauchst dich ihm nicht gleich an den Hals zu werfen«, sagt Luc, während er sich sein Glas erneut füllt. »Es reicht, wenn er verhindern will, dass seine Tante noch mehr Schaden anrichtet.«

Mein Magen krampft sich so stark zusammen, dass ich mir auf die Lippe beißen muss. Der Alkohol steigt mir sauer in die Kehle. Sie kapieren es nicht. Meine Gefühle für ihn und mein Vertrauen in ihn – sie sind wie die beiden Seiten einer Medaille. Wenn ich ihm vertraue und mich wieder täusche, wird es genauso wehtun wie beim ersten Mal.

Doch was, wenn sie recht haben? Wenn Leo Nathalie aufhalten und uns helfen will? Können wir es uns leisten, ihn nicht zum Verbündeten zu haben? Die Liste unserer Unterstützer ist ja kurz genug.

»Ich wüsste gar nicht, wo ich ihn suchen sollte«, murmle ich, höre aber selbst die Kapitulation in meinen Worten.

Luc stemmt sich hoch und packt die Schnapsflasche weg. »Denk nach. Dir fällt schon was ein.«

Mein stirnrunzelnder Blick trifft nur noch seinen Rücken.

Esper kramt in seiner Tasche, dann hält er mir ein Stück Pappe hin. Es ist in der Mitte gefaltet. »Vielleicht hilft das hier. Das soll ich dir von ihm geben. Du sollst damit machen, was du willst, hat er gesagt. Es ist deine Entscheidung.«

Ratlos starre ich auf zwei Zahlenreihen, beinahe eingraviert in die Oberfläche. Ich spüre die Druckmale auf der Rückseite.

»Verstehe ich nicht. Was soll das sein?« Ich sehe auf. »Hat er nichts dazu gesagt?«

Esper schüttelt den Kopf. »Es war ziemlich hektisch, als wir von Bioverse weg sind. Er klang so, als würdest du schon wissen, was du damit zu tun hast.«

Tja, da hat er sich getäuscht. »Und du hast keine Ahnung, wo er jetzt ist?«

Er zuckt mit den Schultern. »Wahrscheinlich hält er die Füße still. Bioverse ist keine Option mehr und EcoQuest stellt sich gerade neu auf. Nathalie Cyprians Neffe hat da eher keinen Platz, denke ich.«

»Aber du hast mir doch gerade erzählt …«

»… dass Leo vertrauenswürdig ist?« Espers Mundwinkel wandert nach oben. »Ja, da bin ich mir ziemlich sicher. Aber anders als du will EcoQuest das nicht um jeden Preis glauben.«

Meine Hand schließt sich um den Pappefetzen. Esper hat recht. So enttäuscht und verzweifelt ich auch war, die ganze Zeit habe ich nur nach einem Hinweis gesucht, dass Leo mich nicht verraten hat. Dass er der ist, den ich von Anfang an in ihm sehen wollte. Mein Selbsterhaltungstrieb sträubt sich mit allen Mitteln gegen diese neue Möglichkeit, doch mein Herz ist schon längst weiter. Und es zerrt mich vorwärts, irgendwohin, wo ich herausfinden kann, wo Leo ist und wie ich zu ihm gelangen kann.

Zuerst aber leihe ich mir von Luc Geld. Ich tue es zähneknirschend, doch ich stehe noch immer auf der PAO-Fahndungsliste, was bedeutet, dass mein Unice weiterhin beschlagnahmt und der Zugriff auf mein Konto gesperrt ist. Obwohl gerade die Zukunft des Landes auf dem Spiel steht, kommen mir diese Ärgernisse für ein paar Minuten wie die größten Ungerechtigkeiten vor.

Dann überwinde ich meinen Stolz, nehme das Geld, kaufe bei einer kleinen Stadtgärtnerei drei Kräutertöpfe und laufe zu meiner alten Wohnung. Esper begleitet mich.

»Bist du sicher, dass das eine gute Idee ist?« Zweifelnd blickt er hinauf zum dritten Stock. »Vielleicht bezahlt die PAO irgendeinen Spitzel, der gleich Alarm schlägt.«

»Möglich.« Ich zucke mit den Schultern. »Aber wenn es geht, würde ich gern wieder in meinem eigenen Bett schlafen. Vier Nächte in diesem Kämmerchen haben gereicht.«

Ich verstehe Espers Bedenken. Und wenn ich ehrlich bin, glaube ich auch nicht, dass meine Wohnung noch meine Wohnung ist. Wahrscheinlich ist sie längst neu vermietet und meine Sachen sind im Müll gelandet. Esper scheint es nicht viel auszumachen, keinen Rückzugsort zu haben, er würde sicher noch Wochen klaglos in dem winzigen Zimmer hinter Lucs Halle hausen. Aber mir kommt gerade nichts so verlockend vor wie eine Tür, die ich hinter mir zumachen kann.

Also hole ich tief Luft und gehe das Risiko ein.

Es sind nur drei Stockwerke, aber sie genügen, um Erinnerungen an das letzte Mal wachzurufen, als ich hier war. Nicht die hundert Male zuvor, als ich abends von Aufträgen nach Hause kam, nein, natürlich muss ich an den Morgen denken, an dem Leo mich hierher begleitet hat. Als wir anfingen, die ersten Puzzlestücke zu den Gewitterstürmen zusammenzusetzen.

Ich schiebe es auf den würzigen Geruch, der mir aus der Papiertüte in die Nase steigt, und nicht darauf, dass mich alles an Leo erinnert, wenn ich erst einmal einen Gedanken an ihn zulasse.

Zu schnell und doch nicht schnell genug stehen wir vor meiner Wohnungstür. Obwohl, auf den ersten Blick sehe ich, dass es nicht mehr meine Tür ist: Zwei Paar Kinderschuhe stehen auf einer Fußmatte direkt daneben. Ich schlucke, als ich den fremden Namen am Klingelschild lese.

Also noch ein paar Nächte Lucs Abstellkammer, bis mir etwas Neues einfällt.

Abrupt drehe ich mich um und stelle die Kräutertöpfe vor Frau Berns Tür ab. Sie wird wissen, dass sie von mir sind. Ich bin mir ziemlich sicher, dass sonst noch niemand aus der Nachbarschaft von der PAO aufs Dach gejagt wurde und dabei ihre geliebten Pflanzen zerstört hat.

Draußen auf dem Gehweg wenden wir uns Richtung Innenstadt. Es ist später Nachmittag, die Hitze hat etwas nachgelassen, und wir schlängeln uns durch die vielen Fußgänger, die um diese Zeit die Straßen bevölkern. Im Vorbeigehen betrachte ich die Gesichter um uns herum. Kommt es mir nur so vor oder herrscht eine gedrückte Stimmung? Gehen die Blicke öfter als früher in den Himmel? Immer wieder fällt mir ein Sticker mit einem grünen Frosch auf gelbem Grund ins Auge und hier und da hat jemand »Don't Fuck With the Weather!« gesprayt. Obwohl es mich wütend machen sollte, wie Nathalie die Sicherheit der Menschen erschüttert hat, empfinde ich eine grimmige Genugtuung. Vielleicht ist es ein gutes Zeichen, dass die Gewitterstürme die Leute aufgeweckt haben. Wenn wir es schaffen, Beweise für Bioverse' Machenschaften zu finden, wenn wir erklären können, wer sie in Angst und Schrecken versetzt hat, kämpfen wir diesen Kampf vielleicht nicht allein.

Aber zuvor muss ich ein paar notwendige Dinge besorgen.

Als ich ein paar Minuten später mit Zahnbürste und Seife aus der Drogerie komme, hat sich mein Ausdruck bei der Aussicht darauf, noch eine Weile bei Luc unterzukriechen, wohl wieder verdüstert, denn Esper legt einen Arm um mich. »Kopf hoch. Du findest schon was Neues.«

Ich lehne mich mit der Schulter an ihn und lächle schmal.

Ganz kann ich seine Zuversicht nicht teilen, zu unsicher kommt mir alles vor, was in der nächsten Zeit auf uns wartet. Doch ich habe mir abgewöhnt, über die nächsten Tage hinauszudenken.

»Ja. Wahrscheinlich. Ich glaube, ich wünsche mir nur das Gefühl von früher zurück. Wie es ist, wenn einem nicht ständig jemand im Nacken sitzt. Wenn man sich nicht alle paar Meter umdrehen und ständig wachsam sein muss.«

Espers Blick fällt auf meine Hand, mit der ich mir gerade den Schirm meiner Cap tiefer ins Gesicht gezogen habe. Ich schnaube.

»Wie ich sagte.«

Er lacht leise und drückt mich.

»Das heute Morgen ... bei dem Einsatz.« Ich schüttle den Kopf und sehe ihn an. »Ich wollte Luc nicht davon erzählen, aber es war knapp. Richtig knapp.« Er will einhaken, aber ich hebe die Hand. »Vergiss, was Nika gesagt hat. Die hat die Hälfte davon nicht mitgekriegt. Ich begreife es selber noch nicht, aber es war, als wüssten Nathalies Leute vor mir, wo ich sein würde. Jedes Mal, wenn ich dachte, ich hätte sie abgeschüttelt, sind sie wie aus dem Nichts aufgetaucht. Das war echt unheimlich.«

»Hatten sie Videoüberwachung auf dem Gelände?« Esper betrachtet mich stirnrunzelnd. »Eine Drohne vielleicht?«

»Nein. Zumindest haben wir nirgends etwas gesehen.« Ich schweige einen Moment. »Und selbst wenn, manchmal haben sie mich sogar aufgespürt, als ich in Deckung war.«

»Du meinst, so als ... so als würdest du deine Koordinaten funken? Als hätten sie dir einen Peilsender implantiert?«

Entsetzt starre ich Esper an. Meine Gedanken rasen, ich gehe jeden Moment bei Bioverse noch einmal durch. Hätten sie das tun können, ohne dass ich es gemerkt hätte? Habe ich irgendwo unter der Haut einen Chip? Ich balle die Fäuste, um mich davon abzuhalten, meine Arme, meinen Nacken, meine Kopfhaut abzutasten.

Beunruhigt schaut Esper sich um und zieht mich weiter. Ich bekomme gar nicht mit, wohin wir gehen. Nur allmählich beruhigt sich mein Herzschlag wieder.

»Nein, das glaube ich nicht«, antworte ich schließlich. »Ich hatte nie eine Wunde, einen Schnitt oder so. Und Nathalie war sich ihrer Sache so sicher, sie hätte mir bestimmt gesagt, wenn sie mir etwas eingesetzt hätten.«

Aber ein letzter Zweifel bleibt. Bis meine Gedanken an etwas hängen bleiben, was Esper eben gesagt hat.

… als würdest du deine Koordinaten funken …

Meine Hand gleitet in die Tasche, in der ich Leos Pappefetzen aufbewahre. Und plötzlich weiß ich, wo ich ihn finde.

13

Mein erster Weg führt mich zu einem Parkhaus südlich der Innenstadt. Dort wartet in einer Ecke unser mintfarbener Minicamper auf mich. Mit Geduld und viel gutem Zureden springt er auch an und ratternd machen wir uns auf den Weg nach Norden.

Mein Herz schlägt so schnell, dass mir beinahe schlecht wird. Was erwartet mich, wenn ich zu Leo fahre? Wird es so sein wie zuvor? Oder hat sich das Misstrauen so tief in mich hineingefressen, dass ich ihm nicht werde zuhören können?

Was hat er mir überhaupt zu erzählen? Innerlich verfluche ich Esper und Luc, weil sie mich so weit gebracht haben. Es wäre so viel sicherer gewesen, in der Stadt zu bleiben und zu versuchen, Leo zu vergessen. Stattdessen überschwemmen mich die Erinnerungen an ihn, die guten, und ich muss jedes Fitzelchen Disziplin aufbringen, um meine Hoffnungen nicht zu hoch zu schrauben.

Erst werde ich mir anhören, was er zu seiner Verteidigung zu sagen hat. Und dann sehen wir weiter.

Genervt drehe ich das Radio bis zum Anschlag auf, um die Stimme in meinem Kopf zu übertönen, die mich gerade auslacht.

Immer wieder streicht mein Finger über das Stück Pappe, das Esper mir gegeben hat. Die Kanten sind zerfranst, aber ich habe die Ziffern nun so oft ertastet, dass ich die beiden Reihen auswendig kann.

Die Koordinaten zum Haus am See.

Ich weiß es so sicher wie meinen Namen.

Und das beschleunigt meinen Herzschlag zum hundertsten Mal.

Leo hat mir das Wertvollste anvertraut, was er besitzt. Sein einziges Refugium. Den Ort, den Nathalie nicht kennt.

Es ist keine Falle, das weiß ich. Es ist Leos Bitte um ein Gespräch und – vielleicht – um einen Neuanfang.

Bei Sonnenuntergang haben die Solarzellen die Batterie voll aufgeladen. Ich lege eine kurze Pause ein, esse eine Dose eingelegte Pfirsiche, die ich ganz hinten in einem Regal finde, dann präge ich mir zum hundertsten Mal die Route ein, die ich auf der Karte eingezeichnet habe. Einer Straßenkarte von 2029, keine Ahnung, wo Luc das alte Ding aufgetrieben hat. Er fand es ungemein witzig, dass ich auf so antiquierte Methoden setze, obwohl er mir extra noch eins seiner wertvollen Smartphones besorgt hat. Doch auch das nützt mir nichts zur Navigation, wenn ich das GPS nicht einschalten kann, und ich will auf keinen Fall riskieren, dass ich getrackt werde. Nicht wenn es um Leos Hütte geht. Genau deswegen habe ich auch eins von Lucs Autos abgelehnt. Wenn ich mit einem geklauten Wagen in eine Kontrolle gerate, bin ich am Arsch.

Der Nachteil ist, dass meine Klapperkiste eher gemütlich unterwegs ist. Aber das lässt sich nicht ändern. Im Notfall fahre ich die ganze Nacht durch.

Doch als ich in den Himmel aufblicke und sich im Osten die ersten Sterne zeigen, nehme ich das als gutes Omen. Ich bin auf dem Weg zu Leo. Alles andere wird sich finden.

Es ist weit nach Mitternacht, als ich an der Hütte ankomme. So sehr ich ihre Abgeschiedenheit bei meinem ersten Besuch geliebt habe, jetzt bin ich nur genervt, weil ich mir die Arme und Beine an trockenem Gestrüpp und Dornenranken zerkratzt habe und wahrscheinlich am ganzen Körper Mückenstiche habe, so groß wie Tischtennisbälle. Vielleicht hätte ich im Camper auf den Morgen warten sollen, statt mich quer durch den Wald zu schlagen, aber plötzlich kam es mir unerträglich vor, Leo noch einmal ein paar Stunden lang nicht zu sehen.

Und jetzt bin ich ja da.

Die Hütte ragt in der Dunkelheit vor mir auf, auch mitten in der Nacht wirkt der Winkel ihrer einen Seite seltsam. Dabei weiß ich jetzt, dass die komplette Seeseite verglast ist und ein riesiger Holzladen das Fenster schützt, wenn niemand da ist. Der Steg ist von hier nicht zu sehen, aber ich höre die sanften Wellen des Sees, die auf dem Kiesstrand auslaufen. Bei dem Geräusch merke ich, wie müde ich bin. Ich strecke die Hand aus und lehne mich einen Moment an die Bretterwand. Es ist, als würde ich nach Hause kommen.

Ich hole tief Luft, hebe den Kopf und drücke vorsichtig die Klinke der Eingangstür herunter. Es ist abgeschlossen. Nach dem langen Fußmarsch versuche ich, diese unnötige Vorsichtsmaßnahme nicht persönlich zu nehmen, sondern Leos natürliche Umsicht gutzuheißen. Doch dann beschleunigt sich mein Puls, als sich ein anderer Gedanke in meinem Hirn breitmacht: Was, wenn er gar nicht da ist? Wenn ich ihn zu lange habe warten lassen?

Ärgerlich schüttle ich den Kopf und bringe die panischen Gedanken zum Schweigen. Nach kurzem Überlegen entscheide ich mich dafür, nicht zu klopfen, sondern um die Hütte herum zum Steg zu laufen. Auf den Planken streife ich meine Schuhe von den Füßen und gehe barfuß weiter.

Der Fensterladen steht offen. Es ist jemand hier.

Die Erleichterung macht mich ganz schwindlig. Mit ein paar Schritten bin ich an der Schiebetür. Der Vorhang ist offen, und auch wenn der Wohnraum dunkel ist, erkenne ich oben auf der Galerie ein schwaches Leselicht.

Noch einmal atme ich tief durch, dann klopfe ich leise.

Nichts passiert.

Ich klopfe erneut, ein wenig lauter, aber noch immer rührt sich drinnen nichts. Vorsichtig lehne ich mich gegen den Türrahmen. Er gibt nach, Leo hat die Tür nicht richtig verriegelt. Diese Widersprüchlichkeit bringt mich zum Grinsen. Manchmal ist es schön zu wissen, dass auch Leo nicht perfekt ist.

Ohne ein Geräusch zu verursachen, schiebe ich die Glastür auf, trete ein und schließe sie wieder. Die Geräusche der Nacht bleiben hinter mir zurück, Stille umfängt mich. Ein paar Sekunden höre ich gar nichts, dann haben sich meine Ohren an die neue Umgebung gewöhnt und ich nehme das Surren des Kühlschranks wahr, das Summen der Haustechnik und von der Galerie tiefe, gleichmäßige Atemzüge.

Anscheinend ist Leo beim Lesen eingeschlafen.

Barfuß steige ich die Treppe hinauf. Ich weiß, dass ich mich bemerkbar machen sollte, aber plötzlich ist das alles nicht mehr so einfach. In der Stille werden die Zweifel lauter. Ich brauche noch einen Moment.

Der Lichtkegel der Leselampe reicht nicht weit, doch er genügt, damit ich Leo sehen kann. Er liegt auf dem Rücken, das Buch, das er gelesen hat, aufgeschlagen auf seiner Brust. Es ist irgendein Krimiklassiker, wahrscheinlich kennt er ihn schon auswendig. Vorsichtig greife ich danach und klappe ihn zu, damit der alte Band keinen Schaden nimmt. Leo rührt sich noch immer nicht.

Seine rechte Hand hängt aus dem Bett und ich strecke den Arm aus und streiche leicht darüber. Ich will ihn nicht erschrecken. Doch darüber muss ich mir anscheinend keine Gedanken machen, denn er schläft weiter, genauso fest wie zuvor.

Unschlüssig überlege ich. Soll ich mich unten aufs Sofa legen und warten, bis er aufwacht? Das wäre auf jeden Fall die höflichste Variante, aber etwas lässt mich zögern. Ich habe mich noch nicht getraut, ihm ins Gesicht zu schauen, doch jetzt betrachte ich ihn. Er sieht aus wie immer, ein bisschen zu brav, wenn man weiß, wie er wirklich ist, und so makellos, wie es nur Leute sein können, die in Sicherheit und Wohlstand aufgewachsen sind. Auf seinen Wangen zeigt sich ein erster dunkler Schatten, und vielleicht liegt um seine Lippen ein entschlossener Zug, der vorher nicht da war. Doch alles in allem ist es Leo. Mein Leo, so wie er war, als ich nicht wusste, dass er Cyprian heißt.

So schwer es mir gefallen ist, ihn richtig anzusehen, kann ich jetzt den Blick nicht von ihm wenden. Umständlich setze ich mich vor dem Bett auf den Boden und nach kurzem Zögern schiebe ich meine Hand in seine. Seine Finger zucken, so als wüsste er, dass ich da bin, aber noch immer holt es ihn nicht aus dem Schlaf.

Sein gleichmäßiger Atem besänftigt das Chaos in meinem Kopf und meinem Herzen. So war es immer schon. Ich bleibe sitzen und mein Daumen streicht über seinen Handrücken, aber ich lege den Kopf auf die Matratze und schaue durch die Streben der Galerie hinaus in den Nachthimmel. Und irgendwann schleichen sich meine Gedanken davon und ich schlafe ein.

Ich wache auf, als jemand scharf einatmet.

»Vega!«

Hände greifen nach mir und ziehen mich hoch und plötzlich sitze ich auf einer weichen Unterlage und ich fühle Berührungen, Fingerspitzen an meinen Wangen, Lippen an meiner Stirn, Arme um meine Schultern. Und dann sind die Berührungen fort und ich schaue in riesige graue Augen. Leo hat Abstand zwischen uns gebracht, als wüsste er nicht, welche Grenzen er überschritten hat.

Ich glaube, wir brauchen beide mindestens zehn Sekunden, bis wir endlich richtig wach sind.

Und dann fangen die grauen Augen an zu strahlen, und ich springe aus dem Bett, doch die Augen strahlen immer noch, auch wenn wir nur starren und schweigen. Seine Haare stehen in alle Richtungen ab, aber ich bin sicher, dass meine nicht besser aussehen. Und garantiert ist meine linke Wange voller Liegefalten.

Ich glaube, ich habe verlernt zu reden.

Da sind so unendlich viele Gedanken, Fragen, Zweifel und nichts davon kann ich in Worte fassen.

Was Leo sagt, flüstert, ist: »Es tut mir leid.«

Und diese vier Worte sind das Ende. Das bisschen Kraft, das mich hierhergebracht hat, versiegt, und ich fange an zu weinen, wie ich bei Bioverse hätte weinen wollen und es mir nicht erlaubt habe. Ich spüre Leos Daumen, der über meinen Handrücken streicht, vorsichtig und beruhigend, und ich bin so erbärmlich, weil mir das nicht reicht, weil ich so viel mehr will, obwohl ich doch nicht weiß, was ich glauben soll. Ich lasse mich aufs Bett fallen, und er fängt mich auf mit offenen Armen, und durch mein Schluchzen hindurch höre ich, wie er seufzt. So als würde eine tonnenschwere Last von ihm abfallen.

In dem Moment, in dem er mich an sich zieht, ist mir alles egal, mein Stolz, meine Zukunft, alle Gefahren, die ich hier sehenden Auges eingehe, ich will ihn nur spüren, ihn atmen, von ihm gehalten werden. Und das tut er. Ich heule Rotz und Wasser, und der einzige Grund, warum ich mich nicht auflöse, ist die Beständigkeit seiner Arme, seiner Brust, seiner Hände, die über meine Haare und meinen Rücken streichen. Hier im Morgengrauen, auf diesem Bett, ist er wieder mein Leo, und Nathalie kann mich mal.

Irgendwann sind meine Tränen aufgebraucht. Ich will den Kopf nicht heben, mich nicht aus Leos Umarmung schälen, also tue ich so, als wäre nichts. Als wäre es völlig normal, hier gemeinsam zu sitzen, und es würde kein Ozean aus ungesagten Worten zwischen uns liegen. Aber, wie sollte es anders sein, mein Magen verrät mich.

Er knurrt so laut, dass ich praktisch die Fensterscheiben klirren höre.

Leo räuspert sich, doch ich höre genau, dass er nur ein Lachen übertönen will.

Ganz vorsichtig lehnt er sich zurück und sieht mich an. »Setz dich ans Wasser, okay? Ich mache Frühstück.«

Ich muss mich zusammenreißen. Ich darf ihn nicht anstarren wie ein Reh im Scheinwerferlicht.

»Kann ich schwimmen gehen?«, frage ich.

Wieder leuchten seine Augen auf. »Klar. Wo die Handtücher sind, weißt du ja.«

»Und kann ich mir vielleicht ein paar Klamotten von dir leihen?«

Jetzt runzelt er die Stirn. Er weiß, was die Frage bedeutet: dass nichts übrig ist von meinem früheren Leben. Dass ich nichts mehr habe, nur noch die sprichwörtlichen Kleider am Leib.

»Ich lege dir was raus.«

Seine Stimme ist wie seine Augen, grau und samtig, und ich könnte mich darin einkuscheln und nie wieder aufstehen. Aber das ist keine Option. Rückwärts rutsche ich aus dem Bett und tapse die Treppe hinunter, schnurstracks zum Bad. Der Blick in den Spiegel ist so befremdlich, dass ich sofort die Augen senke und nach einer Minute mit einem Handtuch bewaffnet wieder in den Wohnraum trete.

»Such dir was aus.« Leo lächelt vorsichtig und deutet auf einen Stapel auf dem Sofa. Einige der Sachen gehören ihm, aber ich raffe ein paar Teile zusammen, die von seiner Mutter stammen. Das kommt mir etwas weniger intim vor, als eins seiner T-Shirts zu tragen.

Der Morgen ist golden und orange und graublau. Dunst hängt wie ein Schleier über dem See und die Wellen rollen sanft auf dem Kiesstrand aus. Es ist genauso friedlich, wie ich es in Erinnerung habe, so als könnte die Welt diesem Ort nichts anhaben, als wären alle Kämpfe dort draußen – um Geld, um Macht, ums Überleben – hier einfach nicht wahr. Ein paar Enten dümpeln in einer kleinen Bucht dahin und fliegen auf, als ich über den Steg laufe. Wann hat sich die Luft das letzte Mal so kühl und frisch auf meiner Haut angefühlt? So sauber?

Plötzlich halte ich es nicht mehr aus. Ich renne die letzten

Schritte zum Ende des Stegs, streife meine verdreckten Klamotten ab und springe ins Wasser. Mein Herz setzt einen Moment aus, weil der See unerwartet kühl ist, aber dann fühlt es sich himmlisch an. Mir fällt wieder ein, dass ich keine geübte Schwimmerin bin, und paddle ein bisschen um den Steg herum, aber hauptsächlich lasse ich mich treiben. Hier im Wasser fühle ich mich, als wäre ich jemand ganz anderes. Jemand, dessen Haut nicht ständig zu trocken ist, dem der Staub nicht zwischen den Zähnen knirscht und unter dessen Nagelrändern sich nicht hartnäckig der Schmutz hält. Der nicht ständig das Gefühl hat, verschwitzt und dreckig zu sein.

War so früher das Leben? Für alle? Nicht nur für die Reichen?

Ich will das alles gerade nicht denken. Ich will nur sein, an diesem strahlenden Morgen, an diesem verzauberten Ort, von denen es auf der Welt wahrscheinlich nicht mehr viele gibt. Die ersten Sonnenstrahlen wagen sich gerade über die Baumwipfel und malen gleißende Lichtreflexe auf die Wellen. Ich atme ein, diese Luft, die so voller Feuchtigkeit ist, und langsam wieder aus, und dann ziehe ich mich auf den Steg, trockne mich ab und schlüpfe in Unterwäsche, Hoodie und Hose.

Als Leo dreißig Sekunden später die Tür der Hütte aufschiebt, weiß ich, dass das Frühstück längst fertig ist und er gewartet hat, bis ich angezogen bin. Seine Höflichkeit bringt mich zum Schmunzeln.

Schritte kommen den Steg entlang, neben mir geht er in die Hocke und stellt ein Tablett ab. Dann setzt er sich wortlos auf die andere Seite und reicht mir einen Becher Kaffee.

First things first.

Wir plätschern mit den Füßen im Wasser, nippen am Kaffee und schweigen. Und in der Stille breitet sich ein Verständnis zwischen uns aus, das nichts mit dem Koffein und auch nichts mit seiner Nähe zu tun hat. Die Hoffnung, die ich all die Wochen kleingehalten habe, die mir in den dunkelsten Nächten die Luft abgeschnürt hat, wächst jetzt wie ein Baum.

»Du hast Nathalie nichts von mir verraten, oder?«, frage ich, als nur noch ein kleiner, kalter Rest Kaffee in meiner Tasse ist.

Leo zögert. »Nicht nach dem ersten Tag.«

Also war er in Nathalies Auftrag oder zumindest auf ihren Vorschlag hin in der Gartensiedlung. Dass er das jetzt nicht abstreitet, macht es einfach, den Rest zu glauben.

»Als uns die Wettermacher durch die Unterstadt gejagt haben und du diesen Hagelsturm von uns weggeschickt hast«, sagt er und räuspert sich, »da war mir klar, dass ich erst rausfinden muss, was es mit deiner Gabe auf sich hat. Irgendeine neue Technologie … das wäre das eine gewesen. Damit hättest du ein Vermögen verdienen können, wenn du mit Bioverse zusammengearbeitet hättest. Aber das, was du kannst?« Er sieht mich an und starrt dann wieder in seine Tasse. »Ich musste erst darüber nachdenken, ob ich dir schade, wenn ich Nathalie davon erzähle.«

»Tja, die Frage ist jetzt wohl beantwortet.«

Leo schluckt, dann nickt er langsam. Es kommt mir vor, als müsste er sich alles von der Seele reden, als hätte er nur diese eine Chance, reinen Tisch zu machen. »Die Gewitterstürme … Ich hab das alles ewig nicht verstanden. Ich hab nicht begriffen, dass sie alles getan hätte, um dich zu Bioverse zu locken.«

»Aber was hat sie sich davon versprochen?«, unterbreche ich ihn. »Wieso dachte sie, die Gewitterstürme bringen mich zu ihr?«

Leo schnaubt. Diesmal sieht er mich richtig an. »Weil sie kapiert hat, wie du tickst. Dass du Menschen um jeden Preis beschützen würdest. Selbst wenn deine Gabe dich dabei umbringt. Früher oder später hättest du ihr deinen Standort verraten.«

Diesmal schaue ich weg. Big T tut jetzt nichts zur Sache. Ich will hören, was er zu seiner Verteidigung vorbringt. Nicht darüber reden, wofür es keine Rechtfertigung gibt.

»Diese ganze Geschichte im Chemiewerk …« Aus dem Augenwinkel erkenne ich, dass sich Leo übers Gesicht reibt. Er stellt seinen Becher weg. »Es war eine Falle, klar, aber sie war schlau eingefädelt. Nathalie hat Laura die Infos praktisch zugespielt. Und dann hätten wir schon verdammt viel Glück gebraucht, wenn sie nicht irgendjemandem zurück zu EcoQuest hätten folgen können.«

»Da mussten sie mich nicht mal auf dem Gelände der Fabrik schnappen«, murmle ich.

»Nein.«

Ich denke an diese Tage bei EcoQuest, die vielen Fragen, die uns umtrieben.

»Wann wusstest du, dass Nathalie hinter den Gewitterstürmen steckt?«

Jetzt steigt Leo doch die Röte ins Gesicht. »Den ersten Verdacht hatte ich hier. An dem Tag, an dem wir zurück in die Stadt gefahren sind.«

Ich erinnere mich an ein Telefonat, das er hier draußen auf dem Steg geführt hat. Damals behauptete er, er würde sich um die Verwaltung der Hütte kümmern. Ich sage nichts dazu, auch wenn es wehtut, dass er mich angelogen hat. Damals wusste er noch nicht alles über Nathalie, was er jetzt weiß. Und dass er seiner Familie gegenüber loyal sein wollte, kann ich verstehen.

Leo merkt gar nicht, dass meine Gedanken abdriften. Ich konzentriere mich wieder auf seine Worte. »... EcoQuests Ressourcen genutzt, um mir ein klareres Bild zu verschaffen. Es kam mir so verrückt vor.«

Oder skrupellos. Aber das muss ich nicht laut sagen, es schwingt in seinen Worten mit.

»Und die Fotos, die Laura gefunden hat? Von dir und deinem Großvater und Nathalie?«

Leo presst die Lippen aufeinander. »Die hat Nathalie Laura auch vor die Nase gesetzt. Von meiner Familie gibt es so gut wie keine Aufnahmen im Netz, sie hätte also nichts finden können, wenn Nathalie nicht dafür gesorgt hätte. Aber da wusste ich sowieso schon, dass ich aufgeflogen war.«

»Bei EcoQuest?«

Er nickt knapp. »Dieser Serverraum im Keller ... Das war absoluter Humbug. Ich hätte es sofort erkennen müssen, dass dort niemand arbeitet. Aber es kam mir wie die beste Möglichkeit vor, EcoQuest etwas Brauchbares gegen Bioverse zu liefern. Dann hätten sie dich endlich in Ruhe gelassen. Ich war kaum im System drin, als mir schon klar war, dass Nathalie uns genau da hatte, wo sie uns haben wollte. Und dass sie wusste, dass ich bei EcoQuest war. Dass sie mich auffliegen lassen würde, war nur eine Frage der Zeit.«

»Und trotzdem hast du mich zurück zur Zentrale gebracht?«

Er hebt den Kopf und lächelt mich an, ganz leicht nur. »Ich wollte, dass du vor ihr in Sicherheit bist.«

Mir schwirrt der Kopf. Wie viel ich damals nicht kapiert habe. Ich gebe ein Geräusch von mir, das verdächtig nach einem Knurren klingt, und greife in den Brotkorb.

»Ich muss jetzt erst mal was essen.«

Leo beginnt zu grinsen. Er schüttelt den Kopf, ich sehe es genau, doch nach ein paar Sekunden nimmt er sich ebenfalls ein Brötchen.

Ich habe meines schon zur Hälfte vertilgt, als mir aufgeht, dass Brötchen nicht gerade an Bäumen wachsen. »Kriegst du immer noch regelmäßig Lieferungen hierher?«

»Schon. Aber die hab ich selber gebacken.«

Verblüfft starre ich ihn an.

Leo zuckt mit den Schultern. »Ich brauche einen Ausgleich zu dem ewigen Grübeln.«

Leise lache ich in mich hinein. »Ich liebe nützliche Hobbys.«

Eine Weile kauen wir schweigend vor uns hin. Ich genieße das Gefühl, wie sich mein Magen langsam füllt, den schieren Luxus, so viel Aprikosenmarmelade essen zu können, wie ich will. Die Wärme, die sich über meine Haare und Schultern breitet, je höher die Sonne steigt.

»Worüber grübelst du nach?«, frage ich irgendwann.

Leo schweigt einen Moment, als müsste er überlegen, wo er anfangen soll.

»Von Anfang an haben wir uns auf die Gewitterstürme konzentriert«, sagt er dann. »Wir dachten die ganze Zeit, das wäre Wettermachen in bisher ungekannten Ausmaßen.«

»Und das denkst du jetzt nicht mehr?«

Er zuckt mit den Schultern. »Das, was du erlebt hast – diese Zielgerichtetheit –, das kam mir komisch vor. Es klang beinahe danach, als würde es noch jemanden wie dich geben.« Er grinst mich an. »Das halte ich für ausgeschlossen.«

Ich ziehe meinen linken Fuß so durchs Wasser, dass die aufspritzenden Tropfen Leo treffen, aber die Brötchen verschonen.

Er schmunzelt. »Wenn wir aber ausschließen, dass es einen anderen Menschen gibt, der Wetterverhältnisse mit größter Schnelligkeit und Präzision beeinflussen kann, und bekannte Wettermodifikationstechniken zu schwerfällig sind für die Phänomene, die du beobachtet hast, müssen wir davon ausgehen, dass Nathalie einen neuen Weg eingeschlagen hat.«

Das Grinsen, das sich dank Leos wissenschaftlicher Ausdrucksweise auf mein Gesicht geschlichen hat, gefriert. »Moment, was? Du glaubst, Nathalie hat gar kein Programm, das die Arbeit von Wettermachern imitiert?«

Soll das heißen, dass unsere Angriffe auf Bioverse' Infrastruktur sinnlos waren?

»Doch, schon.« Leo betrachtet mich stirnrunzelnd. »Damit hat sie angefangen. Die Idee war, die kleinteilige Arbeit von Wettermachern zu standardisieren und zu optimieren. Menschliche Fehlkalkulationen – falsch dosierte Chems zum Beispiel – wären damit ausgeschlossen.«

Ich schnaube. »Das hat ja prima geklappt in der Gartensiedlung. Die Chems, die Bioverse da ausgebracht hat, hätten einen ganzen Stadtteil plattmachen können.«

Leo nickt. »Ich glaube, das war die Testphase. So richtig kam das Programm erst im Bahnhofsviertel zum Einsatz.«

Ich überlege einen Moment. »Als ich zum ersten Mal einen Willen gespürt habe.«

Wieder nickt er. »Wahrscheinlich hat sie eine ganze Weile gar nicht kapiert, was da passiert. Warum das Programm anders reagiert, als es sollte. Erst als sie die Verbindung zu dir gezogen hat, ist ihr klargeworden, dass sie viel zu klein gedacht hat.«

»Zu klein gedacht? Mit einem Netzwerk aus Wetterstationen in ganz Deutschland?«

Leo deutet mit dem Finger auf mich. »Ja, aber genau das macht das System teuer und anfällig, oder? Nathalie hat kapiert, dass das Programm mit all seiner ausgeklügelten Infrastruktur immer eine Krücke bliebe im Vergleich zu dir. Es wäre weiterhin auf Drohnen und Chems angewiesen.«

»Und das reicht ihr nicht mehr?«

Er schüttelt den Kopf. »Sie will das, was du kannst.«

»Und das ist der neue Weg, von dem du gerade geredet hast?« Meine Gedanken überschlagen sich. Wenn Leo recht hat, wenn Nathalie uns schon wieder einen Schritt voraus ist, dann muss sie über Nikas Aktionen gelacht haben.

»Aber wie soll das gehen?«, frage ich. »Wie will sie meine Gabe nachahmen?«

Leos Blick geht hinaus aufs Wasser. »Das weiß ich nicht. Noch nicht.«

Schweigend sitzen wir da, und nur mit Verzögerung nehme ich wahr, dass Schäfchenwolken aufgezogen sind, die die zunehmende Wärme des Tages erträglich machen.

»Also war das der Grund, warum sie mich entführt hat. Nicht um ihr Wettermanipulationsprogramm zu verbessern, sondern um eine ganz neue Technologie zu erfinden.«

Eine Sekunde lang erstarrt Leo, so als würde ihn die Vorstellung erschrecken, dann atmet er aus. »Für Nathalie bist du der Schlüssel zu allem. Durch dich wird das System zu einer Wettermaschine. Vorausgesetzt, Nathalie hat ausreichende Ressourcen *und* Zugriff auf das Wechselspiel zwischen deiner Gabe und dem Wettergeschehen, kann sie das Wetter an jedem beliebigen Ort der Erde kontrollieren.«

Ein Zittern geht durch meinen Körper. Oder vielleicht ist es das Beben, das die Welt erschüttert, das die Wellen auf dem Kiesstrand lauter rauschen, die Wolken schneller ziehen lässt.

»Sie könnte die Welt verändern«, flüstere ich.

»Oder sie beherrschen«, antwortet Leo.

Über das Frühstückstablett hinweg greife ich nach seiner Hand. Er erwidert den Druck, und nur diese Erinnerung daran, dass wir zu zweit sind, hindert mich daran, laut schreiend aufzuspringen, in den Wald zu rennen und hoffentlich nie wieder daraus hervorkommen zu müssen. Es scheint wie eine unmögliche Aufgabe: Nathalie davon abzuhalten, ein Werkzeug zu entwickeln, das jeden einzelnen Menschen auf der Welt von ihrem Willen abhängig macht. Oder dem Willen eines anderen machtgierigen Wahnsinnigen. Denn selbst wenn Nathalie versuchen würde, ihr Programm für das Wohl der Menschheit einzusetzen – Leute würden dafür töten, es in die Hände zu bekommen. So wie Nathalie Esper getötet hätte, wenn ich ihr nicht gegeben hätte, was sie wollte.

»Wie weit ist sie, was denkst du?« Ich schaue Leo an. »Bin ich früh genug entkommen?«

»Ich hoffe es«, sagt er. Er sieht so schrecklich müde dabei aus, dass ich den Blick abwenden muss.

»Das ist alles so absurd«, murmle ich. »Vor ein paar Wochen dachte ich, mein größtes Problem wäre, zwanzig Jahre lang Schadenersatz zahlen zu müssen, wenn ich nicht herausfinde, was wirklich passiert ist. Jetzt weiß ich, was passiert ist … und plötzlich müssen wir die Welt retten.«

14

Den Rest des Tages sind wir supervorsichtig miteinander. Jetzt hier in der Hütte zu sein – das ist so völlig anders als im Juni. Beim letzten Mal waren die Gewitterstürme beinahe wie ein Spiel, ein Rätsel, in das wir uns verbissen hatten. Wir waren so weit weg von allem, dass es uns irgendwann vorkam, als ginge es uns nichts an, was in der Stadt geschah. Wir lenkten uns gegenseitig ab, bis es wichtiger schien, zusammen zu sein, als etwas herauszufinden.

Seitdem ist so viel passiert. Ich weiß noch nicht, ob ich je dahin zurückkomme, wo Leo und ich vor der Entführung waren. Er macht es mir so einfach, in unseren entspannten Trott zu fallen, doch ein Teil von mir bleibt wachsam. Vielleicht auch deswegen, weil wir nicht unsretwegen hier sind. Ich darf mich jetzt nicht ablenken lassen, und mit Leo wieder glücklich zu sein, würde mich definitiv ablenken.

Als es dämmert, zündet Leo ein Feuer am Strand an. Ich weiß nicht, ob er es beabsichtigt, aber natürlich erinnert es mich an unseren ersten Abend hier in der Hütte. Wir grillen Käsesandwiches, und es ist so schön und normal, dass ich weinen könnte. Mit der Sonne verschwinden die Wolken und bald funkeln über uns Millionen Sterne. Es gibt nirgendwo mehr Sterne als hier an unserer Hütte.

Es wird früher kühl als im Juni, und als ich zum dritten

Mal fröstle, rückt Leo näher und zieht seinen Hoodie aus. »Hier.«

Ich spiele unser altes Spiel und lehne ab, doch er geht nicht auf meinen Protest ein, sodass ich mir albern vorkomme und nach dem Pulli greife. Gerade noch rechtzeitig, solange die Fasern Leos Körperwärme speichern.

Der Stoff auf meiner Haut ist purer Luxus. Er fühlt sich an wie eine Berührung, und ich weiß, ich stehe so gefährlich nah am Abgrund, dass es nicht mehr braucht als einen Hauch, um mich über die Kante zu stoßen. Ich wende das Gesicht ab und schlucke. Mein Herz tut weh, wenn ich daran denke, wie verraten ich mich gefühlt habe. Ich war mir sicher, dass Leo mich die ganze Zeit belogen hatte, dass nichts mehr Bedeutung hatte, was mich zuvor glücklich gemacht hatte. Jetzt sehe ich, wie viel Mühe er sich gibt, mein Vertrauen zurückzugewinnen, wie viel Schmerz ihm die letzten Wochen bereitet haben, und trotzdem habe ich Angst. Wenn meine Gefühle für ihn nicht so stark wären, müsste ich weniger Angst haben.

Ich schlucke wieder und merke erst jetzt, dass mir die Tränen über die Wangen laufen.

»Vega«, flüstert Leo, und er klingt so hilflos, dass ich das Feuer verfluche und die Sterne, denn diese Tränen hätte ich für mich behalten wollen.

Minutenlang bleiben wir sitzen wie eingefroren, ich mit den Armen um die angezogenen Knie, Leo ein paar Zentimeter von mir entfernt. Ist das nah genug oder zu nah – ich weiß es nicht.

»Ich wünschte, du hättest das alles nicht aushalten müssen«, sagt er, als das Feuer zu Glut heruntergebrannt ist.

»Was?«, frage ich und beiße mir im gleichen Moment auf die Zunge. Dämlich. All diese Dinge – sicher ist es besser, wenn ich nie wieder darüber nachdenke, nie wieder darüber rede.

»Das«, antwortet er, und sein Finger streicht sanft über den Striemen an meinem Handgelenk. Er ist fast verheilt, nur noch eine kleine Erhebung ist zu spüren. »Und das.« Sein Finger wandert zu der Wunde an meiner Schläfe. »Oder die Angst um Esper. Oder … oder dass ich da war, aber nicht geholfen habe.«

Seine Worte fallen in den See wie Steine. Ich weiß nicht, wie ich darauf antworten soll. Ich weiß nicht, wie ich die Tage in der Zelle in kleine, unbeholfene Sätze pressen soll.

Also sage ich etwas, was es uns vielleicht beiden leichter macht. »Esper hat erzählt, dass er freiwillig mit dir mitgekommen ist.«

Leo schnaubt. »Freiwillig, ja. Aber es ist ein Unterschied, ob man vorher weiß, dass man gefoltert wird.«

Manchmal kann er brutal sein.

Ich ersticke fast an den nächsten Worten, aber sie müssen raus: »War es wirklich der einzige Weg?«

Leo versteht sofort. »Dich zu beschützen? Ja.« Er dreht sich halb zu mir, sodass ich im roten Licht sein Gesicht sehen kann. »Ich musste Nathalie etwas bringen, was den letzten Zweifel ausräumt. Sie hat mich jede Minute belauert, als ich zurückgekommen bin.« Er sucht meinen Blick und erkennt darin wahrscheinlich, dass ich keinen Schimmer habe, was nach meiner Entführung passiert ist. »Als sie mich bei EcoQuest rausgeworfen haben, bin ich in der Nähe geblieben.«

An der Art, wie er die Lippen aufeinanderpresst, erkenne

ich, dass Inez und Cem nicht gerade zimperlich mit ihm umgegangen sind. Cem traue ich sogar zu, dass er ihn hat glauben lassen, sie würden irgendwo eine Grube für ihn ausheben. Unwillkürlich strecke ich die Hand aus und drücke sein Knie. Er antwortet mit einem schmalen Lächeln.

»Ich wusste ja nicht, was EcoQuest mit dir vorhatte … Ich dachte, wenn ich den richtigen Moment abpasse, könnte ich mit dir reden. Und dann sind plötzlich drei EUV an mir vorbeigerast, und ich wusste, etwas ist passiert.« Nach einer kleinen Pause fährt er fort: »Ich bin zurück zum EcoQuest-Gelände, genau in dem Moment, als sie Esper gefunden haben. Er war ohnmächtig, als hätte ihn jemand niedergeschlagen, aber er war nicht verletzt. Ich weiß nicht, wie schnell sie eins und eins zusammengezählt haben, aber mir war sofort klar, dass Nathalie dich in die Finger bekommen hatte. Wie sie es von Anfang an wollte«, fügt er leiser hinzu.

Es stimmt, dass EcoQuest nicht wissen konnte, wo ich abgeblieben war. Auch nach den zwei Stunden, die sie mich nach dem katastrophalen Einsatz im Chemiewerk und Leos Rauswurf in die Mangel genommen hatten, war mir klar, dass ich längst nicht alle von ihnen überzeugt hatte. Nika hat es mir sicher zugetraut, dass ich Esper k.o. schlage, um mit Leo abzuhauen.

»Also bist du zurückgegangen?«, frage ich leise.

Leo nickt. »Tagelang hatte ich praktisch Hausarrest. Ich hatte keine Ahnung, was vor sich geht. *Dass* etwas vor sich geht, war klar, ständig bekamen die beiden Security-Leute, die Nathalie vor meiner Tür abstellte, Updates. Und ich konnte die ganze Zeit nur daran denken, dass ich von außerhalb vielleicht mehr erreicht hätte.«

Er richtet sich ein wenig auf, und ich stelle mich darauf ein, dass mir nicht gefallen wird, was ich jetzt höre.

»Bis ich kapiert habe, dass ich Nathalie etwas geben musste, was sie unbedingt wollte.« Er atmet tief ein. »Einmal am Tag haben wir gemeinsam gegessen. Ich habe es ihr angesehen, dass sie mit dir noch nicht weitergekommen war. Und sie hatte diesen Zug um den Mund, bei dem ich wusste, dass sie dabei war, die Geduld zu verlieren. Tja. Sie hat mir ziemlich deutlich gesagt, dass sie etwas braucht, um mir meinen angeblichen Sinneswandel abzukaufen. Sie wollte ein Druckmittel.«

Seine Worte verhallen in der Dunkelheit. Die Dinge, die uns diese Frau überredet hat zu tun. Das Leid, das wir ihretwegen über Menschen gebracht haben.

»Wie hast du Luc überredet, dir zu helfen?«, wechsle ich das Thema.

Er zuckt mit den Schultern. »Ich wusste, dass Luc an Esper hängt. Also bin ich in die Unterstadt.« Hinter diesen einfachen Worten steckt eine ganze Geschichte, doch ich frage nicht nach. Dafür ist ein andermal Zeit. »Es hat ein bisschen gedauert, bis er mir genug vertraut hat, um zwanzig seiner Leute in Gefahr zu bringen, aber letztlich hat ihn wahrscheinlich auch die Herausforderung gereizt.«

Mein Kopf schwirrt. So viele Menschen, die immer wieder unseren Weg kreuzen und jedes Mal neue Interessen verfolgen. So viele Geheimnisse. Doch sie müssen warten.

»Wie ging es dir? Damit?«

Ich tippe auf die Schulter, die mich bis in meine Albträume verfolgt hat. Leo zieht einen Mundwinkel nach oben und rollt vorsichtig das Gelenk.

»Nur ein Streifschuss, nichts Wildes. Nathalies Art zu sagen, dass beim nächsten Mal auch ein Besuch im Windkanal auf mich wartet.«

Ich schaue ihn böse an, sodass er leise lacht.

»Keine Sorge, solange sie dich nicht erwischt, habe ich nicht vor zurückzugehen.«

Der Gedanke, dass ich bei Weitem weniger von Nathalie zu befürchten habe als Leo, schnürt mir die Luft ab, sodass ich schnell frage: »Was ist danach passiert? Als ihr draußen wart?«

Leo reibt sich übers Gesicht. Er wirkt plötzlich müde, so als würden wir schon viel zu lange über Dinge sprechen, die er am liebsten vergessen möchte. Doch ich weiß so vieles nicht und die Leerstellen in meinem Kopf machen mich verrückt.

»An alles kann ich mich nicht mehr erinnern. Die Schulter hat ziemlich stark geblutet und ich bin immer wieder weggedriftet. Irgendjemand hat Esper und mich zu Boyd gebracht …«

»Boyd!« Ich setze mich kerzengerade hin.

»Ja. Er hat mich zusammengeflickt. Esper ist schon bald wieder verschwunden, aber …« Er braucht gar nicht weiterzureden. Selbst im rötlichen Schein der Glut erkenne ich, dass sein Mund schmal geworden ist. Ganz so harmlos, wie er mir weismachen will, war die Schusswunde also nicht. Ich widerstehe dem Drang, meine Hand auf seinen Arm zu legen, und warte, bis er mich wieder ansieht. Vorsichtig lächelt er. »Na ja, und als ich dann zwei Tage später bei Luc war, meinte er, du wärst über alle Berge.«

Im wahrsten Sinne des Wortes. Ich lächle zurück, aber mir entgeht nicht, dass das noch etwas ist, was Luc vergessen hat zu erwähnen.

Wir schweigen eine Weile. Mein Blick geht über Leos Schulter hinweg zum Himmel, der jetzt fast völlig schwarz ist. Der See plätschert auf den Strand, in weichen, gleichmäßigen Wellen, als wollte er uns sagen, dass alles seinem vorbestimmten Gang folgt und nichts je etwas daran ändern wird. Aber daran glaube ich nicht mehr. Die Erschütterungen, die Nathalie über uns bringen wird, haben die Macht, den Lauf der Welt für immer zu verändern.

»Wir können nicht lang bleiben, oder?«, frage ich irgendwann leise.

Leo klingt schläfrig. »Nur bis wir nicht mehr rumschleichen wie zwei Achtzigjährige.«

Ich grinse. »Sprichst du da von dir selber?«

»Ich sag's ungern, Vega, aber du warst auch schon mal besser in Form.«

Ich pikse ihm meinen Ellbogen in die Seite, und wir fangen an zu kichern, so ausgelassen, dass ich fast meine, die Glut würde wieder aufglimmen und die Sterne würden heller funkeln. Wir albern herum, und ein paar Minuten fühlt es sich so an, als wären wir ganz normale Menschen in einer ganz normalen Welt. Wir wissen beide, dass bei Tageslicht der Wahnsinn umso deutlicher zu erkennen sein wird.

»Du fängst jetzt nicht wieder mit dem Quatsch an, oder?«

Leo sieht auf. Er hat ein Kissen und ein Bettlaken aus einem Schrank gekramt und ist schon dabei, die Couch zu beziehen, als ich aus dem Bad komme. Langsam richtet er sich auf und betrachtet mich. In dem gedämpften Licht, das von der Galerie herunterfällt, sehe ich seine Augen nicht richtig, aber ich weiß auch so, dass wir hier gerade ein stummes Gespräch führen, das wir den ganzen Tag vor uns hergeschoben haben.

Einer seiner Mundwinkel hebt sich. »Eigentlich dachte ich, du könntest diesmal auf dem Sofa schlafen.«

Ich gebe ein Geräusch von mir, das irgendwo zwischen Schnauben und Lachen liegt. Mit ein paar Schritten bin ich an der Couch. Das Kissen, das er auf die Lehne gelegt hat, drücke ich mir vor die Brust.

»Klar.« Und dann kann ich mich nicht beherrschen und schiebe hinterher: »Wenn du das willst.«

Leo schluckt so laut, dass ich es auf zwei Meter Entfernung hören kann. »Du weißt genau, was ich will, Vega.«

Jetzt trete ich doch näher, strecke den Arm aus und nehme seine Hand. Das ist so nah, dass ich ihn nicht auch noch ansehen kann, also folgt mein Blick meinem Daumen, der über seinen Handrücken streicht. »Ich weiß. Ich will das auch. Aber ich … brauche noch Zeit.«

Sein Schlucken ist echt ohrenbetäubend. Jetzt schaue ich ihn doch an, und selbst in dem schummrigen Licht sehe ich, was er denkt: dass er es verkackt hat, dass es nie wieder so sein wird wie vorher, dass ich ihm nie wieder richtig vertrauen kann. Aber allein dass er es denkt und Angst hat davor, gibt mir die Antworten, die ich brauche.

Ich lasse das Kissen auf das Sofa fallen, trete den letzten Schritt vorwärts und schlinge die Arme um ihn. Sofort zieht er mich an sich und seufzt so abgrundtief, dass mein Körper praktisch vibriert.

Es ist überhaupt nicht zu glauben, wie gut sich das anfühlt. Wie gut er sich anfühlt. Das war schon bei unserer ersten Umarmung so, am Tag nach dem Unfall in der Gartensiedlung.

Seine Umarmung ist der einzige Ort auf der ganzen Welt, wo ich niemals Zweifel haben kann, dass alles gut wird.

Er steht so unter Spannung, dass sein Rücken unter meinen Händen bebt, und ich streiche darüber, langsam und vorsichtig, weil an diesem Moment so viel hängt. Irgendwann wird sein Atem in meinem Nacken ruhiger, und ich weiß, dass er es jetzt auch glaubt. Dass alles wieder gut werden kann.

Obwohl es mich all meine Willenskraft kostet, drücke ich ihn ein letztes Mal und löse mich von ihm. Was ich gesagt habe, stimmt: Ich brauche Zeit. Auch wenn ich das Gefühl habe, dass diese Frist gerade um einiges geschrumpft ist.

Wir grinsen beide vorsichtig und dann steuere ich die Treppe an und er das Bad. Nach ein paar Minuten kommt er hoch und auf einmal liegen wir nebeneinander im Bett und es ist absolut richtig.

Ich drehe den Kopf zu ihm und lächle. »Gute Nacht.«

Er lächelt mit den Augen, mit dem Blick, von dem ich mir einbilde, dass er ihn nur für mich reserviert hat. »Gute Nacht.«

Dann greift er nach dem Lichtschalter und wir liegen im Dunkeln.

Leos Atemzüge werden bald tiefer, aber ich glaube nicht, dass er schon eingeschlafen ist. Ich merke kaum, wie es passiert, doch plötzlich sind die warmen Gefühle alle wieder weg und mir schwirren die neuen Rätsel im Kopf herum, die Leos Erklärungen heute geschaffen haben. Ich gleite in diesen Zustand weg, in dem man halb wach, halb schlafend ist. Alles wird eins, alle Stürme, alle Geheimnisse, und ohne dass ich es verhindern kann, lande ich bei Big T. Und schon bin ich wieder hellwach.

Ich lege eine Hand auf meine Brust, weil mein Herz plötzlich hämmert, und versuche, meinen Atem an Leos anzugleichen, aber anscheinend habe ich ein Geräusch gemacht, das ihn aus seiner Entspannung holt. Ich will ihn nicht wach halten, atme tief ein und aus, und tatsächlich beruhigt sich auch mein Puls, bis Leo fragt: »Was ist?«

Eine Sekunde lang bin ich wie erstarrt, dann ringe ich mich zu einem »Hm?« durch.

»Vega«, sagt er, und es klingt beinahe tadelnd. »Den ganzen Tag setzt du schon an, mir was zu erzählen, und dann schluckst du es doch runter. Gerade wieder.«

Mein Herzklopfen vorhin war gar nichts zu dem Hämmern, das jetzt in meiner Brust einsetzt. Ich glaube, er hört es, oder zumindest merkt er, dass ich meinen Mut zusammennehme, denn er wartet geduldig.

Ich will es ihm ja erzählen – oder zumindest will ich es *jemandem* erzählen, damit sich dieses neue Wissen nicht mehr so schwer anfühlt, damit mir jemand vielleicht sagt, dass ich ein Kind war, das einen Fehler gemacht hat, und kein Monster, das alles verdient, was Nathalie ihm angetan hat, und mehr. Aber wenn ich es Leo erzähle, dann wird er es nicht mehr vergessen können. Es wird immer zwischen uns stehen, egal, was aus uns wird. Und ich weiß nicht, ob ich den Zweifel in seinen Augen ertragen kann, ob es nicht doch sicherer wäre, mich in einer Kältezelle einzusperren, damit so etwas wie damals nie wieder geschehen kann.

Fieberhaft suche ich nach Worten, die das, was ich sagen muss, nicht ganz so verabscheuungswürdig klingen lassen, doch was ändern Worte am Inhalt?

Also würge ich, kurzatmig, wie ich bin, hervor: »Ich war das. Mit Big T.«

Eine spezielle Art von Ruhe geht von Leo aus, wie ich sie manchmal schon an ihm bemerkt habe, wenn er sich konzentrieren musste oder in Gefahr war. In der Dunkelheit presse ich die Augen zusammen.

»Ich weiß.«

Vor Überraschung mache ich sie gleich wieder auf. »Was?«

Leo dreht sich auf die Seite, sodass er mich ansehen kann. Ganz so dunkel ist es doch nicht, im Mondlicht, das der See an die Decke wirft, schimmern seine Augen.

»Zumindest habe ich es vermutet«, sagt er sanft. »Wer hat es dir erzählt? Nathalie?«

»Wer weiß es denn sonst noch?« Kerzengerade sitze ich im Bett. Der Gedanke ist mir noch gar nicht gekommen, dass meine Verantwortung für Big T Allgemeinwissen bei Bioverse sein könnte. Was bedeuten würde, dass es nur noch eine Frage der Zeit ist, bis mich jemand an die PAO verrät.

»Nein, niemand. Glaube ich.« Leo streckt den Arm aus und drückt mich zurück aufs Kissen. »So habe ich das nicht gemeint. Ich habe mich gefragt, ob du dich erinnert hast.«

Ich atme tief ein. »Habe ich. Aber erst als Nathalie mir die Zerstörung damals auf Fotos gezeigt hat.«

Leo setzt an, etwas zu sagen, doch ich komme ihm zuvor.

»Moment! Was heißt ›Ich weiß‹? Wie lange schon? Und wolltest du es mir irgendwann erzählen?«

Ich bin so verwirrt, ich weiß überhaupt nicht, warum ich wütend bin. Oder schon, aber natürlich ist mir klar, dass die Wut in keinem Verhältnis steht zu der, die Leo auf mich haben müsste.

»Ich hab es erst bei Bioverse begriffen«, sagt er, lauter als zuvor, um meinen aufbrandenden Wortschwall im Keim zu ersticken. »Ich hätte es vorher sehen können – wegen der Ähnlichkeiten zwischen Big T und deiner Wettermachereinsätze bin ich ja überhaupt erst auf dich aufmerksam geworden. Ist Nathalie erst auf dich aufmerksam geworden«, fügt er leiser hinzu.

»Sie hätte mich auch ohne dich gefunden«, merke ich knapp an, um ihn gar nicht erst in Schuldgefühle abdriften zu lassen. So groß ist das Bett auch wieder nicht, dass seine noch mit reinpassen.

Irgendwie hat seine Hand in den Schatten zwischen uns meine gefunden. Sein Finger tippt dagegen, wie in einem stummen Danke.

»Mir ist Nathalies Besessenheit mit Big T zuvor nie aufgefallen. Er hat sie interessiert, klar, sie ist Meteorologin. Aber als du dann bei Bioverse warst ... Sie hat nächtelang die Daten, die du ihr geliefert hast, mit denen von Big T abgeglichen. Und am nächsten Tag hat sie dich zu noch größeren Einsätzen geschleppt.«

Ich brumme nur, ich habe gerade keine Lust, in Erinnerungen an meine Bioverse-Zeiten zu schwelgen.

»Und irgendwann ging mir dann auf, dass es wahrscheinlich kein Zufall war. Dass die Daten sich nur deswegen so ähnelten, weil ... weil sie dieselbe Quelle hatten.« Er schweigt einen Moment. »Ich hätte dir davon erzählt. Irgendwann ... wenn alles vorbei gewesen wäre. Aber ich bin trotzdem froh, dass du es von ihr erfahren hast und nicht von mir. Das ist scheiße, ich weiß.«

Jetzt stupse ich seine Hand mit den Fingerknöcheln an. »Ich hätte dir auch nicht erzählen wollen, dass deine Tante eine größenwahnsinnige Terroristin ist.«

Er schnaubt. »Okay, dann sind wir ja quitt. Aber auch das hätte ich früher kapieren können.«

»Und dann?«, flüstere ich. »Was hättest du dann gemacht? Nathalie hatte keine Skrupel, auf dich schießen zu lassen. Wenn du dich gegen sie gestellt hättest, wärst du vielleicht bei einem Schwimmtraining ertrunken.«

»Na ja, eine etwas glaubwürdigere Geschichte hätte sie sich schon einfallen lassen müssen.«

Ich boxe ihn gegen die gesunde Schulter, aber wir müssen beide lachen. Es tut gut, diesen Irrsinn wenigstens für zehn Sekunden nicht ganz so ernst zu nehmen.

Jetzt wird unser Atem doch ruhiger. Ich spüre, dass mein Herz gleichmäßig schlägt, und ich will, dass es so bleibt.

»Kannst du mich in den Arm nehmen?«, flüstere ich.

Leo stößt zittrig die Luft aus, so als hätte er ewig auf diese Frage gewartet, und streckt die Hand nach mir aus. Ich rutsche zu ihm, bis mein Kopf auf seiner Brust liegt und sein Arm um meine Schultern. Und plötzlich ist es ganz leicht, von dem zu erzählen, was mein Leben lang so schlimm war, dass ich nicht einmal mehr daran denken konnte. Ich erzähle davon, wie stolz ich war, dass mein Vater immer »meine Starke« zu mir sagte, wie viel Verständnis er hatte, wenn ich wieder wütend geworden war und aus Versehen meine Gabe eingesetzt hatte. Wie er mich vor meiner Mutter in Schutz nahm, obwohl ich wusste, dass es verboten war, meine Gabe zu benutzen, wenn andere Leute dabei waren.

All die Ausflüge, die wir unternommen haben – das weiß ich jetzt wieder –, waren dazu da, dass sich meine Gabe verausgaben konnte, wie ein Pferd, das die meiste Zeit in einem engen Stall eingesperrt war. Warum es bei Big T schiefging, kann ich nur vermuten: Vielleicht war die Gabe mächtiger geworden oder das Sturmtief zu stark.

Leos andere Hand streicht über meinen Rücken, während ich ihm stockend von dem Nachmittag auf dem Hügel berichte. Davon, wie mein Vater mich zu unserem Auto geschleppt hat und in dem Toben kaum etwas sehen konnte. Wie ich ihn fluchen hörte, dann schreien, und wie alles in einem schrecklichen Krachen unterging, einem Rucken und einer Stille, die furchtbarer war als alles zuvor.

»Wie lange hast du da im Auto gesessen?«, fragt Leo leise, als ich eine Weile nichts gesagt habe.

»Ich weiß es nicht.« Ich atme seinen Geruch ein, seinen warmen, beruhigenden Geruch, denn mein Herz macht sich schon wieder davon. »Eine Stunde? Zwei?«

Dann stocke ich. Der Junge mit den Erdbeeren ... Er hat mich aus dem Auto geholt. Er redete auf mich ein, in einer Sprache, die ich nicht verstand, und dann trug er mich zu einem Lieferwagen, in dem schon eine ganze Familie saß.

»Ich habe geweint, weil ich nicht von meinem Papa wegwollte, aber die Frau, die mich auf den Schoß genommen hatte, sang mir ein Lied. Wie ein Schlaflied. Das hat geholfen.«

Bruchstücke einer Melodie ziehen durch meine Erinnerung. Es ist, als hätte ich das Lied erst vor Kurzem gehört, so klar ist es plötzlich. Verrückt, wie das Gedächtnis funktioniert.

»Wir haben gemeinsam gewartet, bis der Sturm vorbei war. Und dann sind wir zurück zu dem Hof, wo Papa und ich erst am Vormittag Erdbeeren gekauft hatten.« Meine Finger krampfen sich zusammen und ich muss meine Faust mit Gewalt aus Leos T-Shirt lösen. »Sie haben so geweint. Die Leute. Es war nichts mehr von dem Hof übrig, nur noch Trümmer. In einer Garage haben sie ein paar trockene Sachen zusammengetragen, aber ich habe ihnen nicht geholfen. Ich saß nur da und ... ich weiß nicht. Ich saß nur da.«

Der Junge muss noch einmal zum Auto zurückgelaufen sein, um Papas Geldbeutel zu holen, denn er rief Mama an. Irgendwann stand sie im Tor, und als sie mich in den Arm nahm, wurde ich hysterisch. Ich klammerte mich an sie und fing an zu schreien, und nichts, was sie sagte, konnte mich beruhigen.

Ich verlagere mein Gewicht, sodass ich Leo ins Gesicht schauen kann. Seine Augen ruhen dunkel auf mir.

»Wahrscheinlich bin ich irgendwann eingeschlafen. Und danach ging das Versteckspiel los. Mama konnte sich vermutlich das meiste zusammenreimen, aus meinem Gebrabbel und dem, was ihr die Polizei erzählt hat. Wir beerdigten Papa und verkauften unser kleines Haus und von da an sind wir immer wieder umgezogen. Mama hatte Angst, so viel habe ich verstanden, aber ich wusste nie, wovor. Irgendwann dachte ich, vor mir.« Leo hebt die Hand und streicht über meine Haare. »Das Seltsame ist, dass ich es leichter akzeptieren konnte, dass sie verschwunden ist, als ich noch dachte, sie hätte die Nase voll von mir.«

Wir liegen eine Weile so da, in diesem warmen, stillen Nest, und sehen uns an. Der Mond geht unter, und es wird noch dunkler, sodass ich Leos Gesicht nur noch erahnen kann.

»Wie konnte ich das vergessen, Leo?«, flüstere ich, als ich merke, dass der Schlaf ganz nah ist. »Wie konnte ich all das Schlimme vergessen, was ich getan habe?«

Leo zieht mich so fest an sich, dass ich überrascht nach Luft schnappe. »Weil dich nicht nur deine Mutter beschützt hat«, antwortet er. »Sondern auch deine Seele. Du warst ein kleines Kind und dein Vater war leichtsinnig. Du bist nicht schuld an dem, was damals passiert ist.«

Meine Augenlider sind so schwer, dass ich sie kaum offen halten kann. »Aber jetzt? Mit all dem Wissen, das Nathalie von mir hat … Bin ich schuld an dem, was jetzt passiert?«

Leo legt eine Hand an meine Wange, bis ich ihn wieder anschaue. »Nur wenn wir nicht versuchen, sie aufzuhalten.«

15

Der nächste Morgen ist ganz still. Ich wache davon auf, dass Leo Kreise auf meinen Rücken malt, zart wie eine Feder. Das Licht ist sanft und wir sehen uns an. Das ist alles, was wir tun, nur daliegen und gucken und es aushalten, wenn sich uns die Brust zusammenzieht, vor Schmerz oder Angst oder Freude.

Doch der Morgen bleibt nicht grau. Die Sonne steigt über die Wipfel und die Farben werden leuchtend und es gibt Dinge zu tun.

Aber noch nicht gleich.

Nach dem Frühstück gehen wir ein Stück spazieren. Nebelfetzen hängen über dem Wasser und zwischen den Bäumen, und der Anblick ist so zauberhaft, dass ich stehen bleibe und staune. Wie schön kann feuchte Luft sein? In der schräg stehenden Sonne sieht der Dunst aus wie goldene und silberne Schleier, und die Welt glitzert, als wäre sie brandneu.

Leo stellt sich hinter mich und schlingt die Arme um meine Schultern, und ich wünschte, ich könnte die Zeit anhalten, in genau diesem Moment.

Doch auch am Morgen hat die Sonne Kraft, sie schmilzt den Nebel und wir gehen weiter. Der Weg führt uns zum Wasserfall. Der würzige Duft nach Kiefern liegt in der Luft, hier und da surrt eine Fliege vorbei. Die Vögel trillern hoch über unseren Köpfen in den Bäumen und lassen sich von uns nicht stören.

Als ich an den Rand der Schlucht trete, atme ich scharf ein.

Im Juni sind hier noch riesige Wassermassen ins Tal gestürzt, der Bach tief unter uns war wild und brodelnd. Jetzt ist der Wasserfall nur noch ein schmales Rinnsal und der Bach zwischen überhängenden Ästen und Farnwedeln kaum noch zu erkennen.

»Ich weiß.« Leos Bedauern ist fast mit Händen zu greifen, und ich merke, ich habe mir vor Schreck auf die Lippe gebissen. Selbst hier, in diesem Waldgebiet, wo alles noch so heil wirkte, hat die Dürre ihre Spuren hinterlassen.

Nebeneinander setzen wir uns an den Rand der Schlucht. Unsere Arme und Beine berühren sich, aber wir rücken nicht auseinander. Ich will alles an Körperkontakt aufsaugen, was ich kriegen kann, damit sich meine Haut wieder an Wärme und Zartheit erinnert statt an Eiseskälte.

Obwohl alles ganz anders aussieht als beim letzten Mal, ist es wunderschön. Hier und da färben sich schon die Blätter rot und Insekten schwirren durch die Luft wie goldene Funken. Je länger ich gucke, desto trauriger werde ich.

»Denkst du, es wird wieder besser?«, frage ich, als ich den Druck auf meine Kehle nicht mehr aushalte. Langsam drehe ich den Kopf und sehe Leo an. »Das Wetter? Die Dürre?«

Leo zuckt mit den Schultern. »Es wird bestimmt wieder feuchtere Jahre geben. Aber nicht genug.«

»Das heißt, all das hier wird verschwinden.«

Er antwortet einen Moment nicht. »Vielleicht nicht verschwinden. Aber es wird sich ändern.«

»Was passiert dann mit den Menschen?«

Ein Schauder geht durch Leos Körper. Er hat recht, das will man sich nicht vorstellen. Schon jetzt sind die, die wenig Geld haben, die Verlierer. Doch wenn es schlimmer wird, wenn sich die Menschen nicht mehr kleinhalten lassen, wenn die Not sie aus ihrer Betäubung reißt, dann werden die Reichen hinter ihren Mauern nicht mehr sicher sein. Kann ich Leo dann beschützen? Kann das mit uns gutgehen, wenn alles, was ich je kannte, gegen seine Welt kämpft?

»Es muss mehr Gerechtigkeit geben«, sagt Leo, und erst nach ein paar Sekunden verstehe ich, dass das seine Antwort auf meine Frage ist. »Viel mehr Anstrengungen, für alle gut zu sorgen. Es reicht für alle zum Leben.«

Ich lehne meinen Kopf an seine Schulter. »Du musst das machen«, flüstere ich über das Rauschen des Wassers hinweg. »Du könntest das.«

»Nein.« Leos Ton lässt mich den Kopf heben. »Du musst das machen. Das ist der Grund für deine Gabe.«

Ich starre ihn an, aber selbst wenn mir etwas zu sagen eingefallen wäre, hätte er mich nicht zu Wort kommen lassen.

»Es kann kein Zufall sein, Vega. Deine Gabe ... Ich habe so lange darüber nachgedacht, und ich glaube, sie ist das Wichtigste, was wir haben. Wir Menschen. Was du alles Gutes tun könntest ... Ich muss nur einen Weg finden, wie du sicher bist.«

»Du, hm?«

Sein Blick ist so intensiv. »Versprich es mir, Vega. Egal, was passiert – es ist nur wichtig, dass du in Sicherheit bist. Dass Nathalie dich nicht erwischt. Versprich mir, dass du wegläufst, wenn es je eng wird.«

Ich will nicht darüber nachdenken, aber sofort fluten wieder Erinnerungen meinen Kopf, Erinnerungen und Befürchtungen und so viele Horrorszenarien, dass sich mein Magen zusammenkrampft. Es kann so viel schiefgehen, so viel passieren, und wenn ich mich dann an dieses Versprechen halten müsste – so viele Menschen könnten darunter leiden.

Leo schüttelt den Kopf, als würde er direkt in mein Hirn sehen. Als wüsste er genau, warum ich zögere. »Versprich es mir. Du bist das Wichtigste, was wir gegen Nathalie in der Hand haben.«

Also nicke ich. Ich meine es so. Auch wenn ich nicht weiß, ob Nathalie nicht einen Weg findet, dass ich mein Versprechen breche.

Gegen Mittag kriege ich wieder Hunger, und wir machen uns auf den Rückweg, Leo lachend, ich seufzend. Es ist noch wärmer geworden, aus dem Waldboden steigt ein satter, erdiger Geruch auf. Es ist ganz leise hier zwischen den Bäumen, anscheinend halten die Vögel schon Siesta.

Kurz vor dem Kiesstrand deutet Leo nach rechts. »Ich laufe schnell zum Bootshaus und hole die Wäsche, ja?«

Seit Leo die Hauswirtschaftskammer in einen Serverraum umgewandelt hat, steht die Waschmaschine im Bootshaus. Ich werde sie nachher auch anwerfen. Die Klamotten seiner Mutter sind zwar bequem, aber ich möchte meine eigene Kleidung tragen. Sie hilft mir dabei, die Erinnerungen an die Zeit bei Bioverse zu verdrängen.

Ich nicke. »Sandwiches oder Pasta?«

Leo grinst. »Wie ich dich kenne, beides.«

Kopfschüttelnd wende ich mich ab und schlängle mich durch

die Büsche zum Haus, während er lachend zwischen den Bäumen am Ufer verschwindet. Da ist wieder einer – einer dieser Momente, in denen ich beinahe glauben kann, wir wären ein ganz normales Paar mit einem ganz normalen Leben.

Ich atme tief ein und genieße die friedliche Ruhe, doch nach ein paar Schritten bleibe ich stehen. Es ist wirklich sehr still. Auf einmal läuft mir eine Gänsehaut über den Rücken. Etwas stimmt nicht.

Vorsichtig gehe ich weiter. Meine Sohlen verursachen keine Geräusche auf dem Pfad zur Hütte. Schweiß prickelt mir im Nacken, ich atme tief und gleichmäßig, um mein rasendes Herz zu beruhigen. Was ist hier los?

Auf der Eingangsseite sieht alles aus wie immer. Aber auch hier ist es ungewöhnlich still, so als würden selbst die Bäume die Luft anhalten. So gut es geht, bleibe ich hinter einigen Büschen in Deckung und wende mich nach links, Richtung Terrasse.

Menschen.

In schwarzen Uniformen.

Ich gehe in die Hocke, weil ich plötzlich Sternchen sehe.

Durch das Laub erkenne ich, dass es vier sind, eine Frau und drei Männer. Einer von ihnen ist Ric.

Wie haben sie uns gefunden? Wie?

Doch darauf muss ich später eine Antwort finden. Ich schiebe mich noch ein Stück voran, gerade so weit, dass ich von der Terrasse aus nicht zu sehen bin. Sind sie schon in der Hütte? Wie viele sind es?

Dann merke ich, was ich da tue. Es spielt keine Rolle, ob es vier oder vierzig sind. Ich kann nicht gegen sie kämpfen. Nicht hier. Wir sind aufgeflogen, und mit jeder Sekunde, die ich hierbleibe, wächst die Gefahr, dass sie mich und dann auch Leo entdecken. Und wenn das geschieht, ist es vorbei. Ich will es nicht denken, ich will aufstehen und die vier dort drüben von der Terrasse fegen, in den See, und unter Wasser halten, bis sie sich ergeben und endlich einsehen, wie viel Leid sie verursachen. Ich will einen Tornado entfesseln, der den Steg mitsamt dem Hubschrauber aus den Fundamenten hebt und ihre Trümmer in alle Himmelsrichtungen verstreut, doch trotz meiner Wut weiß ich, dass ich damit nicht nur Nathalies Leute, sondern auch Leo in Lebensgefahr bringen würde. Ich will toben, aber ich muss still sein.

Und trotzdem zucken meine Finger, ein Windstoß lässt die Blätter des Strauches rascheln. Mit allem, was ich habe, bringe ich meine Gabe unter Kontrolle.

Es gibt keinen anderen Weg. Wir müssen von hier verschwinden.

Langsam richte ich mich auf, setze einen Fuß zurück, dann den anderen. Ohne ein Geräusch zu verursachen, ohne den Blick von Ric und seinen Kollegen zu wenden, entferne ich mich Zentimeter für Zentimeter von der Hütte. Als ich weit genug entfernt bin, laufe ich los.

Ich schmecke Kupfer auf der Zunge, so schnell renne ich. Neben mir stolpert Leo, er flucht, fängt sich aber gleich wieder. Ich wollte das Flugzeug nehmen, doch er meinte, es würde zu lang dauern, es startklar zu bekommen. In der Zwischenzeit würden sie uns auf jeden Fall finden.

Also haben wir nur noch eine Option. Ich habe Leo die Stelle beschrieben, wo ich den Camper abgestellt habe, aber als ich jetzt danach Ausschau halte, vollgepumpt mit Adrenalin, erkenne ich nichts wieder. Es war stockdunkel, als ich vor zwei Tagen angekommen bin. Zweige schlagen mir ins Gesicht, Dornenranken zerkratzen meine Arme, und ich weiß schon seit einer Weile nicht mehr, ob wir noch in die richtige Richtung laufen. Zumindest höre ich hinter uns niemanden. Vielleicht haben sie nicht mitbekommen, dass wir an der Hütte waren.

Leo bleibt stehen und sieht sich um, dann schwenkt er nach links. Ich folge ihm.

Das ist der einzige Vorteil, den wir haben: dass sie mit dem Helikopter gekommen sind. Wenn wir die Straße erreichen und den Camper zum Laufen bringen, schaffen wir es vielleicht zurück in die Stadt.

Vor uns blitzt etwas durch die Baumstämme. Etwas Mintgrünes. So gern ich auf den Camper zustürmen möchte, werde ich genau wie Leo doch langsamer und lausche. Auf der anderen Straßenseite pfeifen die Vögel vor sich hin, da scheint niemand von Nathalies Leuten zu warten. Um uns herum gibt es nicht viele Möglichkeiten, sich zu verstecken, also lauert uns, wenn wir Glück haben, niemand auf.

»Riskieren wir's?«, flüstert Leo, und ich nicke.

Die letzten Meter rennen wir wieder.

»Du fährst«, zische ich, als wäre das nicht offensichtlich. Aber mir ist eine Idee gekommen, die uns vielleicht etwas Zeit verschafft.

Wir reißen die Türen auf, rutschen auf die Sitze und ich fische den Zündschlüssel aus unserem Geheimversteck in der Polsterung des Beifahrersitzes. Während Leo mit kleinen Stoßgebeten versucht, die Kiste zum Laufen zu bringen, strecke ich meine Sinne. Den See zu erspüren, ist keine Kunst. Und jetzt werden wir mal für ein paar Turbulenzen sorgen.

Der Motor erwacht zum Leben. Knirschend legt Leo den Rückwärtsgang ein und stößt aus der Haltebucht auf die Straße. Wohin er fährt, bekomme ich gar nicht richtig mit, ich merke nur hin und wieder, dass wir durch ein Schlagloch poltern.

Meine Aufmerksamkeit liegt über dem See. Wolken und Wind zu rufen, ist das eine, Wasser aufzuwühlen, eine ganz andere Sache. Es kostet mich viel Konzentration, die Energie im Wasser zu erhöhen, genug Abstand zum Ufer zu halten, um die Hütte nicht zu beschädigen, und gleichzeitig so viel Bewegung auszulösen, um den Heli auf dem Boden festzuhalten. Wie Datenströme fließen meine Impulse zum See und ihr Echo zu mir zurück, sodass ich fühlen kann, wo die Luft auf Hindernisse stößt.

Als der Aufwind so stark ist, dass der Wirbel Wasser anzieht wie Luft, atme ich aus. Spätestens jetzt müssen Nathalies Leute den Sturm bemerken, die Böen, die dem Wirbel zustreben, die plötzliche Luftfeuchtigkeit. Ich erweitere den Durchmesser der Wasserhose, dann verlagere ich ihr Auge Richtung Ufer. Eine Weile sollte das genügen, um den Hubschrauber am Boden zu halten.

»Und jetzt gib Gas«, sage ich zu Leo.

Nicht dass das bei unserem Dreiradcamper viel nützen würde. Selbst Leos Engelsgeduld wird gehörig auf die Probe gestellt, und ich muss jedes Mal fast lachen, wenn er immer wieder das Gaspedal durchtritt, ohne Geschwindigkeit zu gewinnen.

Zumindest geht es meistens bergab.

In den ersten Minuten schaue ich öfter in den Rückspiegel als nach vorn auf die Fahrbahn, aber kein schwarzer Van hängt sich an uns dran, und soweit ich es erkennen kann, taucht auch kein Hubschrauber am Himmel über uns auf. Im Moment verstecken uns die Baumwipfel auch noch einigermaßen vor suchenden Augen, doch sobald wir in die trockeneren Gebiete im Flachland kommen, bieten die Baumgerippe dort kaum mehr Deckung.

Aber vielleicht wissen sie auch nicht, dass wir in einem bonbonfarbenen Eiswagen unterwegs sind.

Der Gedanke macht mich ein bisschen zuversichtlicher. Wenn Rics Team allein gekommen ist und sie uns bisher nicht auf die Spur gekommen sind, können wir ihnen vielleicht wirklich entwischen.

Die Straßen sind leer, sodass Leo nicht auf den Verkehr achten muss.

»Was hast du da vorhin gemacht?«, fragt er nach einer Weile und wendet den Kopf. »Als wir losgefahren sind?«

Ich zucke mit den Schultern. »Das, womit ich schon beim letzten Mal angegeben habe: Ich habe eine Wasserhose erzeugt.«

»Aus tausend Meter Entfernung?« Leo blinzelt ungläubig.

Das Geräusch, das mir entwischt, liegt irgendwo zwischen Lachen und Seufzen. »Ja. Es hat sich rausgestellt, dass meine Gabe ein paar Spezialfunktionen hat.«

In Leos Gesicht passiert etwas Seltsames. Er schwankt zwischen Bestürzung, Neugier und Faszination. Ich verdränge den Gedanken daran, wie oft ich den Wind nun schon als Waffe eingesetzt habe. Leo weiß davon nichts. Für ihn ist meine Gabe noch immer etwas Unschuldiges.

»Welche zum Beispiel?«, fragt er vorsichtig.

Um ein bisschen Zeit zu schinden, werfe ich einen Blick in

den Außenspiegel. Nichts zu sehen außer Baumstämmen und verdorrtem Gras.

»Wasserhosen … und Windhosen. Das ist ja das Gleiche«, beginne ich widerstrebend. »Und …« Ich habe eine Idee, die mir schon vor Tagen hätte einfallen müssen. Langsam fange ich an zu grinsen. »… und das hier.«

Ein Ruck geht durch den Camper. Leos Aufmerksamkeit richtet sich sofort wieder auf die Straße, aber wir haben nichts überfahren. Überrascht atmet er ein, und als sein Blick auf den Tacho fällt, klammert er die Hände so fest ums Lenkrad, dass seine Knöchel weiß werden. Die Nadel steht auf Anschlag und wir werden immer noch schneller.

»Das bist du?«, fragt er, ohne die Straße aus den Augen zu lassen.

»Das ist der Wind.«

Es ist ein bisschen lächerlich, dass ich dem Camper nicht schon längst Rückenwind verpasst habe. Damit hätte ich mir die Nachtfahrt sparen können. Anscheinend werde ich noch eine Weile brauchen, bis ich ganz begriffen habe, was mit meiner Gabe möglich ist.

Leo schüttelt den Kopf, und ich lege noch ein bisschen mehr Energie in den Wind, aber da beginnt der Camper zu vibrieren, und ich bremse unseren Schwung schleunigst.

»Danke«, sagt Leo trocken. Er lacht leise.

Meine Schultern senken sich, und erst jetzt merke ich, wie angespannt ich war. Nicht wegen Bioverse, zumindest nicht nur. Sondern weil ich nicht wusste, wie Leo auf meine neuen Kräfte reagieren würde. Ob ihm Angst macht, was ihm Angst machen sollte. Denn wieso sollte es in Ordnung sein, dass ich den Wind als Waffe einsetze, wenn wir alles tun, was in unserer Macht steht, um Nathalie genau daran zu hindern? Aber vielleicht ist Leos Vertrauen in mich meine Garantie, dass ich noch auf dem richtigen Weg bin.

Einen kurzen Moment gönne ich mir den Luxus und betrachte sein Profil, aber dann bin ich vernünftig und sehe nach vorn. Es wird Zeit, dass wir uns über die Frage unterhalten, die mir in Dauerschleife durch den Kopf geht, seit ich Ric und die anderen auf der Terrasse entdeckt habe.

»Wie konnten sie uns finden?«, frage ich. Was ich nicht sage, ist: Habe ich sie hingeführt? Sind sie mir gefolgt? Wie kann es sein, dass sie nun schon zum zweiten Mal genau zu wissen scheinen, wo ich bin?

Leo zuckt mit den Schultern. »Vermutlich ganz klassisch. Durch das Geld.«

»Was?«

Er sieht mich an. »Follow the money. Ich bezahle ein Ehepaar, das ganz in der Nähe einen winzigen Selbstversorgerhof betreibt. Sie kümmern sich um die Hütte, wenn ich länger nicht da bin. Haben meine Eltern auch schon gemacht. Wahrscheinlich hat Nathalie sich meine Konten vorgenommen und sich gewundert, warum ich monatlich an einen Tierschutzverein spende.«

Der Gedanke kommt mir unfassbar vor, und gleichzeitig ist er eine solche Erleichterung, dass ich auflache. »Da hat es also auch Vorteile, arm zu sein.«

Leo hebt eine Augenbraue. »Eine Tante, die das Bankgeheimnis respektiert, würde ausreichen.«

Einen Moment ist es still im Camper, dann müssen wir beide so lachen, dass uns die Tränen kommen. Der Moment fühlt sich an wie der zarteste Sommerregen auf ausgetrocknetem

Boden. Für diese paar Sekunden fällt all die Anspannung von uns ab, das Übermaß an Gefühlen, das mich in den letzten beiden Tagen im Griff hatte. Das Lachen wäscht alle Reste davon fort und auf einmal kann ich wieder besser atmen. Nach vorne schauen.

»Was machen wir jetzt?«, frage ich behutsam, als wir diese Leichtigkeit eine Weile ausgekostet haben.

Draußen ändert sich die Landschaft. Wir sind auf einer breiteren Straße unterwegs und immer öfter fahren wir an verlassenen Siedlungen vorbei.

Leos Blick bleibt nach vorn gerichtet, als er fragt: »Warum bist du denn zu mir gekommen?«

Mir schießt die Hitze ins Gesicht. Er hat recht. Ohne Grund wäre ich nicht zu ihm gefahren. Jetzt jedenfalls noch nicht. Nicht solange der größere Teil von mir damit beschäftigt ist, Nathalie das Handwerk zu legen. Die Aufgabe ist groß genug, sie fühlt sich an, als würde es um mein Überleben gehen.

Mit Leo am Feuer zu sitzen, war dagegen etwas, was normalerweise hätte warten müssen.

»Wir brauchen dich«, gebe ich zu. Täusche ich mich oder presst er kurz die Lippen aufeinander? »Ein Teil von EcoQuest zieht durch die Gegend und zerlegt Nathalies Wetterstationen …«

»Das muss ja eine Erleichterung sein für Nika, dass sie mal was kaputt machen darf«, kommentiert Leo trocken.

»… Willem organisiert überall in der Stadt Demos gegen Bioverse und Luc hat die Chem-Labore im Visier. Aber das alles hält Nathalie nicht auf, es verzögert höchstens ihre Pläne.«

Leo nickt. »Verstehe.«

»Wir brauchen dein Wissen.«

Leo setzt den Blinker und biegt auf eine der Schnellstraßen ein, die in die Stadt führen.

Er sagt noch immer nichts dazu, also plappere ich weiter: »Aber alle deine Ergebnisse sind auf deinem Laptop. Und der liegt in der Hütte.«

Er seufzt. »Wahrscheinlich ist er auf dem Weg zu Nathalie, aber was soll's. Da ist ja nichts drauf, was sie nicht selber wüsste.« Sein Blick flackert zu mir. »Trotzdem habt ihr wahrscheinlich recht. Die Infrastruktur ist wichtig, aber sie kann ersetzt werden. Was immer Nathalie vorhat, es steht und fällt mit dem Code der Wettermaschine.«

»Und was können wir da machen? Ihn stehlen? Oder zerstören?«

Leo zieht die Lippe über seine Zähne. »Das weiß ich noch nicht. Dazu muss ich überhaupt erst ins System kommen.«

»Bei Bioverse?« Mein Herz fängt an, schneller zu schlagen, doch ich lasse mir meine plötzliche Panik nicht anmerken. Wenn er in die Zentrale muss, um auf den Server zuzugreifen, dann werde ich nicht kneifen.

Er verzieht das Gesicht. »Das ginge auch. Aber ich glaube nicht, dass wir da jetzt noch reinkommen. Die Sicherheitsvorkehrungen sind immens, und seit ... seit ich Luc ins Gebäude geschleust habe, haben sie damit bestimmt nicht nachgelassen.«

Er hat recht. Bioverse ist mittlerweile wahrscheinlich besser gesichert als die Währungsreserven der Bundesbank. Luc und Esper haben sich das so schön ausgemalt, doch das Risiko, das Leo eingehen müsste, um auch nur in die Nähe eines Bioverse-Servers zu kommen, ist viel zu hoch.

Also stehen wir ohne Plan da.

»Aber ich habe eine andere Idee.« Er dreht den Kopf zu mir. »Erinnerst du dich noch an das Cypris-Gebäude, an dem wir auf dem Campus vorbeigekommen sind?«

»Das Forschungsgebäude?« Mir fällt wieder ein, dass es aus einem ähnlichen Stein gebaut war wie das Hauptgebäude von Bioverse.

Leo nickt. »Es hat einen eigenen Serverraum und von dort hat man Zugriff auf das IT-System von Bioverse. Wenn wir da reinkommen und ich mich einloggen kann, finde ich vielleicht etwas, was uns weiterhilft.«

Leos Vorschlag beinhaltet eine Menge Wenns und Vielleichts, doch der Umweg über den Campus klingt zumindest ein kleines bisschen erfolgversprechender, als in Nathalies gute Stube einzubrechen.

»Hast du denn noch Zugang zu dem Gebäude?«

Leo zuckt mit den Schultern. »Ganz sicher nicht. Nathalies Geduld mit mir ist aufgebraucht. Aber ich habe vorgesorgt.«

Er erklärt das nicht, doch meine Gedanken sind auch schon bei der nächsten Frage: »Beim letzten Mal war Security unterwegs. Kann das zum Problem werden?«

»Ich hoffe nicht. Nur wüsste ich nicht, wie wir uns die vom Hals halten sollten.«

»Vielleicht können wir sie anderweitig beschäftigen.« Je länger ich darüber nachdenke, desto besser gefällt mir der Gedanke. »Was, wenn Willem wieder eine seiner Demos organisiert? Seine Leute könnten protestieren und das Sicherheitsteam auf der anderen Seite des Campus binden. Dann hätten wir eine Weile freie Bahn.«

Leo überlegt. »Ja, vielleicht verschafft uns das ein bisschen Luft.«

Ich ziehe das Smartphone aus meiner Hosentasche. »Dann wollen wir mal sehen, wie schnell Willem seine Leute auf die Straße kriegt.«

16

Bei Willem renne ich offene Türen ein. Er hat für den Abend schon eine Demo geplant, ein neuer Treffpunkt und neue Transparente sind kurzfristig anscheinend kein Problem. Langsam findet EcoQuest offenbar zu alter Stärke zurück.

Leo und ich erreichen die Stadt in der Hälfte der Zeit, die ich für die Strecke zur Hütte gebraucht habe. Während er in einem Imbiss etwas zu essen besorgt, informiere ich Luc und Esper über unseren Plan. Und dann heißt es warten.

Leo stellt den Camper gegenüber dem Zaun ab, der das Unigelände von dem dahinterliegenden Wohnviertel trennt. Alles scheint ruhig zu sein, doch die wirkliche Gefahr erwartet uns ja auch auf der anderen Seite.

Während wir das Auberginencurry mit Brot aufdippen, sagt Leo: »Ich habe eine Bedingung.«

Blinzelnd drehe ich mich zu ihm. Ich habe gerade den Mund voll, aber er redet sowieso schon weiter.

»Du bist zu mir gekommen, weil ihr mich braucht. Und ich gehe da jetzt mit dir rein, weil ich dort hoffentlich etwas finde, was wir gegen Nathalie verwenden können. Aber ich will, dass das klar ist: *Wir* verwenden es gegen Nathalie. Nicht ihr und ich. Wir schaffen das nur gemeinsam.«

Ich schlucke und halte seinem Blick stand. Ich weiß, was er

da sagt. Es ist keine Bedingung, es ist eine Bitte. Er bittet mich, ihm wieder zu vertrauen. Wenn wir noch Kinder wären, wäre das, was wir heute vorhaben, seine Mutprobe, der Beweis, dass wir uns auf ihn verlassen können. Dass ich mich auf ihn verlassen kann. Aber wir sind keine Kinder mehr. Ich habe gelernt, dass Misstrauen sich auszahlt.

Doch dieser andere Teil von mir, der, der seit Wochen nach Erklärungen und Entschuldigungen, nach Hoffnung sucht, der will vertrauen. Er macht mich mutig, so mutig, wie ich gerade sein kann.

»Ich versuche es.«

Es ist nicht genug, um Leos Hoffnung zu erfüllen. Er ist verletzt, ich sehe es. Aber er akzeptiert, was noch immer gilt: Ich brauche Zeit.

Wir sind so gefangen in diesem Moment, dass wir fast aus den Sitzen springen, als jemand an die Scheibe klopft. Mathea steht an der Beifahrertür. Ich kurble das Fenster herunter.

»Eure Bestellung«, sagt sie ohne Begrüßung und reicht mir einen Rucksack herein. »Ich gehe jetzt rüber zum Haupteingang, und wenn die Sache Fahrt aufnimmt, gebe ich euch Bescheid.« Sie klopft auf das Dach der Fahrerkabine und hat sich schon halb zum Gehen gewandt, als sie anfügt: »Heißes Teil übrigens.«

Leo schnaubt und plötzlich ist die Spannung wie weggepustet.

»Vielleicht nennen wir es nach dir!«, ruft er Mathea hinterher und erntet dafür den Mittelfinger.

Um etwas zu tun zu haben, checkt Leo die Ausrüstung, die er bei Luc bestellt hat. Ein Laptop, eine Festplatte und ein Speicherstick sind in dem Rucksack, dazu alle möglichen Kabel, die mich spätestens dann nicht mehr interessieren, als ich entdecke, dass eine gute Seele noch Schokolade in ein Seitenfach geschmuggelt hat. Dass Leo ein Stück davon annimmt, als ich sie ihm hinhalte, zeigt mir, dass seine Nerven genauso strapaziert sind wie meine.

Gleich betreten wir freiwillig eins von Nathalies Gebäuden.

Wir müssen verrückt sein.

Als Matheas Go kommt, steigen wir aus und laufen zum Zaun. Unauffällig blicke ich mich um, aber es ist niemand unterwegs. Wir zwängen uns durch die Büsche, die eine kleine Pforte im Zaun verbergen. Mit ein paar Schritten sind wir hindurch.

Eine Weile bleiben wir im Schutz des Haselnussstrauchs stehen. Auf der anderen Seite der Rasenfläche erhebt sich im goldenen Abendlicht das Cypris-Gebäude, ein elegant geschwungener Forschungsbau. Ich erinnere mich, wie ahnungslos ich im Juni daran vorbeigestolpert bin.

Von Wachleuten ist nichts zu sehen. Dafür höre ich jetzt den Lärm, den die Protestierenden auf der anderen Seite des Campus veranstalten.

»Sollen wir los?«, flüstere ich, obwohl niemand in der Nähe ist.

Leo nickt, und wir verlassen gerade unsere Deckung, als drüben am Cypris-Gebäude Hektik aufkommt. Zwei Sicherheitsleute halten die Eingangstür auf und ein Mann und eine Frau gehen mit langen Schritten hindurch.

Wir treten schleunigst zurück in den Schatten und schauen zu, wie ihnen immer mehr Menschen folgen. Niemand blickt in unsere Richtung, alle sind darauf konzentriert, so schnell wie möglich das Gebäude zu verlassen.

»Evakuieren sie das Gelände?«, frage ich.

»Anscheinend«, gibt Leo zurück. »Ich möchte nicht wissen, was EcoQuest alles aufgefahren hat, wenn sie hier die Leute in Sicherheit bringen.« Er schweigt einen Moment. »Wobei es echt viele sind.«

»Was meinst du?« Ich schiebe einen Zweig weg, der mich im Nacken kitzelt.

»Na, es ist schon nach sieben. Es kommt vor, dass mal jemand länger arbeitet, aber normalerweise sind die Büros ab sechs ziemlich leer.«

»Denkst du, dass Nathalie gerade Mehrarbeit einfordert?«

Leo zuckt mit den Schultern. »Wenn ja, steht sie kurz vor einem Durchbruch. Dann wird die Zeit verdammt knapp, um sie noch aufzuhalten.«

»Nicht gerade das, was ich hören wollte.«

Leo versucht, nicht zu grinsen.

Immer noch strömen Menschen aus dem Gebäude.

»Sind das eigentlich alles Angestellte von Nathalie? Wissen sie, woran sie arbeiten?«

Leo wackelt mit dem Kopf. »Nathalie nimmt oft auch Uni-Kapazitäten in Anspruch. Zum Beispiel wenn sie schnell komplexe Daten auswerten muss. Die Leute arbeiten alle nur an einem kleinen Ausschnitt. Sie wissen grob, worum es geht, aber vom großen Ganzen haben sie keine Ahnung.« Er zögert. »So hat sie es mit mir auch gemacht.«

Darauf fällt mir nichts ein. Man kann Nathalie eine Menge vorwerfen, aber nicht, dass sie es nicht geschickt angestellt hätte. Bioverse hat eine blütenweiße Weste, ich habe nie gehört, dass Politik oder PAO Nathalies Geschäftsmodell je infrage gestellt hätte. Nur EcoQuest protestiert seit Monaten gegen konzerngesteuerte Wettermanipulationen, und wie richtig sie damit gelegen haben, sehen wir ja jetzt.

Seit mehreren Minuten hat niemand mehr das Gebäude verlassen. Die beiden Sicherheitsleute schließen die Tür und folgen den Forschenden.

»Los«, sage ich, als niemand mehr zu sehen ist.

Mit gesenkten Köpfen rennen wir an einer Baumreihe vorbei zum Cypris-Gebäude. Auf dem Vorplatz steuert Leo die Büste des Paars an, die sich auf ihrer Stele erhebt. Er tastet an der Kante der Säule entlang und zwängt seine Fingernägel in die Fuge. Eine Steinplatte löst sich.

»Was machst du da?«, zische ich, aber dann kapiere ich es selber: Hinter der Steinplatte verbirgt sich ein Geheimfach.

Leo greift hinein und holt ein kleines Päckchen heraus. »Hab doch gesagt, ich hab vorgesorgt. Das sind ein paar geklaute Sicherheitspässe, mit denen wir hoffentlich reinkommen.«

Er grinst, als er mein verblüfftes Gesicht sieht, und drückt die Steinplatte wieder zu. Ganz leise höre ich einen Schließmechanismus.

»Ich war dabei, als die Büste eingeweiht wurde. In dem Fach steht eine Zeitkapsel.« Er steht auf. »Es muss sogar ein Modellflugzeug von mir drin sein.«

Diese Büste … die gleiche, die auch im Besprechungsraum bei Bioverse steht.

»Das sind deine Eltern?«, platze ich heraus.

Leo sieht mich an. Er muss gar nichts sagen. In seinen Augen liegt derselbe Blick wie immer, wenn er von seinen Eltern erzählt. »Sie haben den Ostflügel gesponsert. Kurz bevor sie gestorben sind.«

Ich würde gern so viel wissen, aber jetzt ist nicht die Zeit, also verschiebe ich meine Fragen auf später.

Leo atmet tief ein, dann deutet er zur Tür. Mit ein paar Schritten überqueren wir die mit Kieseln gepflasterte Fläche.

»Wollen wir mal sehen ...«, sagt Leo, als er einen seiner geklauten Sicherheitspässe über das Zugangsfeld zieht. Fast sofort springt die LED auf Grün, das Schloss klickt und wir sind drin.

Er führt mich ins Untergeschoss zu einer breiten, zweiflügeligen Tür. Auch hier funktioniert der Sicherheitspass, die Tür schwingt auf und ich bleibe erst mal stehen. Ich weiß nicht, was ich mir vorgestellt habe, jedenfalls nicht dieses Labyrinth. In alle Richtungen erstrecken sich Gänge, die gesäumt sind von drei Meter hohen Servertürmen. Überall blinkt es grün und rot, und in der Luft liegt ein Summen, das meine Zähne vibrieren lässt. Es riecht nach Plastik und Staub.

Während ich noch staune, hat sich Leo längst einen Arbeitsplatz gesucht und seinen neuen Laptop angedockt. Ich schüttle meine Überwältigung ab und rolle mir einen Hocker neben ihn.

»Wünsch uns Glück«, murmelt er, als ein Autorisierungsfeld auf dem Display aufploppt. Er gibt einen Benutzernamen und ein Passwort ein.

Ein hässlicher Laut ertönt, und in einem weiteren Fenster lese ich: »Anmeldung fehlgeschlagen.«

Verdammt. Da scheitert Leos Vorhaben ja schon beim ersten Handgriff.

Aber ich hätte wissen können, dass er noch einen Trick auf Lager hat.

»Super, der Zugang existiert noch«, sagt er. Als ich ihn verständnislos ansehe, erklärt er: »Es hätte mich gewundert, wenn sie die Passwörter nicht geändert hätten. Aber ohne ein gültiges Zugangskonto wäre es schwierig geworden, in das System zu kommen.«

»Ach so. Und das neue Passwort errätst du jetzt einfach.«

Er grinst. »Ich nicht. Aber unser Freund hier.« Er öffnet eine App, in die er mehrere Zeilen Code eintippt. »Ich weiß, nach welchem Muster sie ihre Passwörter erstellen. Gib ihm eine Minute.«

Die App braucht dreiundvierzig Sekunden. Mit dem Passwort startet Leo eine erneute Anmeldungsanfrage und diesmal öffnet sich eine Benutzeroberfläche mit dem Bioverse-Logo im Hintergrund. Ich stupse ihn mit dem Ellbogen an und er lehnt sich lächelnd zu mir.

Ein paar Minuten tue ich so, als würde ich versuchen nachzuvollziehen, was Leo macht. Voll konzentriert jongliert er mit Buchstaben- und Zahlenreihen, und ich staune, in welcher Geschwindigkeit sich Fenster öffnen, Schaubilder aufploppen und Verzeichnisse wachsen. Irgendwann kapituliere ich, ziehe den Rucksack zu mir und vertilge den Rest Schokolade.

Leo schüttelt den Kopf, als ich ihm was davon anbiete. Sein Ausdruck ist düster geworden.

»Was ist los? Hast du was entdeckt?«

Er reagiert nicht gleich. Stattdessen werden die Furchen auf seiner Stirn noch tiefer. Er hat die Schultern beinahe bis zu den Ohren hochgezogen.

»Hast du das Programm gefunden? Kannst du es unschädlich machen?« Er macht jetzt so ein entsetztes Gesicht, dass mein eigener Puls steigt.

Noch immer sagt er nichts. Er kramt im Rucksack nach dem

Memorystick und scheint etwas zu kopieren. Als der grüne Speicherbalken verschwunden ist, zieht er den Stick aus dem Anschluss und hält ihn mir hin. Endlich sieht er mich an. Sein Blick flackert.

»Das Programm ist nicht das Problem. Es ist nicht mal besonders geschützt.« Auffordernd hebt er die Hand und ich greife nach dem Speicherstick. »Das ist eine Kopie, sicher ist sicher.«

»Aber was ist es dann? Leo!«

Er merkt, dass er mir Angst macht, und legt kurz die Hand auf mein Knie, wie als Echo eines früheren Lebens. Wahrscheinlich ist ihm gar nicht klar, wie intim die Berührung ist, gerade weil er in den letzten Stunden vermieden hat, mich anzufassen.

»Das Programm ist zwar die Basis, aber was sie draus gebaut haben ... Vega, es ist riesig. Wenn das stimmt, was ich hier sehe, dann braucht Nathalie die Chems und Drohnen nicht mehr. Dann ist ihr Einfluss auf das Wetter längst so präzise wie ... wie deiner.«

Ich kann praktisch fühlen, wie mir das Blut in die Beine sackt. »Du meinst, die Wettermaschine ist längst in Betrieb?«

Leo macht eine Geste irgendwo zwischen Nicken und Schulterzucken. Etwas an seinem Ausdruck gefällt mir gar nicht. Ich lasse ihn nicht aus den Augen. Ich erinnere mich an einen Satz, den er gestern auf dem Steg gesagt hat.

... wenn bekannte Wettermodifikationstechniken zu schwerfällig sind für die Phänomene, die du beobachtet hast ...

»Diese Wettermaschine ...«, beginne ich langsam. »Nathalies neuer Weg ... Du wolltest eigentlich was anderes sagen, nicht?«

Leos Augen sind dunkel geworden. Er sieht aus, als würde er im nächsten Moment die Flucht ergreifen. Mein Blick flirrt zwischen seinem Gesicht und dem Laptop hin und her. Schließlich bleibt er auf dem Stick in meiner Hand hängen. Und in dem Moment begreife ich, was Leo so in Panik versetzt.

»Es ist eine künstliche Intelligenz, oder? Ein Programm, das aus den Daten, mit denen sie es füttern, lernt.«

Leo muss gar nicht antworten, ich erkenne auch so, dass ich recht habe.

»Deswegen die vielen Versuche …«, stammle ich.

Leo runzelt die Stirn.

Ich reibe mir die Schläfen. »Die ganze Zeit bei Bioverse habe ich nicht verstanden, warum ich meine Gabe so oft einsetzen musste. Ich habe nicht begriffen, was sie aus meinen Gehirnströmen ablesen wollten. Fünfmal, sechsmal … Irgendwann hätten sich die Muster doch gleichen müssen.« Ich schüttle den Kopf. »Aber darum ging es überhaupt nicht. Meine Gehirnströme haben sie nicht interessiert. Das Einzige, was für sie relevant war, waren die winzigen Veränderungen in den Luftbewegungen. Mit diesen Mustern haben sie die KI trainiert, bis das Programm das Intuitive dahinter begriffen hat.« Ich atme scharf ein. »Aber wie? Wie macht sie das?«

Leo hört mich nicht. Er scheint mit den Gedanken ganz weit weg zu sein. Das Licht hier im Serverraum ist furchtbar, trotzdem zieht sich mein Magen zusammen, als ich erkenne, wie grau er im Gesicht ist.

»Hey.« Ohne nachzudenken, beuge ich mich zu ihm und schlinge die Arme um ihn. »Hey, was ist los?«

Leo fühlt sich an wie ein Felsbrocken, so sehr versucht er, sich unter Kontrolle zu halten. Irgendwann macht er sich von mir los und sieht mich an.

»Ich habe den Algorithmus geschrieben«, sagt er tonlos.

Ich blinzle. »Du?«

Er nickt. »Weißt du noch, wie ich dir von meiner Doktorarbeit erzählt habe? Dass ich einen Algorithmus optimieren wollte, der Muster im Wettergeschehen besser entdecken und berechnen kann?«

Er sieht mich an, als wäre es das Wichtigste auf der Welt, dass ich mich an unser Gespräch erinnere, und nach und nach setzen sich die ersten Details zusammen. Wir am Kiesstrand, das Lagerfeuer, sein Interesse für Naturwissenschaften. Langsam nicke ich.

»Ich habe ihn Nathalie gegeben.« Leo schließt kurz die Augen. »Sie haben ihn angepasst und Massen an Code hinzugefügt, aber der Kern der KI stammt von mir. Sie nennen sie Baal.«

Seine Worte fließen zäh wie Sirup durch meine Gehirnwindungen. Es dauert ewig, bis ich begreife, was er mir sagt.

»Aber warum?«, flüstere ich.

Er schüttelt den Kopf. »Weil ich solche Angst hatte. Um dich. Aber das durfte sie nicht merken. Sie musste mir abnehmen, dass ich voll und ganz hinter ihr stand. Die letzten Jahre … es war nicht immer leicht. Sie erwartete immer, dass ich für Bioverse arbeite, aber ich wollte lieber erst mal unabhängig forschen, damit meine Ergebnisse hoffentlich allen zugutekamen. Damit konnte ich mich jetzt nicht mehr rausreden. Ich wusste nicht genau, was sie sich von dir erhofft hat, aber es war klar, dass sie nicht die Fortschritte machte, die sie sich wünschte.«

Er steht von seinem Hocker auf und beginnt, auf und ab zu gehen.

»Jedenfalls habe ich ihr angeboten, meinen Algorithmus in ihren Code einzubauen. Ich dachte, das lenkt sie eine Weile von dir ab und ich könnte mir einen Weg überlegen, zu dir zu kommen und dich rauszuholen.« Er lacht bitter. »Natürlich hat sie das Angebot angenommen. Und anscheinend war es genau das Puzzlestück, das ihr noch gefehlt hat.«

Ich sehe von seinem Gesicht zu seinem Laptop, wo in rasender Geschwindigkeit immer noch Codezeile um Codezeile erscheint. Und dann werde ich so wütend, dass ich buchstäblich rot sehe.

»Und das erzählst du mir jetzt?« Ich springe auf. »Dafür war zuvor keine Zeit? In der Hütte nicht? Und nicht im Camper?«

Er will etwas sagen, aber ich lasse ihn nicht zu Wort kommen. Jetzt bin ich dran.

»Weißt du, was es mich gekostet hat, zu dir zu fahren? Ich hatte so eine Scheißangst, dass ich mich irre und dir wieder in die Falle gehe. Dass ich kindisch und dumm bin, wenn ich hoffe, dass du mit meiner Entführung nichts zu tun hattest.« Mein Lachen klingt wie ein Schluchzen, aber ich werde jetzt nicht weinen. »Alles, was ich wollte, war, dass du ehrlich bist! Und dann verschweigst du mir *das*?«

»Und was wäre passiert, wenn ich es dir erzählt hätte, hm?« Leo ist knallrot im Gesicht. Er ist so wütend, wie ich ihn noch nie gesehen habe, doch das ist gar nichts im Vergleich zu dem, was ich fühle. »Hättest du so reagiert wie jetzt?«

»Ich bin nicht wütend, dass du ihr den Code gegeben hast! Ich bin wütend, weil ich dir vertrauen wollte!«

»Und hättest du es gekonnt, wenn du mich wieder für einen von Nathalies Handlangern gehalten hättest? Du wärst in den Camper gestiegen und ich hätte dich nie wiedergesehen! *Mei-*

netwegen hat Nathalie ein Werkzeug in der Hand, gegen das die mächtigsten Länder der Welt nichts ausrichten können.«

»Und was ist mit mir?« Plötzlich bin ich ganz ruhig. »Meinetwegen ist Nathalie überhaupt erst auf die Idee gekommen, so ein Werkzeug zu bauen. Ich habe ihr alles gegeben, was sie wollte, und du hast mir nicht ein Mal einen Vorwurf gemacht. Hast du so wenig Vertrauen in mich, dass du glaubst, ich hätte dich nicht verstanden?«

Leo starrt mich an. Ganz langsam lässt er die Schultern sinken. »Ich hatte solche Angst, dich noch einmal zu verlieren.«

Wir stehen uns gegenüber, angespannt bis in die Haarspitzen, wie zwei Seiltänzer über dem Abgrund. Ein Zittern, ein unbedachter Schritt und wir werden fallen.

Der Moment wird von einem so durchdringenden Ton zerschnitten, dass wir beide das Gesicht verziehen. Leo reagiert schneller als ich: Er stürzt zum Laptop und tippt darauf herum.

»Verdammt.« Hektisch trennt er den Laptop von der Dockingstation. »Nimm den Sicherheitspass und mach die Tür auf.«

Ich greife nach dem Plastikkärtchen auf der Tischplatte, aber als ich es über den Scanner ziehe, piepst es und das Lämpchen bleibt auf Rot. Dreimal versuche ich es, dreimal bekomme ich das gleiche Ergebnis.

Leo taucht mit dem Rucksack neben mir auf. »Das bringt nichts. Das Sicherheitssystem hat alle Türen verriegelt. Wir müssen einen anderen Ausgang finden.«

»Weil du dich in den Server eingeloggt hast?«, frage ich über den jaulenden Alarm hinweg. Hektisch schaue ich mich um.

Wir sind im Untergeschoss, es gibt keine Fenster und, soweit ich es erkenne, auch keine zweite Tür.

»Keine Ahnung. Kann sein.« Leo hat sich auf einen Tisch gestellt und klopft an den Deckenplatten herum. »Oder vielleicht ist EcoQuest besonders erfolgreich mit seiner Ablenkung.«

Auch das noch. Dann ist unser Plan ja mal grandios nach hinten losgegangen.

»Was machst du da?«

Leo stemmt sich mit der Schulter gegen eine der Platten. »Kommen die Leute so nicht immer in Filmen aus ausweglosen Situationen? Durch die Lüftungsschächte?«

»Vielleicht funktioniert das nur in Amerika.«

Der Alarm ist dermaßen durchdringend, dass ich Zahnschmerzen davon bekomme. Ich lasse Leo weitersuchen und laufe zwischen Reihen von Servertürmen hindurch zu den Außenwänden. Vielleicht gibt es auf der anderen Seite Kellerfenster und Lichtschächte, durch die wir ins Freie gelangen.

Aber der Raum ist wie ein Bunker. Kein Fenster, nicht einmal eine Luke. Bis auf ... Ganz in der Ecke hängt ein grün leuchtendes Schild über einer unscheinbaren Tür. Die Tür selber hätte ich in dem Schummerlicht niemals entdeckt, aber das Schild macht mir Hoffnung.

Ich stemme mich gegen die Tür und kippe nach vorn, als sie sich problemlos öffnen lässt.

»Leo!«, brülle ich. »Komm her!«

Ein paar Sekunden lang glaube ich, er hätte mich über dem Alarmkreischen nicht gehört, aber dann taucht er im Mittelgang auf. Er stolpert beinahe vor Erleichterung, während er auf mich zurennt.

»Ein Glück«, sagt er, als er hinter mir durch die Tür kommt.

Aber damit ist es schon ein Stockwerk höher wieder vorbei. Die Treppe ist kein Problem, nebeneinander sprinten wir ins Erdgeschoss und fallen praktisch gegen die Glastür, hinter der wir schon eine Rasenfläche erkennen können. Doch anders als der Notausgang aus dem Serverraum ist dieser hier versperrt.

»Das darf doch nicht wahr sein«, murmelt Leo und zieht einen der Sicherheitspässe über den Scanner.

Diesmal bleibt es nicht bei der roten LED.

»Sicherheitsproblem. Gebäude abgeriegelt«, blinkt uns von der Anzeige entgegen.

Mit einer Vergeblichkeit, die ich sonst von mir kenne, wirft Leo sich gegen die Tür, die natürlich keinen Millimeter nachgibt.

Ich packe ihn am Arm und zerre ihn weiter. »Komm. Es muss eine andere Möglichkeit geben.«

Leo sieht mich an, als hätte ich das Wichtigste nicht begriffen. »Vega, spätestens jetzt weiß Nathalie, dass wir hier sind. In ein paar Minuten wimmelt es hier von Security.«

Da hat er leider unrecht. Als ich die Tür zum Flur aufziehe, drehen sich zwei Männer in Schwarz mit gezogenen Waffen zu uns um. Einen Moment sieht es aus, als wären sie verblüffter als wir, aber dann straffen sie die Schultern und setzen einen angemessen bedrohlichen Gesichtsausdruck auf.

»Keine Bewegung«, sagt der Jüngere.

Ich drücke die Tür zurück ins Schloss und nehme Leo an der Hand. Wir sind schon im Zwischengeschoss, als wieder die Tür aufgeht.

»Stehen bleiben!«, kommt es von unten, diesmal mit mehr Nachdruck.

Natürlich laufen wir weiter, auch als eine Kugel an uns vorbeizischt. Leo zieht mich näher an die Wand, aber für meinen Geschmack ist das viel zu schnell eskaliert. Als Leo die Tür zum nächsten Stockwerk aufmacht, schicke ich einen Windstoß durch das Treppenhaus. Ein Körper prallt gegen eine Wand und jemand anders scheint stöhnend die Stufen hinunterzufallen.

»Was war das?«, will Leo wissen, als wir den Flur entlanghasten.

»Noch was, was ich gelernt habe, während ich bei deiner Tante war«, antworte ich grimmig.

Leo schweigt einen Moment, dann deutet er nach links. »Hier rein.«

Ich folge ihm in einen Vortragsraum. Ein niedriges Podest nimmt die komplette Stirnseite ein, Stuhlreihen ziehen sich durch den Raum. Wir drücken die Tür zu, und weil es kein Schloss gibt, klemmen wir einen der Stühle unter die Klinke.

Gerade als Leo »Zum Fenster!« sagt, gehe ich in die Knie. Eine riesige Hand hat nach meinem Kopf gefasst und drückt mit aller Kraft zu, so fühlt es sich an. Die Welt besteht nur noch aus zähneknirschendem, übelkeitserregendem, schädelspaltendem Schmerz. Jemand schreit, und viel zu spät kapiere ich, dass ich es bin.

Ich beiße mir auf die Lippe, aber wahrscheinlich habe ich die Wachleute sowieso schon zu uns geführt. Arme legen sich um mich, ich presse meine Stirn an eine Schulter und Hände tasten über meinen Körper.

»Wo?«, fragt eine panische Stimme. »Wo haben sie dich erwischt?«

Jemand rüttelt an der Tür, Sekunden später wirft sich jemand mit vollem Gewicht dagegen.

Und immer noch dieser Schmerz.

Ich stütze mich auf Leos Schulter ab und komme langsam auf die Füße. »Nicht ... angeschossen. Es ist ...« Mühsam hebe ich die Hand und deute zum Fenster. »Es geht los. Nathalie hat Baal gestartet.«

Mir wird schwarz vor Augen, meine Knie sacken weg und gerade noch rechtzeitig fängt Leo mich auf.

»Kann nichts tun ... Leo«, stammle ich, und jetzt sitzen wir meinetwegen in der Falle, weil es nicht mehr lang dauern kann, bis der Stuhl nachgibt und die Sicherheitsleute uns haben.

Leo setzt mich auf einen Stuhl und nimmt mein Gesicht in die Hände. Durch den malmenden Schmerz hindurch schaffe ich es, mich auf seine Augen zu konzentrieren.

»Vega ... Vega«, sagt er immer wieder. »Kannst du sie ein paar Minuten draußen halten? Versuch es.«

Er weiß nicht, dass Baals Energie sich anfühlt, als würde jemand mit heißen Stricknadeln in meinem Gehirn herumstochern, aber ich mache, was er sagt. Ich versuche es. Ich dränge die Schmerzen zurück, konzentriere mich auf meinen Atem und das Gefühl, wie Leos Hände an meinen Wangen liegen und seine Daumen über meine Schläfen streichen. Mir fällt wieder ein, wie weich seine Hände waren, als wir uns kennengelernt haben, doch jetzt fühlen sie sich genauso rau an wie meine.

Ich weiß nicht, ob es für Leo und mich einen Weg zurück in diese Welt gibt, aber für all die rauhändigen Mädchen und weichherzigen Jungs dort draußen, die noch eine Wahl haben und sich nicht dem Willen eines Konzerns beugen müssen, muss ich uns jetzt einen Ausweg schaffen.

Der Gedanke ist so mächtig, dass Baals Stärke in den Hintergrund gerät. Leo spürt, dass ich mich aus eigener Kraft auf dem Stuhl halten kann, und lässt mich los. Ich richte meine Energie auf die Tür, und beinahe kommt es mir so vor, als würden das Hämmern und die Stimmen dahinter leiser.

Etwas knallt. Als ich mich zu Leo umdrehe, versucht er, mit einem Stuhl eine Scheibe einzuschlagen. Natürlich, auch die Fenster sind verriegelt.

Immer wieder lässt Leo den Stuhl in die Scheibe krachen, sie splittert an mehreren Stellen, doch sie gibt nicht nach.

»Geh vom Fenster weg!«, rufe ich.

Erst zögert er, aber dann tritt er zu mir und um uns gerät die Luft in Bewegung. Die ordentlichen Stuhlreihen rutschen auseinander, Vorhänge flattern im plötzlichen Wind, es ist ohrenbetäubend laut. Ein Wirbel hebt einen Stuhl auf der anderen Seite des Raums hoch, schneller und schneller dreht er ihn, bis ich seine Umrisse kaum mehr erkennen kann. Als ich nicht glaube, die Energie noch eine Minute länger aufrechterhalten zu können, gebe ich dem Wirbel ein Ziel. Eine Bö schleudert den Stuhl gegen die gesplitterte Fensterscheibe und er fliegt hindurch.

Pfeifend hole ich Luft, doch Leo zieht mich schon auf die Füße.

»Unter dem Fenster wachsen Büsche«, sagt er. »Wir müssen springen.«

Das müssen wir wohl.

Draußen ist es dunkel geworden, nicht weil es schon so spät ist, sondern weil Baals Sturm den Himmel verdüstert. Feuchte Luft schlägt mir entgegen, und ich wimmere, als mich die Wucht des Gewitters ungehindert trifft.

Leo zieht mich an sich. »Das wird enden«, flüstert er. »Ich verspreche es.«

Mit dem Rucksack drückt er die übrigen Glasscherben aus dem Rahmen. Hinter uns treffen jetzt Schüsse die Tür, aber meine Windbarriere hält. Selbst wenn sie Schweizer Käse aus dem Türblatt machen, wird es ihnen nichts nützen.

Leo muss mich praktisch aus dem Fenster werfen, so sehr setzt mir der Sturm zu. Ich versuche, unseren Sturz zu bremsen, aber angesichts der Wucht, mit der wir in die Büsche krachen, kann ich nicht allzu erfolgreich sein.

Leo erholt sich schneller als ich. Ächzend rollt er sich aus dem Chaos aus Laub und Zweigen und zerrt mich aus dem Beet.

»Gleich hast du es geschafft, Vega«, beschwört er mich. »Einmal über den Rasen, dann sind wir beim Camper und so schnell wie möglich hier raus.«

Er klingt ziemlich zuversichtlich dafür, dass ich an ihm hänge wie ein Sack Kartoffeln. Die ersten Meter trägt er mich beinahe, dann nehmen meine Sinne ihre Arbeit wieder auf. Mittlerweile ist es noch dunkler geworden. Ich sehe kaum bis zu der Hecke am Zaun.

Das bedeutet, dass auch die Sicherheitsleute Schwierigkeiten haben werden, im Zwielicht etwas zu erkennen. Erleichtert atme ich auf und hole meine Gabe ein. Schon wird das Laufen leichter, und wir werden noch einmal schneller, als hinter uns jemand brüllt: »Stehen bleiben!«

Doch die Kugel, die der Sicherheitsmensch abfeuert, fliegt meterweit an uns vorbei, zu schlecht sind die Sichtverhältnisse.

In den Baumkronen rings um den Campus rauscht der Wind. Ich will ihn zu unseren Gunsten lenken, aber mir fehlt die Kraft.

Schweiß prickelt unter meinen Armen, während ich versuche, durch den Schmerz hindurch den Fokus zu behalten. Genau wie Leo muss ich mich gegen die Böen stemmen und die Augen gegen den aufgewirbelten Staub zusammenkneifen.

Wir kämpfen uns der Pforte entgegen. Schwer atmend erreichen wir den Camper und reißen die Türen auf. Noch während er die Fahrertür zuzieht, startet Leo den Motor.

Mein Blick geht zurück zum Himmel über dem Campus. Blitze zucken durch die dunkelgrauen Wolken, ihr Licht taucht die Welt in grelle Helligkeit.

Jetzt hat es also begonnen.

17

Wir schaffen es nicht weit. Ich lasse den Kopf zwischen den Knien hängen, weil ich so besser atmen kann, aber Leos »Vorsicht!« kommt zu spät. Er steigt auf die Bremse und ich knalle mit der Stirn gegen das Armaturenbrett. Ich kann nicht mal mehr stöhnen.

Dafür fluche ich herzhaft, als ich wieder etwas sehe. Vor uns auf der Straße steht ein dunkles EUV. Ich habe die Hand schon am Türgriff, als ich erkenne, wer aussteigt. Esper und Luc treten an die Seite des Campers und ziehen die Tür zum Wohnbereich auf. Undeutlich erkenne ich Mathea, die durch die Windschutzscheibe winkt und das EUV wendet.

Leo und ich drehen uns um.

»Wie habt ihr es rausgeschafft?«, fragt Esper. Er muss fast schreien, um gegen den Sturm anzukommen. »Auf dem Campus hat es von PAO und Security gewimmelt.«

Leo deutet auf mich, und das genügt Luc anscheinend als Antwort, denn er wendet sich mir zu: »Was ist das? Ich hab noch nie ein so gewaltiges Gewitter so schnell aufziehen sehen.« Im Sturmwind muss er sich am Türrahmen festhalten, um das Gleichgewicht nicht zu verlieren.

Leo und ich wechseln einen Blick. »Das ist Baal«, antworte ich. »Nathalies Wettermaschine.«

»Sie hat dem Ding einen Namen gegeben?« Lucs Augenbrauen wandern nordwärts. »Die Frau ist wahnsinniger, als ich dachte.«

»Ist doch jetzt egal«, stellt Esper fest. »Was tun wir?«

Leo legt den Gang ein. »Steigt ein. Erst mal bringen wir Vega hier weg.«

So wie mein Kopf hämmert, weiß ich nicht, ob es einen Ort gibt, wohin mir der Schmerz nicht folgt, trotzdem lächle ich ihn dankbar an.

Ein paar Hundert Meter weiter rufe ich »Stopp!«, aber Leo hat schon gebremst. Direkt vor uns schlägt ein Blitz in einen riesigen Baum ein und spaltet ihn, eine Hälfte des Stamms kippt quer über die Straße. Die Büsche rund um die alte Eiche sind nach der langen Dürre zundertrocken, sie fangen sofort Feuer. Funken stieben in den Himmel und werden von den Böen weitergetragen.

Leo reagiert sofort. Er lenkt den Camper in eine schmale Nebenstraße und von dort über einen Spielplatz zurück zum Campus. Er will nach rechts abbiegen, Richtung Innenstadt, doch ich lege eine Hand auf seinen Arm. Wieder bleibt er stehen.

Überall sind Menschen, die sich dem Wind entgegenstemmen. Viele halten sich kaum auf den Beinen, hangeln sich mühsam am Zaun des Campus entlang.

»Sind die alle von EcoQuest?«, frage ich. »Warum sind die noch hier?«

»Der Sturm ist wie aus dem Nichts aufgezogen«, erklärt Luc. »Die Leute kommen schon klar.«

»Die Leute kommen *nicht* klar.« Ich schaue Leo an, und auch wenn er noch den Kopf schüttelt, sehe ich doch, dass er mich nicht aufhalten wird.

Schluss jetzt mit der Wehleidigkeit. Ich dränge alles in den Hintergrund, was mir gerade nicht hilft, und drehe mich zu Esper und Luc um.

»Ihr müsst die Menschen wegbringen. Irgendwohin, wo es sicher ist. Das Gewitter geht nicht wieder weg.« Ich weiß nicht, wieso ich mir so sicher bin, aber plötzlich spannt sich Nathalies Plan in voller Klarheit vor mir auf. »Es wird noch schlimmer werden. Also tut, was ihr könnt.«

Dann stemme ich die Beifahrertür auf und stelle mich dem Sturm.

Die ersten Sekunden fühlen sich an, als würde jemand mein Hirn durch ein Schlüsselloch pressen, dann scheine ich eine Grenze zu durchbrechen, und ich kann wieder atmen. Ich spüre die gewaltigen Aufwinde, die die Gewitterfront vorantreiben, und verbinde mich mit ihrer Energie, um sie nach Osten abzulenken. Ich fange an zu schwitzen, als mir immer klarer wird, wie groß der Sturm ist, an wie vielen Stellen ich gleichzeitig Einfluss nehmen muss, um ihn zu lenken. Bilder ploppen in meinem Kopf auf, Bilder von Hausfundamenten an der Biegung eines Flusses, und ich wende doppelt, dreimal so viel Kraft auf, um zumindest heute eine Katastrophe zu verhindern.

Doch ich bin mir nicht sicher, ob ich es schaffe. Wo immer ich ansetze, fühle ich, wie der Wind nachgibt und sich die Gewalt des Sturmes abschwächt, aber als wäre es ein Echo, frischen die Böen Sekunden später an genau diesen Stellen auf. Es ist, als wären wir am selben Punkt angekommen. Wieder scheint der Sturm zu erkennen, was ich tue. Wieder reagiert er darauf.

Aber das kann jetzt keine Entschuldigung sein. Das Gewitter bedroht Menschen, Menschen, die nur hier sind, weil ich Willem darum gebeten habe. Ich muss alle Fragen, alle Konsequenzen auf später verschieben und ihnen eine sichere Flucht ermöglichen.

Also straffe ich die Schultern und beginne von vorn, erspüre die Wirbel, setze Impulse, schwäche den Wind. Ich höre kaum etwas als das Tosen des Sturms und meinen eigenen rasenden Herzschlag, aber hinter den Staubfahnen, die die Böen vor sich hertragen, erkenne ich immer wieder Gestalten, Leo und Luc vielleicht, und dann auch Fahrzeuge, Autos, Vans, in die sich die Menschen drängen.

Ich versuche, ihnen Deckung zu geben, die schlimmsten Windstöße abzuwehren. Doch es ist, als würde sich die Luft sträuben. Je stärker ich mich ihr entgegenstemme, desto heftiger fällt ihre Reaktion aus, sodass sich die Menschen kaum mehr auf den Beinen halten können. Wann immer es einer Gruppe gelingt, sich von der Menge zu lösen und näher an die schützenden Gebäude zu gelangen, scheinen die Böen sie zurückzutreiben.

»Vorsicht!«, höre ich es vielstimmig aus dem Heulen des Windes heraus, und mein Blick geht hinauf zum Dach eines Mehrfamilienhauses. Der Sturm hat sich unter den Dachziegeln verfangen und hebt sie nun in großen Stücken ab. Unten auf der Straße rennen die Menschen auseinander.

Ich lasse den Wind wie einen Schild um sie fließen und richte meine Aufmerksamkeit auf die Dachziegel. Zurück auf die Lattung kann ich sie nicht legen, aber ich halte so dagegen, dass die Ziegel eng an der Wand zu Boden fallen und nicht weit getragen werden. Obwohl ich ihre Wucht bremse, zerbersten sie mit einem solchen Krachen auf dem Gehwegpflaster, dass sich selbst an der Zufahrt zum Campus noch Köpfe in ihre Richtung drehen.

Was passiert hier? Es ist, als würde jemand hoch über uns in einer Kommandozentrale sitzen und den Wind als Waffe einsetzen. Ein Steuerungsmodul wie gegen Feinde in einem Videospiel bedienen.

Meine Klamotten kleben mir schweißnass am Körper. Meine Zähne knirschen, durch das Heulen kann ich es nicht hören, aber die Spannung in meinem Kiefer gräbt sich bis tief in die Wurzeln.

Doch sosehr ich mich anstrenge, ich fühle keine Veränderung. Punktuell kann ich eingreifen, aber im Großen habe ich keinen Einfluss. Es ist, als wären wir in einem ewigen Kreis gefangen. Ich und der Sturm.

Als ich Angst habe, dass mich meine Knie nicht mehr lang tragen, lehne ich mich an den Zaun und atme durch. Nur einen Moment ausruhen. Kurz zu Atem kommen, bis ich wieder klar sehen kann.

Als ich aufblicke, hält der Sturmjäger neben mir. Die Tür geht auf und Esper sieht mich an.

»Vega, du musst verschwinden!«, brüllt er. Verständnislos starre ich ihn an. »Der Sturm spürt dich! Er reagiert auf dich!«

»Ich … ich weiß«, stammle ich, doch er scheint mich nicht zu hören. Hinter seiner Schulter erkenne ich Lauras Gesicht, Laura, die ich zuletzt vor Wochen bei EcoQuest gesehen habe, aber mein Gehirn weigert sich, irgendeinen Sinn daraus abzuleiten.

»… wie eine Schlacht«, redet Esper weiter auf mich ein. »Ihr seid wie Kopien voneinander. Immer wenn du ihm einen Schlag versetzt, weiß er genau, wo er zurückschlagen muss.«

So als wollte er ihm rechtgeben, bauscht der Wind mein T-Shirt und wirbelt mir die Haare ins Gesicht. Als ich sie mir aus den Augen streiche, hat Luc die Beifahrertür aufgestemmt.

»Esper hat recht. Du musst verschwinden. Oder zumindest aufhören, gegen den Sturm anzukämpfen.«

»Aber wie kann ich das? Es wird immer nur noch schlimmer werden, wenn ich nichts tue!«

Luc runzelt die Stirn. »Vielleicht für kurze Zeit. Aber wenn du nicht mehr auf den Sturm reagierst, wird er sich verausgaben. Ich weiß nicht, wieso, Vega, aber du bist das Ziel. Sie provoziert dich.«

Immer wieder schüttle ich den Kopf, auch wenn ich längst akzeptiert habe, was die beiden sagen. Jedes Mal, wenn ich eingreife, steigert der Gewittersturm seine Energie und richtet sie auf mich. Ich ziehe die Zerstörung an. Ich bin eine Gefahr.

»Aber ihr versteht das nicht!«, begehre ich auf. »Es ist, als würde sich eine Schleuse öffnen. Sobald ich diese Energie fühle, schreit alles in mir danach, mich mit ihr zu verbinden. Ich kann nicht einfach zusehen und abwarten, bis der nächste Straßenzug zerstört ist!«

»Dann verschwinde.« Luc kämpft mit der Tür des Vans.

»Aber wo soll ich hin?« Ich hasse, wie weinerlich ich klinge.

Luc schnaubt. »Dir wird schon was einfallen.«

Ich recke den Kopf, doch ich kann den Camper nirgends entdecken. Wahrscheinlich macht Leo genau das, worum ich ihn gebeten habe, und bringt Menschen in Sicherheit.

Esper ist ausgestiegen, er fasst mich an den Armen. »Leo wird dich finden. *Wir* finden dich. Aber jetzt musst du weg.«

Eine Windbö fegt über die Straße, die uns beinahe von den Füßen holt. Ich halte mich an Espers Schulter fest und aus der Bewegung wird eine Umarmung.

»Pass auf dich auf«, flüstere ich nah an seinem Ohr.

Esper drückt mich an sich. »Du auch.«

Ich löse mich von ihm und nicke Laura, dann Luc zu.

»Bleib mir bloß vom Leib«, wehrt er ab. »Dafür haben wir keine Zeit. Mach dich vom Acker.«

Und das tue ich. Ich verschließe meine Sinne vor dem Toben um mich herum, ignoriere, so gut es geht, den Wind und das Heulen.

So wenig es mir passt, ich muss mich verstecken. Aber diesmal, das schwöre ich mir, wird es das letzte Mal sein.

Rennen und denken passen nicht besonders gut zusammen, meine Gedanken drehen sich im Kreis, bleiben in Sackgassen stecken, lösen sich in nichts auf. Zumindest halte ich grob den Kurs, immer weiter stadteinwärts, immer weiter ...

Bis ich den Sturm hinter mir lasse. Der Wind weht mir entgegen und macht mich langsamer, aber am Himmel stehen keine Wolkenberge mehr. Über der Innenstadt vor mir liegen sogar die letzten Strahlen der untergehenden Sonne.

Und immer noch laufe ich, während sich die letzten Stunden in meinem Kopf verzerren wie fehlerhafte Bilddateien. Am Rande nehme ich wahr, dass ich das Viertel erreiche, in dem Esper vor ein paar Wochen noch gewohnt hat, dass ich es hinter mir lasse und die ersten Straßen der Innenbezirke erreiche. Außer den Sirenen von Rettungsfahrzeugen, die mir entgegenkommen, deutet hier nichts auf das Unwetter am Ende der Stadt hin.

Aber warum?

Die Frage taucht so unvermittelt auf, dass ich stocksteif stehen bleibe. Sofort geht mein Blick wieder in den Abendhimmel, nein, keine Wolke zu sehen, keine Drohne, kein gar nichts.

Keine Drohne ...

Ich schiebe mich in eine überdachte Hofeinfahrt und lehne mich gegen die Wand.

Das ergibt doch alles keinen Sinn. Die Ereignisse der letzten Tage drehen sich wie ein Karussell in meinem Kopf. Die Hetzjagd an der Drohnenstation, Espers Befürchtung, Nathalie könnte mir einen Chip eingepflanzt haben, die Bioverse-Leute auf dem Steg am See. Und jetzt der Sturm. Wieder spielt er sich vor meinen Augen ab, Espers Worte klingen mir in den Ohren, dass der Sturm mich *spürt*. Was, wenn das nicht nur stimmt, wenn ich meine Gabe gegen ihn richte? Was, wenn ich für Nathalies Sensoren immer sichtbar bin?

Der Gedanke jagt mir Gänsehaut über die Arme. Dann wäre es kein Zufall gewesen, dass mir die Bioverse-Sicherheitsleute am Drohnenstützpunkt immer einen Schritt voraus waren. Und dann hätte auch nicht das Geld Nathalie zur Hütte geführt, sondern ... ich.

Baal.

Nathalie hat das Programm mit meinen Daten gefüttert, es kennt das Muster, mit dem ich mit dem Wind kommuniziere, wie ich die Luft manipuliere.

Ich erinnere mich an ein Gespräch zwischen Nathalie und einer ihrer Wissenschaftlerinnen. Die Frau meinte, ich würde immer Impulse aussenden, in jeder Sekunde. Ich dachte, das würde meine »Wetterfühligkeit« erklären, die Tatsache, dass ich schon als kleines Kind wusste, wie das Wetter werden würde. Aber was bei meiner Arbeit als Wettermacherin ein Vorteil war, könnte nun meine größte Schwachstelle sein: Wenn Nathalies KI auf mich und die Energieimpulse, die von mir ausgehen, trainiert ist, dann bin ich nirgends mehr vor ihr sicher.

Panik überschwemmt mein Gehirn. Was will ich in der Innenstadt? Wo will ich mich verstecken? Wenn ich recht habe, kann Nathalie mich überall aufspüren, dann erkennt Baal mich unter Millionen. Weil er mein Hirn lesen kann …

Als könnte ich mich damit schützen, lege ich die Hände auf den Kopf. Ich presse die Augen zu, so fest ich kann, und beiße mir auf die Zunge, weil ich das Gefühl habe, ich muss im nächsten Moment schreien. Und dann würde ich schreien, bis nichts mehr in mir ist.

Sie dürfen nie davon erfahren …

Wenn Mama das gewusst hätte. Oder hat sie es gewusst? War ihr klar, was möglich wäre, wenn nur erst einmal jemand hinter mein Geheimnis käme?

Langsam rutsche ich an der Wand entlang in die Hocke.

Das war's. Es gibt keinen Ort mehr auf der Welt, an den ich gehen kann, Baal wird mich immer finden. Ich lege den Kopf in den Nacken und starre an die Decke. Spinnweben hängen grau in den Ecken, Risse ziehen sich durch das Mauerwerk.

Baals Sturm wütet noch immer, ich fühle seine Präsenz in meinem Kopf. Aber Luc hatte recht, seine Ausdehnung hat sich verringert, seine Energie ist verhaltener. Vielleicht hat er ohne mich wirklich seinen Fokus verloren.

Plötzlich macht sich eine Kälte in mir breit, die sich fast wie Erleichterung anfühlt. Wenn es keinen Ausweg für mich gibt, habe ich vielleicht zumindest einen für Leo, Esper und die anderen. Ich gehe zu Nathalie und bringe sie dazu, den Sturm aufzulösen. Und dann gebe ich ihr, was sie will.

Ich ziehe die Nase hoch. Ja. Ja, so ergibt es Sinn. Zumindest haben wir dann noch die Chance, dass Leo Baals Code knackt. Vielleicht kann ich ihnen Zeit verschaffen, vielleicht finden sie einen anderen Weg, Nathalies Pläne zu vereiteln …

Dann fällt mir das Versprechen ein, das ich Leo gegeben habe, die Bitte in seinen Augen, ich sehe Espers Gesicht, wie er in diesem Windkanal hing. Und ich denke an die Angst der Menschen, die Nathalie seit Juni tyrannisiert, aus ihren Häusern vertreibt, denen sie alles nimmt.

Nein.

Mit zusammengebissenen Zähnen stemme ich mich hoch. Nathalie darf nicht bekommen, was sie will. Wir müssen sie aufhalten, mit allem, was wir haben.

Ich streiche mir die Haare aus dem Gesicht und will gerade auf die Straße treten, als ich das Surren einer Drohne höre und mich tiefer in den Schatten der Einfahrt drücke. Und da ist er wieder, der halbe Gedanke, der mir vorhin abhandengekommen ist: Baal kann nicht hellsehen. Das Programm braucht Daten, Messwerte. Nur sie verraten meinen Standort. Und auch wenn das Netzwerk der Bioverse-Messstationen noch so engmaschig ist, es gibt einen Ort in der Stadt, wohin die Sensoren nicht reichen.

Und dorthin gehe ich jetzt.

Am Ende falle ich hinein.

Wie zuvor halte ich mich nah an den Hauswänden und achte auf alles, was sich am Himmel tut. Während ich mich nach

Osten wende, zwinge ich mich, meine Sinne bei mir zu halten. Es ist schwerer, als ich erwartet habe. Es ist, als würde ich blind durch die Welt stolpern, mit den Händen vor den Augen, völlig aus dem Gleichgewicht. Ich kann kaum glauben, wie oft ich unbewusst nach dem Wind suche, wie ich mich sogar mit meiner Gabe in der Stadt orientiere.

Ich bin mir ziemlich sicher, dass ich vieles nicht unterbinden kann. Jedes Mal, wenn ich mich auf meine direkte Umgebung konzentriere, um mich zu vergewissern, dass ich noch auf dem richtigen Weg bin, schüttelt mein Unterbewusstsein den Zwang ab und streckt sich nach Westen, wo eine Dunstglocke über dem Wald hängt. Nach einer Weile bin ich so genervt von mir selber, weil ich so wenig Kontrolle über meinen Instinkt habe, dass ich nicht aufpasse, wohin ich meine Füße setze, das Gleichgewicht verliere und einen Hang hinunterschlittere. Ich lande auf allen vieren.

Ich fluche unterdrückt, als ich mich aufrapple und mir den Dreck von den Klamotten klopfe. Verstohlen schaue ich um, aber anscheinend hat niemand mein Missgeschick bemerkt. Zumindest bin ich genau den richtigen Hang heruntergerollt. Einen der richtigen Hänge. Auf drei Seiten fallen sie wie ein Trichter zu einer Tür ab, die hinter langen Efeutrieben kaum zu erkennen ist. Nur ein schmaler Pfad hinter einer öffentlichen Toilette führt an der vierten Seite hierher. Den nehme ich beim nächsten Mal.

Mit einem letzten Rundumblick trete ich unter den Efeuvorhang und ziehe an der Tür. Geräuschlos schwingt sie auf. Ich trete über die Schwelle und werde unsichtbar.

18

Die Aussicht, hier für wer weiß wie lange unterzukommen, ist niederschmetternd. Das Tunnelsystem, das sich im Osten durch mehrere Stadtteile zieht, ist zumindest in der Nähe der Unterstadt modrig und verdreckt. Immer wieder raschelt es, und ich vermute, ich schrecke mehr als eine Ratte auf.

Eine Beleuchtung gibt es nicht, und selbst wenn es Tageslichtschächte gäbe, wäre es draußen mittlerweile zu dunkel, als dass es einen Unterschied machen könnte. Ich glaube aber, ich bin sowieso schon zu tief unter der Erde, denn die Luft fühlt sich träge an. Hier und da nehme ich einen Luftzug wahr, doch er kommt nie von draußen. Meistens taste ich mich mit den Händen voran und versuche, mir nicht allzu viele Gedanken darüber zu machen, womit meine Finger gerade in Berührung kommen. In den vielen Nischen rechts und links ist es so dunkel, dass sich darin Dutzende Leute verbergen könnten und ich es nicht merken würde.

Mein Plan war, mich irgendwie in die Unterstadt durchzuschlagen und dann einen Zugang zu den Kellern unter Lucs Club zu finden. Das war, bevor ich wusste, wie dunkel und unübersichtlich es in den Tunneln ist. Der Akku des Smartphones hat den Geist aufgegeben, sodass ich nicht einmal die Taschenlampe nutzen kann. Schon nach den ersten Biegungen habe ich nicht mehr die geringste Ahnung, in welche Richtung ich unterwegs bin. Ich könnte im Kreis laufen und hätte keine Ahnung.

Das einzig Gute hier unten ist, dass meine Kopfschmerzen völlig verschwunden sind. Wenn ich Baal nicht mehr spüren kann, heißt das dann auch, dass ich ihn abgeschüttelt habe? Ich hoffe es. In den letzten Tagen ist so viel schiefgegangen, jetzt muss auch mal ein kleiner Triumph für uns her.

Nach meinem Orientierungsvermögen geht mein Zeitgefühl flöten. Wie lang bin ich schon hier unten? Minuten? Stunden? Ich bin so müde, dass es lang nach Mitternacht sein müsste, andererseits ist heute so viel passiert, dass es auch für eine ganze Woche gereicht hätte. Kaum zu glauben, dass ich heute Morgen noch in Leos Bett aufgewacht bin.

Der Gedanke schnürt mir die Kehle zu. Geht es ihm gut? Macht er sich Sorgen um mich? Plötzlich kommt mir meine geniale Idee, Baal eins auszuwischen, wie Selbstmord vor. Niemand weiß, wo ich bin, ich habe nichts zu trinken dabei und keine Möglichkeit, mich zu orientieren. Wenn ich Pech habe, laufe ich wirklich im Kreis. Und dann kippe ich irgendwann um, vor Erschöpfung oder weil ich verdurste, und die Einzigen, die was davon haben, sind die Ratten.

Ein paarmal bin ich drauf und dran umzukehren, doch das ist absolut sinnlos. Schon bei der ersten Abzweigung wüsste ich nicht mehr, aus welcher Richtung ich gekommen bin. Was habe ich mir nur gedacht? Hat mich Baal wirklich so in Panik versetzt, dass ich keinen Gedanken an die Konsequenzen verschwendet habe? Ja, ich bin verschwunden. Aber nicht nur für Baal.

Stopp.

So wird das nichts.

Ich bleibe stehen und balle die Fäuste. Und dann zwinge ich

mich, langsam und gleichmäßig zu atmen. Es dauert viele Atemzüge, doch nach und nach kommt mein Gedankenkarussell zum Stillstand. Mein Herz schlägt wieder normal.

Das hier ist nicht das Ende.

Ich habe immer noch meine Gabe.

Vorsichtig lasse ich meine Sinne wandern. Nicht zu weit, nicht zu stark, aber so, dass ich den Luftbewegungen auf die Spur komme, die ich vorhin schon wahrgenommen habe. Mal sind sie stärker, mal werden sie schwächer, doch es fühlt sich an, als würden sie in den Gängen schräg rechts von mir an Intensität zunehmen.

Also gehe ich in diese Richtung.

Und plötzlich bin ich nicht mehr blind. Viel besser als zuvor erkenne ich, wenn sich der Untergrund ändert und ich Wasserlachen ausweichen muss, ich kann eine Nische von einer Abzweigung unterscheiden, ohne hineingehen zu müssen. Ich fühle, wenn die Decke niedriger wird und ich den Kopf einziehen muss. Alles wird einfacher.

Dann bleibe ich doch wieder stehen. Seit einer Weile schon werden die Luftströme stärker, ich atme leichter, auch wenn ich sicher bin, dass ich immer noch ein gutes Stück unter der Erde bin. Doch jetzt … Ich glaube, ich höre Stimmen.

Erst vorsichtig, dann immer schneller gehe ich weiter. Ja, das sind menschliche Stimmen. Leise zwar, flüsternd, aber umso näher.

Der Bodenbelag ändert sich. Zuvor war ich auf Stein oder bloßem Erdreich unterwegs, jetzt spüre ich harten Beton unter den Füßen. Komme ich in einen moderneren Teil der Tunnel?

Ich gelange an eine letzte Abzweigung, trete um eine Ecke – und stehe in einem riesigen Raum. Er ist schwach beleuchtet, beinahe so groß wie eine Turnhalle und komplett mit Feldbetten und Matratzen vollgestellt. Ein Teil davon ist belegt, die Menschen schlafen. Also ist es wahrscheinlich mitten in der Nacht.

Vorsichtig tappe ich weiter. Zwischen einigen der Betten sind Leinen gespannt, an denen Decken für ein Mindestmaß an Privatsphäre sorgen. Doch woher kommt das Flüstern?

Ich halte mich an den Wänden und erreiche schließlich einen Durchgang, der sich zu einem weiteren Gang öffnet. Hier brennt ebenfalls Licht und in regelmäßigen Abständen gehen Türen mit Piktogrammen ab. Hinter einigen verbergen sich anscheinend Waschräume, hinter anderen Lager. Auch wenn es mich weiter zu den Flüsterstimmen zieht, kommt mir so ein Waschraum gerade sehr gelegen.

Minuten später stehe ich wieder auf dem Flur und wende mich der letzten Tür auf der rechten Seite zu. Das Licht, das herausfällt, ist heller als im Rest der Anlage, und von dort kommen eindeutig die Stimmen, denen ich gefolgt bin.

»... jemanden losschicken«, höre ich, als ich noch ein paar Schritte näher bin, und meine Knie geben beinahe nach, als ich erkenne, wer da spricht.

»Du machst dir zu viele Gedanken. Sie ist hart im Nehmen, die taucht schon wieder auf.«

So sieht's wohl aus, Luc.

Ich trete in den Lichtkegel und sehe in den Raum. Angesichts von Lucs Coolness will ich grinsen oder zumindest einen Spruch reißen, aber auf einmal nimmt die Erschöpfung überhand. Ich kann mich gerade noch am Türrahmen festhalten, bevor ich mit dem Gesicht zuerst in den Raum gefallen wäre.

Doch ich muss nicht lange allein stehen bleiben.

»Vega!« Leo springt von einer Bank auf und ist bei mir, bevor ich auch nur blinzeln kann. Und dann klammere ich mich an ihn, als wäre mir die Angst immer noch auf den Fersen, die mich stundenlang durch die Dunkelheit begleitet hat.

»Was hab ich gesagt?« Luc klingt gewohnt selbstzufrieden, aber ich höre es kaum, weil Leos Arme mich festhalten und ich nie wieder loslassen will und ich den kümmerlichen Rest meiner Konzentration dafür benötige, nicht wie ein Kleinkind loszuheulen.

Nach ein paar Minuten, in denen mich auch Esper umarmt hat, ich eine Flasche Wasser getrunken und drei Scheiben Pumpernickel gegessen habe, sitze ich mit den Jungs am Tisch und lasse mir erzählen, wo wir hier sind.

»Du hörst einfach nicht zu«, tadelt Luc mich. »Ich hab dir gesagt, dass wir nicht mehr zusehen wollten, wie die Behörden nichts unternehmen. Am schlimmsten waren die Gewitterstürme für die Straßenkinder und Obdachlosen. Aber die wählen nicht und zahlen auch keine Steuern.«

Er sieht Leo an, als wäre er persönlich für alles verantwortlich, was in Deutschland schiefläuft.

»Spar dir das Stirnrunzeln«, sagt Luc zu mir. »Wenn ich ihm nicht trauen würde, wäre er nicht hier.«

Mein Stirnrunzeln wird höchstens noch tiefer, aber er erklärt, dass er Schutzräume an sechs verschiedenen Orten in der Stadt eingerichtet hat. Es gibt Betten, Nasszellen und Lebensmittel und die Bunker sind rund um die Uhr zugänglich. Meist schiebt jemand Dienst, damit nicht geplündert wird, doch anscheinend hatten sie noch nie Ärger.

»Aber was ist das alles?« Ich deute zur Tür. »Irgendjemand muss diese Anlagen doch gebaut haben.«

»Die meisten stammen aus dem Kalten Krieg«, erklärt Esper. »In den Dreißigern sind sie saniert worden, als die Stadtverwaltung während der Großen Dürre Angst vor Aufständen hatte. Sie waren dann aber nie in Betrieb.«

Ich suche Lucs Blick. »Das Ganze kann doch nicht billig sein.«

Er schnaubt. »Nicht gerade. Aber zum Glück lebe ich ja eher bescheiden.« Ich denke an mein Unverständnis zurück, dass seine Familie auf wenigen Quadratmetern wohnt, und merke, dass ich rot werde. »Und der eine oder andere Geschäftszweig floriert ja noch. Außerdem steuert Bioverse einiges bei.«

»Bioverse ...?« Wahrscheinlich steht mir der Mund offen. Ich brauche sicher fünf Sekunden, bis ich kapiere, was er sagt. »Du zweigst Nathalies Geld ab?«, frage ich Leo.

»Meines. Zu meiner Schande gehört Bioverse ja zum Teil mir.« Er grinst, weil ich immer noch verblüfft bin, doch es wirkt ein bisschen wacklig. Was dieser Konzern Gutes hätte tun können, wenn Nathalie nicht so eine Psychopathin wäre.

In wenigen Worten fasse ich zusammen, wie ich sie gefunden habe, aber dann bin ich so erledigt, dass ich mich kaum mehr wach halten kann.

»Hat sich der Sturm gelegt?«, frage ich, als ich schon halb auf dem Weg zu einem der Feldbetten bin.

Luc schüttelt den Kopf. »Er ist schwächer geworden. Vielleicht ist es morgen vorbei.«

»Das glaube ich nicht. Baal ist aktiviert, aber das ist erst Teil eins von Nathalies Plan.« Ich habe keine Energie mehr, ihnen zu erklären, was ich meine. »Wir müssen mit Nika und den anderen reden. Uns rennt die Zeit davon.«

19

»Woher weißt du das?« Nikas Gesicht ist blass und ich kann es ihr nicht verübeln. Gerade habe ich ihr und den anderen von meinem Verdacht erzählt, dass der Sturm, der gestern über dem Campus losgebrochen ist, sich nicht auflösen, sondern schlimmer werden wird.

»Aus zwei Gründen.« Ich ziehe ein Tablet heran und rufe eine Videoplattform auf. »Hast du gesehen, was im Netz los ist? Seit die Proteste zum dritten Mal eskaliert sind, interessiert es auch die großen Kanäle. Sie hatten am Campus schon Leute vor Ort und berichten rund um die Uhr. Nathalie muss dafür sorgen, dass das Interesse in eine andere Richtung gelenkt wird, bevor die Leute die falschen Fragen stellen. Oder die richtigen.«

»Und da ist ein Unwetter ihr Mittel der Wahl?« Willem zieht die Augenbrauen hoch.

Esper zuckt mit den Schultern. »Eine Naturkatastrophe bindet immer Aufmerksamkeit. Auch wenn sie in diesem Fall mit Natur wenig zu tun hat.«

»Und was ist der zweite Grund?« Nikas Blick ruht auf mir. Irgendetwas Berechnendes liegt darin, was ich nicht genau deuten kann.

Ich stelle meinen Teebecher auf den Tisch. »Der bin ich.«

Auch wenn ich Nika nicht aus den Augen lasse, kann ich mir

vorstellen, wie die Jungs gucken: Luc amüsiert, Willem neugierig, Esper drohend und Leo wachsam.

»Wegen dem, was du bei der Drohnenstation gemacht hast?«

Nach kurzem Zögern nicke ich. Nika ist nicht dumm, sie hat längst begriffen, dass man mit Chems keine Windhosen erzeugen kann.

Sie atmet tief ein. »Ich wusste es. Ich wusste von Anfang an, dass mit dir was nicht stimmt. Aber was hat der Sturm mit dir zu tun?«

Ich schlucke die Beleidigung. »Nathalie kann mich orten. Wenn sie den Sturm verschlimmert und Leute in Gefahr bringt, denkt sie, ich würde was dagegen unternehmen. Und dann kassiert sie mich ein.«

Nikas Augen sind schmal geworden. »Ein hoher Preis für ein einzelnes Mädchen.«

»Denkst du, ich wüsste das nicht?« Jetzt bin ich doch laut geworden. Seit heute Morgen scrolle ich mich durch Videos und Berichte von den Schäden, die über Nacht entstanden sind, über die Menschen, die vermisst werden, und jedes Mal, wenn die Tür des Bunkers aufgeht und ganze Familien hereinkommen, erschöpft und mit nichts als ein paar hastig gepackten Taschen, will ich aufspringen und in den Sturm hinaus und Nathalie zeigen, dass die Stadt nicht ihr gehört. Aber ich kann es nicht riskieren. Nicht wenn ich weiß, dass danach alles nur noch schlimmer wird.

Anscheinend hat Nika ihren Punkt ausreichend klar gemacht, denn sie lässt das Thema fallen und kommt zu dem eigentlichen Grund, warum wir hier sind. »Okay. Das ist ja alles superspannend, aber die Frage ist: Was tun wir? Habt ihr einen Plan?«

Leo drückt sein Bein gegen meines und die Geste beruhigt meine aufgewühlten Gedanken. Ja, es fühlt sich an, als müsste ich hilflos rumsitzen, aber wir sind nicht untätig. Und wir haben Hilfe.

Als wäre Nikas Frage ein Ventil, scheint plötzlich die Spannung aus dem Aufenthaltsraum zu weichen. Esper und Willem ziehen sich Stühle heran und setzen sich zu uns an den Tisch.

Luc stößt sich von dem Vorratsschrank neben der Tür ab und lässt sich neben mich auf die Bank fallen. »Bien. Leo, bring uns auf Stand.«

In knappen, präzisen Worten fasst Leo zusammen, was wir in den letzten Wochen herausgefunden haben, welche Ressourcen Nathalie zur Verfügung stehen und was Baals Sturmsystem von einem Wettermachersturm unterscheidet.

»Warte mal«, hakt Nika ein. »Diese Gewitterstürme im Juni ... Die waren mit Chems verstärkt. Aber der Sturm jetzt ist es nicht mehr? Wie ist das möglich? Wieso löst er sich nicht auf? Woher nimmt er seine Energie?«

Leo und ich wechseln einen Blick.

»Das wissen wir noch nicht«, antwortet er. »Wir wissen nur, dass hinter dem Sturm eine künstliche Intelligenz steckt, die über die Monate mit riesigen Mengen an Wetterdaten gefüttert wurde. Bioverse hat ein gut ausgebautes Netz eigener Wettermessstationen.« Als er Nikas Gesicht sieht, grinst er. »Na ja, hatte. Aber die Menge an Daten, die sie damit gesammelt haben, ist gigantisch. Zusammen mit den frei verfügbaren Daten des Wetterdienstes, die ein Jahrhundert umfassen, sprechen wir hier von einer der größten und genauesten Wetterdatenbanken der Welt.«

Nika verliert die Geduld. »Okay. Ein Computer steuert den

Sturm. Lass mal den technischen Kram weg. Was tun wir dagegen?«

Leo zuckt mit den Schultern. »Wir müssen Baal – so heißt die KI – auf mehrere Arten angreifen, sonst richten wir nichts gegen das Programm aus.«

»Und da kommen wir ins Spiel, vermute ich«, wirft Nika ein.

Ich nicke. »Wichtig ist, dass sich der Sturm nicht immer wieder selbst Energie zuführt. Die Druckunterschiede über der Stadt und im Umland sind jetzt schon groß, aber das wird noch schlimmer werden. Das heißt, wir müssen dem System an den Rändern Energie entziehen. Es muss so viel wie möglich abregnen, und das so weit wie möglich von der Stadt entfernt. Normalerweise würde ich das übernehmen …«

»… aber so, wie die Dinge liegen, brauchen wir die Wettermacher.« Willem wirkt nachdenklich.

Nika lacht auf. »Oh, prima, die haben sicher Bock, mit EcoQuest zu kooperieren.«

Luc betrachtet sie aus schmalen Augen. »Wenn sich jeder um seinen eigenen Kram kümmert, gibt's auch keinen Stress.«

Willem schüttelt den Kopf. »Nein, Nika hat recht. Was du mit dem Sturmjäger und den Wettermachern aufgebaut hast, ist für lokal begrenzte Stürme gedacht. Aber wir reden hier über ein Wettersystem, das weit über das Stadtgebiet hinausreicht. Wir *müssen* die Wettermacher dazu bringen, mit EcoQuest zusammenzuarbeiten, denn nur so bringen wir genügend Teams auf die Straße, um überhaupt etwas zu bewirken.«

»Also immer ein Wettermacher und jemand von EcoQuest?«, hakt Esper nach.

Willem nickt. »Anders sehe ich keine Chance.«

Wir schauen uns reihum an. Nicht nur Nika wirkt skeptisch.

»Und du denkst, sie gehen darauf ein?«, frage ich. »Immerhin hast du sie monatelang ausspioniert.«

Willem zuckt mit den Schultern. »Ich glaube, sie kapieren auch, dass wir hier gegen denselben Gegner kämpfen.«

»Ich bin dabei«, meldet sich Esper zu Wort. »Zusammen werden wir sie schon überzeugen.«

Zustimmend nicke ich. Wie oft habe ich gesehen, dass Esper eine brenzlige Situation entspannt hat? Wenn es jemand schafft, EcoQuest und die Wettermacher auf ein gemeinsames Ziel einzuschwören, dann ist er es.

Auch Luc wirkt zufrieden. »Bien. Macht das so. Die Chems liefern meine Leute.«

»Reichen deine Vorräte?«, hake ich nach. Ich habe nicht mitbekommen, dass er in den letzten Tagen noch einmal Nathalies Labore überfallen hätte.

Luc mustert mich mit diesem Blick, bei dem klar ist, dass er längst fünf Schritte vorausdenkt. »Das lass mal meine Sorge sein, Vega.«

Einlenkend hebe ich die Hände. Soll er seine Geheimnisse behalten.

Nachdenklich starrt Leo in seine Tasse. »Willem und Esper übernehmen also die Wettermacher, Luc liefert das Material.« Er wendet sich an Nika. »Mit euch steht und fällt der Plan. Unser größtes Problem ist, dass wir nicht wissen, wo Baals Infrastruktur ist. Die Hochleistungsrechner an der Uni sind das eine, aber ohne so etwas wie ein Antennenfeld kann er keinen Einfluss aufs Wetter nehmen. Seid ihr in den letzten Tagen auf irgendeine Anlage gestoßen, die anders ausgesehen hat als die üblichen Messstationen?«

Nika runzelt die Stirn. »Nicht dass ich wüsste. Und wenn, haben wir alles plattgemacht.«

Leo reibt sich über die Stirn, doch da zückt Willem sein Unice und legt es auf den Tisch. »Vielleicht kann ich helfen.«

Zu fünft beugen wir uns über das Display. Viel mehr als ein Foto mit Strichen erkenne ich nicht, aber Leo nickt.

»Das könnte es sein. Wie habt ihr es gefunden?«

Willem schenkt sich Kaffee nach. »Nathalie Cyprian hat mich selber auf die Idee gebracht. Seit immer mehr Menschen bei den Demos auftauchen, kriegen wir jedes Mal Besuch von Bioverse-Leuten. Oft mischen sie sich unter die Protestierenden, aber manchmal zeigen sie sich auch ganz offen in voller Montur. Und da dachte ich, was die können, können wir auch.«

Esper grinst, offenbar ist ihm schon klar, was Willem sagen wird. Der deutet auf Nika.

»Ohne eure Aktionen wäre es wahrscheinlich sinnlos gewesen, aber seit die Wetterstationen bewacht werden, nutzen die Sicherheitsteams die Bioverse-Zentrale als Stützpunkt. EcoQuest hat mittlerweile wieder genug Leute, damit wir jedes Fahrzeug, das das Gelände verlässt, beschatten können. Und das hier«, er deutet auf das Foto mit den Strichen, »scheint ihnen besonders am Herzen zu liegen.«

Während Willem durch die Bildergalerie swipt und die besonderen Sicherheitsvorkehrungen der Anlage beschreibt, fällt mein Blick auf Nika. Ein eigentümlicher Ausdruck liegt auf ihrem Gesicht, eine Mischung aus Bewunderung und Trotz. Es kann nicht ganz leicht sein, zugeben zu müssen, dass die Organisation, für die sie so viel riskiert hat und die sie seit Wochen totsagt, unter Willem wieder zu alter Stärke findet.

Neben mir richtet sich Leo auf. »Das muss es sein. Damit schalten wir Baal aus.«

An der Art, wie er ausatmet, merke ich erst, wie angespannt er war. Ich lege ihm eine Hand auf den Rücken und er lehnt sich dagegen. Auf einmal strahlt er nichts als Zuversicht aus, und in diesem Moment bin ich sicher, dass wir Nathalie das Handwerk legen werden.

Mit seinem plötzlichen Optimismus scheint Leo auch die anderen anzustecken. Die Meinungsverschiedenheiten sind zumindest für den Moment vergessen, und wir spielen durch, wie lange jede Gruppe für die Vorbereitungen braucht.

»Gebt nur die nötigsten Infos an eure Leute raus, klar?«, schärft Luc den anderen ein. »Wenn wir das durchziehen, gibt es Ärger. Nikas Nadelstiche sind das eine. Aber das wird ein konzertierter Angriff auf einen Wetterkonzern, auf eine der mächtigsten Familien des Landes. Vielleicht wird sich alles aufklären, wenn es zu einer Gerichtsverhandlung kommt, aber wir können uns nicht auf die Unterstützung der Behörden verlassen. Alle, die an der Aktion beteiligt sind, müssen zumindest ein paar Tage untertauchen. Also sucht euch eure Truppe sorgfältig aus.«

Danach bleibt nicht mehr viel zu sagen. Esper, Nika und Willem verschwinden, um ihre Leute zusammenzutrommeln, und Leo und Luc besprechen, von wo der Sturmjäger am zuverlässigsten Daten für die Wettermacher liefern kann.

Nur ich habe nichts zu tun. Niemand hat etwas dazu gesagt, doch es ist klar, dass ich keinen Anteil an dem Plan haben werde. Sobald ich auf der Bildfläche auftauche, wird Nathalie alles tun, um mich zu provozieren. Ich werde zu einer Gefahr für alles und jeden um mich herum. So widersinnig es mir vorkommt, dass ausgerechnet ich, dass meine Gabe keinen Anteil an dem Kampf gegen Baal haben kann – es ist besser, den Kopf unten zu halten.

20

Zumindest habe ich beim Nichtstun Gesellschaft. Nicht dass Laura untätig wäre – aber immerhin kann ich ihr bei der Arbeit zusehen.

In meiner Zeit bei Bioverse ist Laura beinahe so was wie eine Freundin geworden, bei ihr fiel es mir immer am schwersten, meine Tarnung aufrechtzuerhalten. Dass sie mir meine vielen Halbwahrheiten nicht übelnimmt, zeigt sie mir am nächsten Nachmittag. Esper und Nika haben sich am Antennenfeld mit Inez, Troy und Sasha getroffen, Luc und Willem sind irgendwo in der Stadt unterwegs, um wer weiß was zu organisieren, und Leo sitzt im Aufenthaltsraum vor seinem Laptop und ist seit Stunden nicht ansprechbar. Eine Weile habe ich versucht, bei der Versorgung der Geflüchteten zu helfen, doch ich bin nicht gerade der Typ, der Kinder tröstet und zu dem die Leute wegen Rat und Zuspruch kommen, also überlasse ich das Kümmern anderen.

Aber Tee kochen, das kann ich.

Ich balanciere zwei Tassen aus der Küche in einen Nebengang, wo Luc es innerhalb kürzester Zeit geschafft hat, einen Rechnerraum einzurichten. Per Kabel sind die Computer mit dem Netzwerk verbunden, an dem auch der Sturmjäger hängt, sodass wir hier unten Kontakt zur Außenwelt haben. Für Lauras und Leos Arbeit ist das notwendig, doch für mich heißt das, dass ich die Möglichkeit habe, Nachrichten zu sehen, und was ich da erfahre, macht mir das Stillsitzen noch schwerer. Baals Sturm spannt sich mittlerweile über die ganze Stadt, mit Schwerpunkten in den ärmeren Vierteln, und das öffentliche Leben ist zum Erliegen gekommen. Weil es zu gefährlich ist, sich draußen aufzuhalten, sind die Protestierenden dazu übergegangen, öffentliche Gebäude zu besetzen. Vor allem dass sie seit mehr als zehn Stunden das Foyer des Rathauses halten, sorgt im Netz wahlweise für Beifall oder Unruhe. Dabei sind es längst nicht mehr nur Leute von EcoQuest, sondern auch andere Umweltgruppen und ganz normale Bewohnerinnen und Bewohner.

All diese Menschen, die etwas gegen Nathalies Wahnsinn unternehmen … und ich koche Tee.

Zumindest nimmt Laura ihren Becher dankend an, auch wenn sie einen nachdrücklichen Blick auf die drei leeren Tassen wirft, die neben ihrem Arbeitsplatz stehen. Ich ignoriere den Hinweis und betrachte stattdessen die Monitore, die das Antennenfeld aus zwei unterschiedlichen Perspektiven zeigen.

»Hat sich was getan?«

Laura schüttelt den Kopf. »Jedenfalls nichts Unerwartetes. Gerade gab's wieder einen Kontrollgang, pünktlich auf die Minute. Nika und die anderen müssen sich tierisch langweilen.«

»Das kannst du laut sagen«, kommt Espers Stimme gedämpft aus dem Lautsprecher.

»Durchhalten«, rät ihm Laura und schaltet ihr Mikro ab. »Ups. Hab gar nicht gemerkt, dass sie uns hören.«

Ich grinse, dann deute ich auf das Equipment. »Ich kann es immer noch nicht fassen, dass du jetzt für Luc arbeitest.«

Sie verzieht das Gesicht. »Nur als Freelancer. Bis EcoQuest mich wieder braucht. Beziehungsweise bezahlen kann.«

»Wo bist du untergekommen, nachdem ihr die Zentrale aufgegeben habt?« Ich habe erst heute erfahren, dass Nathalie EcoQuest nach dem Einbruch im Chemiewerk und meiner Entführung die Polizei auf den Hals gehetzt hat, sodass sie das Gelände nicht mehr nutzen konnten.

»Bei meiner Oma.« Laura dreht den Becher in ihren Händen. »Sie hat nur eine mickrige Rente, die schon für sie allein nicht reicht. Also hab ich mich mit IT-Kram über Wasser gehalten, Reparaturen und Upgrades und so. Die Hardware hab ich auf dem Schwarzmarkt besorgt.«

»Und da war Luc nicht weit. Verstehe.« Ich trinke einen Schluck, um mich weiterer Kommentare zu enthalten. Dann deute ich auf den Monitor, der das Bild von Espers Bodycam zeigt. »Also, erzähl mal, wie habt ihr euch das jetzt vorgestellt?«

Ich weiß natürlich, dass die Aktion heute Nacht so was wie die Generalprobe für den Plan gegen Baal ist. Esper und Willem haben es tatsächlich geschafft, vier gemischte Gruppen aus Wettermachern und EcoQuest-Leuten zusammenzustellen. Wenn die am Antennenfeld zusammenarbeiten, ohne sich gegenseitig an die Gurgel zu gehen, steigen die Chancen, dass wir übermorgen genügend Zweierteams auf die Straße bringen. Dann muss alles gleichzeitig passieren, sodass Nathalie keine Gelegenheit hat zu reagieren. Je präziser die einzelnen Teile unseres Plans ineinandergreifen, desto höher sind unsere Chancen, Baal in die Knie zu zwingen. Aber wie genau Nika das Antennenfeld aus dem Spiel nehmen will, habe ich nicht mitbekommen.

Laura deutet auf einen hellen Würfel am rechten Rand von Nikas Videostream. »Das ist das Technikgebäude, in dem auch die Aufenthaltsräume für das Sicherheitspersonal sind. Wir werden einen Anreiz schaffen, dass die Männer lang genug drinnen bleiben, und gleichzeitig die Sicht verschlechtern, damit auf den Überwachungsvideos nichts zu erkennen ist.«

Ihr Finger wandert weiter zu mehreren Masten, die rund um das Gelände verteilt sind. Undeutlich sind daran Kameras zu sehen.

»Ihr wollt es regnen lassen.«

Laura nickt. »Möglichst heftig.«

Nachdenklich betrachte ich das Antennenfeld. Metallmasten, Hunderte von ihnen, alle bestimmt zwanzig Meter hoch, mit langen Querstreben, ragen in den Nachmittagshimmel. Sie stehen in Reih und Glied wie eine schweigende Armee. Die aufgerissene Erde zwischen ihnen zeigt, dass sie erst vor Kurzem aufgestellt wurden.

»Nathalie wird sofort wissen, dass was im Busch ist.«

»Nicht unbedingt.« Laura zeigt auf das Satellitenbild auf einem dritten Monitor. »Siehst du das kleine Regengebiet da? Es ist beinahe auf Kurs Richtung Antennenfeld. Wenn wir es minimal umlenken und dann zur richtigen Zeit abregnen lassen, kriegt Bioverse das nur mit, wenn sie gezielt nach Wettermodifikationen suchen. Und das tun sie doch wohl nicht, oder?«

Ich ignoriere Lauras forschenden Blick. Mir ist klar, dass sie sich nach meiner Entführung jede Satellitenaufnahme angesehen hat, die meinen Einfluss aufs Wetter zeigt. Was sie sich daraus zusammengereimt hat, will ich gar nicht wissen. Doch wahrscheinlich hat sie recht: Bioverse überwacht keine Wettermodifikationen. Zumindest keine mit Drohnen und Chems.

Während Laura sich durch Wettervorhersagen und Satellitenbilder klickt, beiße ich mir auf die Lippe. Es macht mich wahnsinnig, hier rumsitzen zu müssen, wenn ich dort draußen wirklich etwas unternehmen könnte! Leos Worte fallen mir ein, *sie will das, was du kannst*, und vielleicht habe ich das noch nie besser verstanden als in diesem Moment. Es kommt mir absurd vor, dass sie sich dort draußen mit Drohnen und Chems abmühen, wenn ich ihnen in Minuten einen Platzregen rufen könnte.

Andererseits bräuchte wahrscheinlich auch ich die Hilfe des Tiefs. Esper ist aufgestanden und vertritt sich anscheinend die Beine, denn auf dem Bildschirm ragen nun kahle Baumgerippe auf. Von einem Teil der Stämme ist die Rinde abgeplatzt, sodass das Holz silbrig grau in der Sonne schimmert. Als Willem meinte, das Antennenfeld würde mitten in einem Waldgebiet liegen, habe ich mir keinen solchen Baumfriedhof vorgestellt. Nichts regt sich. Ich will nicht an Leos Hütte denken, doch natürlich vergleiche ich die Gegend mit dem Wald dort. Bei der Vorstellung, es könnte rund um den See einmal so aussehen wie bei diesem Antennenfeld, stellen sich mir die Haare im Nacken auf. Und wieder einmal frage ich mich, ob wir das waren, wir Wettermacher, die den Wald ausgepresst haben wie eine Zitrone, bis selbst dort das Wasser nicht mehr gereicht hat.

Ich schnaufe laut. Danke, Inez, für diese Schuldgefühle.

Laura blickt auf, aber ich schüttle nur den Kopf. Sie hat genug zu bedenken, da brauche ich sie nicht mit meiner Weltuntergangsstimmung zu belasten.

Die Stunden vergehen. Luc und Willem kommen und gehen wieder, Laura, Leo und ich essen eine Kleinigkeit. Die Mahlzeit verläuft schweigsam, wir sind alle in unsere eigenen Gedanken versunken.

»Brauchst du Hilfe?«, fragt Leo, als Laura ihren Rollstuhl wendet und ich ihr signalisiere, dass ich das Geschirr wegräumen werde.

Laura schüttelt den Kopf. »Im Moment ist alles unter Kontrolle. Falls es brenzlig wird, weiß ich, wo du bist.«

Laura winkt uns zu und verschwindet geräuschlos auf dem Gang. Leo nimmt seinen Teller und will aufstehen, doch ich halte ihn am Arm zurück.

»Was beschäftigt dich so?«, frage ich.

Leo zögert einen Moment, dann deutet er mit dem Kinn auf seinen Laptop. »Ich gehe Baals Datenbasis durch.«

»Schon wieder?« Seit er im Cypris-Gebäude Tausende Dateien kopiert hat, macht Leo beinahe nichts anderes mehr, als sich mit Baals Code zu beschäftigen. Wieso habe ich den Eindruck, dass er mir etwas verschweigt? »Leo, ich dachte, wir hätten das geklärt. Wenn ich dir vertr…«

»Ich glaube nicht, dass wir eine Chance haben gegen Baal«, unterbricht er mich heftig. Dann schiebt er leiser hinterher: »Nicht ohne dich.«

Ich halte seinen Blick. »Aber gestern meintest du doch …«

»Ja, gestern. Da kannte ich den Code noch nicht so gut.« Er schüttelt den Kopf. »Ich weiß nicht … Es gibt Schleifen, die ich einfach nicht begreife. Ich sehe, dass sie mit den Datensätzen zu tun haben, die du Nathalie geliefert hast, aber den genauen Zusammenhang, den erkenne ich einfach nicht.«

Er stellt den Teller hin und nimmt meine Hand.

»Baal ist doppelt und dreifach abgesichert. Aber ich komme einfach nicht dahinter, worin die Back-ups bestehen. Ich weiß nur, dass Nathalie kein Risiko eingegangen ist. Sie will ihr Ziel erreichen, koste es, was es wolle.« Seine Finger schlingen sich warm in meine und trotzdem ist mir so kalt wie noch nie in meinem Leben. »Wir gehen da morgen raus und wollen sie aufhalten. Und der einzige Vorteil, den wir haben, muss zu Hause bleiben.«

Ich ziehe meine Hand weg und reibe mir übers Gesicht. »Ich wünschte, ich könnte etwas tun, Leo.«

»Ich weiß.« In seiner Stimme liegt plötzlich eine Dringlichkeit, die mich aufsehen lässt. »Und deswegen habe ich mir überlegt …«

»Leo! Vega!« Lauras Stimme klingt überraschend laut dafür, dass sie mehrere Zimmer entfernt ist. »Es geht los!«

Innerhalb von Sekunden sind wir im Rechnerraum. Ich halte mich im Hintergrund, aber Leo zieht sich einen Hocker heran und setzt ein Headset auf.

Mein Blick wird von dem Monitor angezogen, der Espers Perspektive zeigt. Er liegt anscheinend auf dem Bauch in einer Kuhle voller trockener Fichtennadeln und starrt auf das gespenstische Gelände hinaus. Es ist schon so dunkel, dass die Antennen nur noch schemenhaft zu erkennen sind. Etwas links von ihm steht der riesige weiße Würfel, der auch in der fortgeschrittenen Dämmerung noch gut zu erkennen ist. Es ist ein Ungetüm von einem Gebäude, ohne Fenster, mit nur wenigen Zugängen. Hässlich, aber übersichtlich. Das spielt ihnen bestimmt in die Hände.

In einer Baumgruppe auf der gegenüberliegenden Seite des Antennenfelds blitzt für eine halbe Sekunde ein weißes Licht. Esper wendet sich nach links, und dort, schräg hinter dem Gebäudewürfel, flammt ebenfalls eine Taschenlampe auf. Das ist das Signal.

Laura stellt ihr Mikro wieder an. Wir sind im Spiel.

»Wetterteams, es geht los. Ihr habt die Koordinaten im Messenger, Chem-Freisetzung in drei, zwei, eins … jetzt.«

Aus dem Augenwinkel sehe ich, dass sich Leos Wange hebt. Aber soll er schmunzeln, so viel er will, ich kann verstehen, dass sich Laura den Spaß gönnt. Wir hatten in der letzten Zeit verdammt wenig Grund zu lachen.

Gebannt beobachten wir das Satellitenbild. Die Wolken des Regentiefs warten schon, dafür haben Stine und Troy gesorgt. Hinter einer Hügelkuppe bauschen sie sich auf. Ich hoffe, sie haben genug Feuchtigkeit geladen.

Was ich jetzt dafür geben würde, wenn ich ihnen mehr Energie verleihen könnte.

Espers Videostream wird immer dunkler. Minutenlang bewegt er sich überhaupt nicht, dann taucht plötzlich seine Hand im Bild auf.

»Es scheint zu klappen«, hören wir seine Stimme aus dem Lautsprecher. »Der Wind frischt auf.«

Laura zieht das Satellitenbild größer. Tatsächlich schiebt sich das Regengebiet genau in die Richtung voran, in die wir es haben wollen.

»Es wird Zeit«, stellt Leo fest, und Laura nickt.

»Geht auf Position«, gibt sie an die größeren Teams durch. Anders als die Wetterteams haben sie keinen Namen bekommen – wahrscheinlich waren sie nicht scharf darauf, »Bombenteams« genannt zu werden.

Esper steht auf. Ein paar Sekunden dauert es, dann erkenne ich rechts und links von Esper Gestalten, die geduckt auf das Antennenfeld zulaufen.

Meine ganze Konzentration ruht jetzt auf den fünf Wachen, die in regelmäßigen Mustern die Reihen der Masten abschreiten. Ihre Bewegungen wirken gleichmäßig, fast gelangweilt, also haben sie wohl noch nichts bemerkt.

Laura hebt den Arm und deutet auf das Satellitenbild. Das Regengebiet hat das Antennenfeld beinahe erreicht.

»Wetterteams«, sagt sie wieder. »Chem-Ausbringung ... jetzt.«

»Es sieht gut aus«, murmelt Leo nach ein paar Minuten, dann meldet auch Nika: »Hier kommen gerade die ersten Tropfen runter.«

»Wetterteams«, gibt Laura zum dritten Mal das Kommando, »Chem-Ausbringung ... jetzt.«

Mir fällt jetzt erst auf, dass die Wettermacher Lauras Ansagen kommentarlos umgesetzt haben. Das bringt mich zum Grinsen. Und ich dachte immer, der Chaoshaufen wäre nicht zu koordiniertem Handeln fähig.

Esper macht sich an einem Zaun zu schaffen. Es dauert nicht lange, bis das Videobild noch undeutlicher wird als zuvor, als sich Tropfen auf der Kameralinse sammeln. Die verwackelten Aufnahmen sind beinahe unheimlich, so als wären wir in einem fremden Albtraum gelandet. Das Einzige, was ich sehen kann, ist, dass sich Esper per Handzeichen mit den beiden EcoQuest-Leuten in seinem Team verständigt. Dann ragt plötzlich ein massiver Betonklotz vor ihm auf, in dem ich verspätet das Fundament einer Antenne erkenne.

Auf einmal erstarrt das Bild. An dem Würfelgebäude springt ein Bewegungsmelder an. Ich halte die Luft an, aber im nächsten Moment kann ich fast fühlen, wie Esper sich entspannt. In dem verwaschenen Lichtkegel rund um die Eingangstür werden drei der Wachleute sichtbar. Sie ziehen die Tür auf und drängen sich hinein.

»Drei sind erst mal aus dem Weg«, flüstert Esper in sein Mikro.

»Haben wir gesehen«, murmelt Laura, doch sie sagt es nicht laut. Die Info ist ja vor allem für die Teams auf dem Antennenfeld gedacht.

Vielleicht gewöhnen sich meine Augen mittlerweile an die Dunkelheit, vielleicht bilde ich es mir auch nur ein, doch es kommt mir vor, als würde ich zwischen den Antennenmasten geduckte Gestalten herumhuschen sehen. Wie wird das übermorgen wohl aussehen, wenn Nika die Bomben zündet? Es fällt mir schwer zu glauben, dass diese dünnen Masten, so gespenstisch sie aussehen mögen, Baals ganze Verbindung in den Himmel sind. Er ist seit Tagen so allgegenwärtig, dass eine riesige, mit Sensoren gespickte Glaskuppel über der Stadt viel passender gewirkt hätte.

Wieder erkenne ich Espers Hände und ein dunkles Kästchen, das er innen an dem Metallkonstrukt befestigt. Das wiederholt er an drei anderen Masten, bevor er wieder in Deckung geht.

Die Eingangstür des Würfels schwingt auf und jemand streckt den Kopf heraus. Was macht …? Dann kapiere ich es und grinse in mich hinein. Da arbeiten sie für einen der größten Wetterkonzerne in Deutschland und müssen vor die Tür, um zu checken, ob es noch regnet.

Ein Blick auf das Satellitenbild zeigt mir, dass das Tief beinahe vorübergezogen ist. Ich lenke Lauras Aufmerksamkeit auf den Wachmenschen. Sie nickt.

»Beeilt euch«, spricht sie ins Mikro. »Security kommt.«

Esper hält vor seiner Kamera den Daumen hoch, dann macht er sich auf den Rückweg. Er wartet, bis die beiden anderen aus seinem Team bei ihm sind, dann schlüpfen sie durch den Zaun und flicken das Loch. Auch Nikas Stream zeigt, wie sie und ihre Leute verschwinden. Bald sind auf den beiden Monitoren nur noch silbern schimmernde Baumstämme zu erkennen. In der ganzen Zeit blieb es hinter ihnen auf dem Antennenfeld ruhig.

»Team drei raus«, meldet Esper, als wir auf dem Monitor sehen, wie er sein Team abklatscht.

»Team zwei raus«, bestätigt auch Inez.

»Team eins raus«, kommt schließlich Nikas Statusbericht.

Leo, Laura und ich sehen uns an und atmen tief durch. Noch ist es zu früh für Entwarnung, aber zumindest sind alle aus der Gefahrenzone entkommen.

»Wartet einen Moment«, sagt Nika nach ein paar Minuten.

Laura schaltet Nikas Monitor auf einen anderen Kanal um. »Nikas Tablet«, erklärt sie mir leise.

Innerhalb von Sekunden blinken sechsunddreißig grüne Punkte auf dem Bildschirm auf. Sechsunddreißig scharfe Bomben.

»Sieht gut aus«, murmelt Nika, dann sagt sie lauter: »Wetterteams, Team zwei und drei, ihr haut jetzt ab. Wir haben hier alles im Griff.« Als Esper schon aufgestanden ist und ich mich erleichtert auf einen Hocker gesetzt habe, schiebt sie noch hinterher: »Gute Arbeit, Leute. Mit ein bisschen Glück ist Bioverse übermorgen um diese Zeit Geschichte.«

21

Die Nacht ist ziemlich kurz, weil ein paar Minuten nach der Aktion am Antennenfeld ein neuer Schwung Flüchtlinge in den Schutzräumen ankommt. So gut wir können, helfen wir ihnen, sich einigermaßen einzurichten, und als sich herausstellt, dass die meisten von ihnen schon seit zwei Tagen nichts Warmes mehr gegessen haben, wirft Leo den Herd an. Ich schnipple Gemüse und Zwiebeln, bis mir die Augen tränen, und falle gegen drei komplett erledigt auf mein Feldbett.

Um halb sieben schrecke ich wieder hoch. Ich habe geträumt, dass Nathalie Esper und Nika auf dem Antennenfeld erwischt und an die Spitze eines Masts gebunden hat. Benommen wanke ich in einen der Waschräume und koche dann Kaffee.

Im Aufenthaltsraum sitzt Leo schon wieder an seinem Laptop. Er sieht kaum auf, als ich ihm seine Tasse hinstelle, aber ein Funke liegt in seinen Augen, der gestern nicht da war. Wenn ich nicht ganz so müde wäre, würde ich fragen, ob er endlich eine Lösung für das Problem gefunden hat, das ihn umtreibt.

Ich habe noch nicht mal die Hälfte meines Kaffees getrunken, als Luc den Kopf durch die Tür streckt. War er die Nacht über hier? Hat er seine Familie in den letzten Tagen überhaupt gesehen?

Er deutet auf mich. »Mitkommen.«

Selbst wenn ich nicht völlig übernächtigt gewesen wäre, wäre ich schon allein deswegen sitzen geblieben, weil ich mir von Luc grundsätzlich nichts sagen lasse.

»Hä?«, antworte ich stattdessen.

Lucs Augenbrauen wandern nach oben. »Ich dachte, du willst vielleicht mal wieder was anderes sehen als dein Bett, die Tischplatte und diese Schreckensvideos, die du dir ständig reinziehst.«

Er deutet auf das Tablet, das auch jetzt neben meiner Kaffeetasse liegt. Ohne dass ich es verhindern kann, schiebe ich es ein Stück von mir weg.

»Schon, aber …«

Was immer ich zu sagen habe, es interessiert ihn nicht. »Um halb acht treffe ich mich mit jemandem, der uns vielleicht nützlich werden kann. Die Leute verfolgen ihre eigenen Pläne, das schon, aber …« Er macht eine kleine Pause. »… wer tut das nicht?«

»Und du triffst sie in den Katakomben?«

Laut schnaufend lehnt sich Luc gegen den Türrahmen. »Dir ist schon klar, dass diese Videos die Realität zeigen, oder? Es ist gerade lebensgefährlich, sich irgendwo im Freien rumzutreiben. Die halbe Stadt ist mittlerweile in den Tunneln unterwegs. Es geht zu wie zur Rushhour.«

Langsam schaltet mein Hirn in den nächsthöheren Gang. »Und warum brauchst du mich bei dem Treffen?«

Dass er mich allein deswegen mitnimmt, damit ich hier unten nicht vor Langeweile eingehe, kaufe ich ihm im Leben nicht ab.

Luc zuckt mit den Schultern. »Was du zu erzählen hast, wird diese Leute sicher interessieren.«

Irgendwas schwingt in seinen Worten mit, was ich nicht einordnen kann, trotzdem stemme ich mich seufzend auf die Füße. Alles ist besser, als mir noch länger den Hintern auf dieser Bank platt zu sitzen. Und mehr kriege ich aus Luc sowieso nicht raus, egal, wie viel ich nachbohre.

»Ich komme mit.« Leo klappt seinen Laptop zu und steht ebenfalls auf.

Luc sieht ihn verblüfft an. »Wieso? Geht dir die Arbeit aus?«

Leo zieht seine Schuhe unter dem Tisch hervor und schlüpft hinein. »Es ist alles vorbereitet. Im Sturmjäger laufen die Daten zusammen. Sobald Willem und Esper ihre Leute morgen auf Position haben, kann es losgehen.«

Luc wirkt nicht übermäßig begeistert, aber schließlich nickt er. »Dann Abmarsch. Ich will pünktlich sein.«

Lucs Besprechung findet im Untergeschoss einer Suppenküche statt. Zumindest riecht es hier unten so und auch die Vorräte in den Regalen deuten darauf hin. Wahrscheinlich gehört ihm der Laden sogar, denn wieso sonst sollte er wissen, dass der Keller einen Zugang zu den Tunneln hat?

Durch einen schummrigen Flur, in dem sich Schachteln und Getränkekisten stapeln, geht es in einen Lagerraum. Er ist fensterlos, die Tür nach draußen mit mehreren schweren Riegeln gesichert. Wertvolle Suppennudeln müssen das sein.

Leo bleibt dicht neben mir, ich kann sein Unbehagen körperlich spüren. Vielleicht liegt es am Koffein, das nach dem langen Tag und der beinahe schlaflosen Nacht endlich wirkt, aber mir kommt dieses Treffen mittlerweile auch wie eine schlechte Idee vor. Doch Luc scheint seinem Kontakt zu vertrauen, sonst hätte er keinen Treffpunkt gewählt, aus dem es so wenige Fluchtwege gibt.

Thierry ist an der Tür zum Gang stehen geblieben. Luc hat

eine Tüte Salzcracker aufgerissen und reicht sie herum. Ich bin schon wieder am Verhungern und stopfe mir zwei Handvoll in den Mund. Mit hochgezogenen Mundwinkeln nimmt Luc eine zweite Tüte aus dem Regal und hält sie mir hin.

»Zwei Minuten noch«, informiert Thierry uns. Er hat die Cracker nicht angerührt, der Musterknabe.

Doch so lange dauert es gar nicht mehr. Nur Sekunden später klopft es an der Außentür.

Dann passiert so viel auf einmal, dass ich das Gefühl habe, die Zeit würde stehen bleiben. Luc öffnet die Tür einen Spalt, doch bevor er sie ganz aufziehen kann, tritt jemand dagegen, und sie knallt gegen die Wand. Zwei Männer drängen herein, beide mit Helm, heruntergelassenem Visier und kugelsicherer Weste, beide mit vorgehaltener Waffe. Beide tragen sie Lila. Vor Schreck verteile ich die Cracker auf dem ganzen Boden.

»Keine Bewegung«, ruft einer. »Dies ist ein PAO-Einsatz. Halten Sie die Hände so, dass ich sie sehen kann.«

Wie hypnotisiert starre ich die beiden Männer an. Neben mir hebt Leo die Hände. Aus reiner Gewohnheit überlege ich, ob wir durch eine der Türen rauskommen, ob ich mit einem Windstoß die Außentür schließen kann und wir zu viert die beiden Beamten überwältigen könnten, aber ich bin zu langsam. Während einer der Männer Leo umdreht und ihm Fesseln anlegt, stehen mir plötzlich drei Behelmte gegenüber.

»Hände hoch«, sagt der Mann, nun mit mehr Nachdruck, und mir fällt auf, dass ich noch immer mit der leeren Snacktüte dastehe. Ich lasse sie fallen und füge mich.

Einer der Männer greift nach mir und im Bruchteil einer Sekunde zurren sich Kabelbinder um meine Handgelenke fest. Die Erinnerung an das letzte Mal, als ich so gefesselt war, wallt in mir auf, und ein Windstoß fegt durch den Raum, zerrt an Hosen, wischt Vorräte aus den Regalen, wirft die Hintertür ins Schloss.

Ich fühle etwas Kühles in meinem Nacken.

»Lassen Sie das, Vega«, sagt eine dunkle Frauenstimme, und sie braucht nicht ihr Visier nach oben zu schieben, damit ich weiß, wem wir in die Arme gelaufen sind.

Wem wir in die Arme getrieben wurden.

Ich bekomme meine Wut unter Kontrolle, die Luft im Raum beruhigt sich, und zwei der Beamten drehen mich um, sodass ich Elif Tekin gegenüberstehe. Dahinter lehnt Luc mit verschränkten Armen an einem Regal.

»Du ...«, fange ich an, doch mir fällt kein Schimpfwort ein, das schlimm genug für ihn wäre. Er tippt sich mit zwei Fingern an die Stirn und verneigt sich leicht.

Ein Ruck an meinem Arm bringt mich dazu, mich auf Elif zu konzentrieren.

»... kann vor Gericht gegen Sie verwendet werden. Haben Sie das verstanden?«, leiert sie herunter.

»Ja«, presse ich durch zusammengebissene Zähne hervor, und Elif wendet sich erwartungsvoll Leo zu. Er nickt.

»Bitte antworten Sie, Herr Cyprian«, fordert Elif ihn auf, und dieses Korinthenkackertum bringt mich gleich wieder auf die Palme.

»Ich habe verstanden«, antwortet Leo laut und deutlich und strafft die Schultern. Er hat recht. Ich muss mich in den Griff kriegen. Luc hat jedes bisschen Wut verdient, aber mit der PAO will ich nicht noch zusätzlich Ärger.

Die Beamten führen erst Leo, dann mich zur Tür. Baals Wind brandet in den Raum wie ein feindliches Heer.

»Das wirst du bereuen«, brülle ich gegen den Sturm an, als wir an Luc vorbeigehen.

»Ich fürchte mich schon, Vega«, gibt er zurück, dann wendet er den Kopf und nickt Elif zu, die hinter mir läuft. »Ich verlasse mich auf Ihr Wort.«

»Deal ist Deal«, antwortet sie, und auch wenn ich trotz des Heulens um uns herum hören kann, dass so etwas wie Bedauern oder Schuldgefühle in ihrer Stimme mitschwingt, bringt mich das noch mehr auf.

»Du hast dich kaufen lassen? Von der PAO?«, rufe ich vom Ende der Treppe, die auf den Hof hinaufführt. Nicht einmal meine Wut überdeckt die Übelkeit, die in mir hochsteigt, als mich die volle Wucht des Sturms trifft. Trotzdem würge ich hervor: »Ich schwöre dir, Luc, wenn ich raus bin, hören das alle! Kein Wettermacher wird dir noch …«

»Sei still, Vega«, schneidet er mir das Wort ab. »Keinen kümmert, was du denkst.«

Luc ist auf der untersten Stufe stehen geblieben und sieht zu, wie ich auf die Sitzbank eines PAO-Busses geschoben werde. Ich halte die Klappe, aber nicht, weil er es mir sagt, sondern weil ich Leos Knie an meinem Oberschenkel spüre. Luc nehme ich mir ein andermal vor, jetzt geht es darum, den Schaden für Leo zu begrenzen. Wenn ich Elif damit besänftige, werde ich mich mustergültig benehmen. Wenn ich Leo damit freibekomme, werde ich ihr alles erzählen, was sie hören will.

Langsam drehe ich den Kopf und sehe Leo an. Um uns herum wird alles für einen schnellen Aufbruch vorbereitet, doch für ein paar Sekunden schaffe ich es, den Trubel auszublenden und mich nur auf sein Gesicht zu konzentrieren.

»Es tut mir leid«, sage ich so leise, dass es über dem Sturm gerade noch zu hören ist. »Ich bringe es wieder in Ordnung.«

Sanft schüttelt er den Kopf und öffnet den Mund, aber da setzt sich Elif uns gegenüber und betrachtet uns streng, und was immer er sagen wollte, muss warten.

Was er vorhat, erfahre ich dagegen sehr schnell. Immer wieder erfassen uns Böen, sodass die Einsatzfahrzeuge nur langsam vorankommen. Durch die Windschutzscheibe erkenne ich, was Baal angerichtet hat. Haufen von Schutt, zerschmetterte Bretter, Planen, armdicke Äste blockieren Straßen, Autos liegen auf den Dächern, vereinzelt kämpfen sich Menschen mit gesenktem Kopf und blind tastenden Händen durch das Chaos. Folie, Papier und Laub werden von den Böen hin und her geschleudert wie in einer bizarren Choreografie. Der Anblick lässt meine Wut verebben und macht einer plötzlichen Sinnlosigkeit Platz. Der Sturm ist so mächtig, seine Energie fühlt sich an wie ein Schraubstock, der immer, immer fester angezogen wird und die Luft aus meinem Brustkorb presst. Was habe ich dem entgegenzusetzen?

Wie durch dichte dunkle Wolken höre ich Leos Stimme. Daran halte ich mich fest, daran hangle ich mich zurück ins Jetzt. Ein Problem nach dem anderen. Und das aktuelle geht Leo gerade an.

»Ich weiß, Sie haben Ihre Vorschriften«, wendet er sich mit seiner professionellsten Wissenschaftlerstimme an Elif, »aber Sie machen einen Fehler. Hinter dieser Sturmfront stecken keine wildgewordenen Wettermacher. Wir stehen etwas viel Größerem gegenüber.«

Elif presst die Lippen aufeinander, und ich denke schon, dass sie Leo den Mund verbietet, als sie fragt: »Und was wäre das, Herr Cyprian?«

»Ein Wettermodifikationsprogramm meiner Tante«, sagt er ganz ruhig. »Von Nathalie Cyprian und Bioverse. Sie wissen selbst, dass ein solches Tiefdrucksystem nicht mit traditionellen Wettermachermethoden hergestellt werden kann.«

Sie schnaubt und sieht mich an. »Von traditionellen Methoden bin ich auch nicht ausgegangen.«

Jetzt wird Leo doch lauter. »Vega hat nichts mit diesem Sturm zu tun! Ich gebe Ihnen jeden Einblick in die Bioverse-Praktiken, den Sie haben wollen, aber …«

Elif hebt die Hand. »Ich habe verstanden, Herr Cyprian. Bitte sparen Sie sich Ihren Atem. Was auch immer hinter den aktuellen Wetterkapriolen steckt, muss uns nicht kümmern. Es gibt genug andere Vorwürfe, mit denen Sie sich konfrontiert sehen. In der Zentrale«, schiebt sie hinterher, als Leo Luft holt. »Sie haben bald Gelegenheit, mir Ihre Sicht der Dinge zu erklären. In der Zwischenzeit rate ich Ihnen dringend, etwas zu essen und sich danach ein wenig auszuruhen.«

Wie Elif davon ausgehen kann, dass ich mich entspannen könnte, begreife ich nicht, aber auch wenn ich mich eine Weile zurückhalte, esse ich irgendwann doch den Milchreis mit Zimt und Zucker, den mir jemand hingestellt hat. Danach lassen zumindest die Kopfschmerzen etwas nach. Die dunkle, stickige Zelle, in die sie mich gesperrt haben, erinnert überhaupt nicht an die Eiskammer bei Bioverse, trotzdem klopft mir das Herz bis zum Hals. Wie ein gefangener Tiger laufe ich zwischen der Tür und dem Fensterschlitz hin und her, hin und her, und stelle mir immer wieder vor, wie ich Luc zur Rede stelle. Was hat er sich gedacht? Ich habe ihm vertraut! Es dauert eine Weile, bis ich dahinterkomme, warum er den Deal mit Elif eingegangen ist. Vermutlich hat sie ihm Zugriff auf die beschlagnahmten Chems zugesagt. *Das lass mal meine Sorge sein*, hat er geantwortet, als ich wissen wollte, woher er die Chems für den Schlag gegen Baal nehmen will. Haha. Macht dieser Mann nie irgendetwas ohne Hintergedanken?

Abrupt bleibe ich stehen. Erst jetzt begreife ich, dass sein Verrat noch viel tiefer reicht. Die PAO ist das eine, doch er hat in Kauf genommen, dass Baal mich aufspürt und Nathalie genau weiß, wo ich bin.

Langsam sinke ich auf die niedrige Pritsche. Hat er recht? Bin ich so nutzlos für den Plan morgen, dass es keine Rolle spielt, ob ich bei der PAO bin, bei Bioverse oder irgendwo unter der Erde?

Die Erinnerung an Baals Macht prickelt auf meiner Kopfhaut. Wenn es wieder so wird wie am Campus, hat Luc recht. Dann bin ich wie eine Zielscheibe und Nathalie kann mich innerhalb kürzester Zeit ausschalten. Vielleicht bin ich in einer Arrestzelle wirklich am besten aufgehoben. Ein kleiner Preis für eine Wagenladung Chems.

Die Minuten verstreichen und irgendwann hat sich das Gedankengewitter in meinem Kopf ausgetobt. Nur die Frage nach Leo bleibt. Als auch nach mindestens einer Stunde niemand auftaucht, vermute ich schon, dass sie die Vernehmung mit ihm begonnen haben, aber dann vergehen mehrere Stunden, und ich bin immer noch allein. Obwohl es draußen weiterhin stürmt, kommt mir das Licht, das durch die Luke weit oben an der Wand hereinfällt, immer heller vor, wahrscheinlich ist es also schon Mittag.

Tatsächlich öffnet sich wenig später eine Klappe in der Tür und ein Tablett wird hindurchgeschoben, diesmal mit Nudeln und Linsen. Weil ich schon wieder Hunger habe, esse ich die Mahlzeit, während sie noch warm ist.

Danach ist die Luft raus. Ich strecke mich auf der schmalen Pritsche aus, und auch wenn ich davon überzeugt bin, dass ich auf keinen Fall einschlafen kann, schrecke ich hoch, als ein Riegel an der Tür zurückgeschoben wird. In der Zelle ist es beinahe dunkel, sodass ich einen Moment nicht weiß, wo ich bin. Zum Glück ist die Tür so gut gesichert, dass das Aufschließen eine kleine Ewigkeit dauert und ich mich halbwegs orientieren kann, bis eine PAO-Beamtin auf der Schwelle steht und mir winkt.

»Los, wir gehen.«

Ich frage gar nicht erst, wohin. Ich werde es schon erfahren.

Elif wartet in einem kleinen Verhörraum auf mich. Ein Tisch, vier Stühle, in der Ecke eine Kamera. Gemütlich ist anders, aber das war bei der Wahl der Einrichtung wahrscheinlich auch nicht das Ziel.

Elif nickt mir zu, dann gleitet ihr Blick hinter mich. Die Beamtin, die mich geführt hat, lässt mich los, sodass ich mich umdrehen kann. Leo kommt auf uns zu. Er wird von einem Mann begleitet. Die Lichtverhältnisse sind schlecht, aber ich sehe noch genug, um seinen Blick erwidern zu können. Es geht ihm gut. Und das hier ist noch nicht verloren. Wir gehen nur in die zweite Runde.

Wieder nickt Elif, als Leo und der Beamte neben ihr stehen bleiben.

»Das wäre dann alles«, sagt sie.

Die Beamten zögern, aber Elif wedelt mit der Hand.

»Ich komme hier klar. Wo sollen sie schon hin? Ich brauche ihre Expertise für ein paar unerlaubte Wetterexperimente, auf die wir aufmerksam geworden sind.« Sie deutet auf die Tischplatte, wo ein Tablet liegt.

Leo und ich wechseln einen schnellen Blick, doch genau wie er bemühe ich mich um einen neutralen Ausdruck. Kein Wunder, dass die Beamten zögern. Warum will Elif mit uns allein sein? Entspricht das den Vorschriften? Sollte nicht zumindest noch eine zweite Person im Raum bleiben?

Schließlich beugen sich ihr die Beamten. Sobald die Tür ins Schloss gefallen ist, verschränkt Elif die Arme und sieht uns an. Sie steht etwas außerhalb des Lichtscheins, der den Tisch beleuchtet, sodass ich kaum mehr als ihre Augen erkennen kann.

»Das war ja alles sehr unterhaltsam«, sagt sie, »aber jetzt will ich die Wahrheit.«

Leo und ich bleiben stumm.

»Die Wahrheit?«, bringe ich irgendwann heraus.

»Ja! Zur Abwechslung!« Elif tritt einen Schritt näher. »Das mit Bioverse scheint ja zu stimmen, aber du, Vega ... Erzähl mir doch nicht, dass du eine normale Wettermacherin bist. Wenn ich euch helfen soll – wenn die PAO ihre Vorwürfe euch gegenüber fallen lassen soll –, dann will ich jetzt hören, was Sache ist.«

Ihre Direktheit überfordert mich. Ich habe mit allem Möglichen gerechnet, aber nicht damit, dass Elif ihre professionelle Maske fallen lässt. Obwohl ich überhaupt keine Ahnung habe, was ich jetzt sagen soll, finde ich sie zum ersten Mal nicht komplett ätzend.

Ich glaube, sie deutet mein Schweigen falsch, denn sie seufzt. »In Ordnung. Ich kann verstehen, dass ihr mir nicht vertraut.« Sie reibt sich über die Stirn. »Also machen wir es so: Ich gebe euch etwas und ihr gebt mir etwas. Einverstanden?« Sie wartet keine Antwort ab. »Ihr müsst nichts sagen. Ich will euch davon überzeugen, dass wir besser zusammenarbeiten.«

Und dann beginnt sie zu erzählen. Sie hat den ganzen Tag damit zugebracht, Leos Angaben über Bioverse mit den Daten abzugleichen, die die PAO gesammelt hat. Je tiefer sie gegraben hat, desto überzeugter war sie, dass Bioverse zumindest an dem Tiefdrucksystem Anteil hat.

»Aber was mich wirklich überzeugt hat«, sagt sie, und plötzlich liegt eine neue Schärfe in ihrer Stimme, »war, dass die Daten, die ich abgefragt hatte, auf einmal einer Freigabe unterlagen. Je hartnäckiger ich war, desto schwieriger wurde es, an Messwerte zu kommen. Es war, als wäre mir jemand immer einen Schritt voraus und würde mir eine Tür nach der anderen vor der Nase zuschlagen.«

Sie schweigt einen Moment.

»Das ist meine Wahrheit«, fährt sie leiser und irgendwie bedauernd fort. »Ich bin mir nicht mehr sicher, wem ich bei der PAO trauen kann. Wenn nur die Hälfte von dem stimmt, was ich vorhin auf dem Bildschirm hatte, dann wäre das ein Skandal, der nicht nur Bioverse, sondern auch die PAO in die Knie zwingen würde. Wir waren die ganze Zeit hinter den Sprotten her, während uns die Haie ins Gesicht gelacht haben.«

Ich fühle, wie sich meine rechte Augenbraue hebt, und Leo hat Mühe, sein Grinsen zu verbergen, aber abgesehen von der Fragwürdigkeit ihrer sprachlichen Bilder hat Elif ja anscheinend endlich kapiert, was ich ihr seit Monaten zu sagen versuche.

»Und jetzt ihr«, verlangt sie.

Leo und ich sehen uns an und schließlich zucke ich mit den Schultern. Wie gut, dass mir diese Spielereien nicht langweilig werden.

Auf dem Tisch steht ein Glas mit Wasser. Ich sende ein paar Impulse aus und das Wasser scheint lebendig zu werden. Ein Strudel bildet sich, immer schneller, und dann lösen sich die ersten Tropfen von der Oberfläche. Wie Perlen tanzen sie über dem Glas in der summenden Luft, immer im Kreis. Kein Wunder, dass Elif die Augen aufreißt. Es ist ziemlich spektakulär.

Doch sie hält sich gut. Sie bleibt an Ort und Stelle stehen und wartet, bis ich die Energie erhöhe, sodass sich die Tropfen in die Länge ziehen und zu einem Kranz vereinen. Dann balle ich das Wasser zu einer Kugel, reduziere die Energie wieder und lasse es wie einen Pfeil zurück in das Glas fallen. Natürlich spritzt es, aber Elif ist zu perplex, um ihr Tablet in Sicherheit zu bringen. Sie starrt die Wassertropfen auf der Tischplatte an, dann lässt sie sich auf einen der Stühle fallen.

»Das erklärt einiges«, stöhnt sie. Nach einer Sekunde schaut sie auf. »Nein, das erklärt gar nichts! Wie machst du das? Woher kannst du das? Wie ist das überhaupt möglich?«

Leo setzt sich ebenfalls, so als würde er einen längeren Vortrag erwarten, doch ich wollte es eigentlich kurz halten.

»Ich erfühle das Wetter. Ich konnte das schon als Kind. Warum, weiß ich auch nicht, aber ich hab mich damit abgefunden«, gebe ich zurück, und Leo schüttelt grinsend den Kopf.

Elif runzelt die Stirn, dann wendet sie sich wie Hilfe suchend an Leo. »Und es gibt keine wissenschaftliche Erklärung?«

Genervt lasse ich mich auf den dritten Stuhl fallen und strecke die Beine von mir.

Leo schüttelt den Kopf. »Keine, die uns bisher untergekommen wäre. Es finden physiologische Vorgänge in ihrem Körper statt, aber wie sie die steuert, ist unklar.« Für einen Moment wandert sein Blick zu mir. »Ein bisschen Magie scheint im Spiel zu sein.«

Das hat er noch nie gesagt. Ich frage mich, wie es ihm damit geht. Fasziniert es ihn? Oder findet er es unheimlich und abschreckend, weil es nicht zu dem passt, was sein Leben sonst ausmacht? Vielleicht stehen mir diese Gedanken etwas zu deutlich ins Gesicht geschrieben, denn er greift unter dem Tisch nach meiner Hand und hält sie fest. Und diese Geste flutet mich unerwartet mit einer solchen Erleichterung, dass ich so fest zudrücke, wie ich kann.

Elif bekommt von diesem kurzen Moment nichts mit. Sie ist aufgewühlt, das ist offensichtlich. Sie geht sogar so weit, ihren strengen Pferdeschwanz aufzumachen und neu zu binden. Nach einer Denkpause atmet sie aus und nickt entschlossen.

»Okay. Dass du unter diesen Umständen vermeiden wolltest, verhaftet zu werden, kann ich verstehen.« Sie sieht mir fest in die Augen. »Aber wie geht es jetzt weiter? Jemand muss dieses Chaos hier«, sie deutet zur Decke und meint offenbar Baals Sturm, »doch beenden.«

»Ist das nicht die Aufgabe der PAO?« Es sollte eine Herausforderung sein, aber eigentlich klinge ich nur müde.

Elif sieht weg, dann schaut sie mich wieder an. »Ich weiß gerade nicht, wofür die PAO steht. Aber ich weiß, dass uns die Zeit davonrennt. Wenn wir jetzt nicht handeln, ist es zu spät. Nur ... allein kann ich nichts tun.«

Leo und ich tauschen einen Blick. Nein, allein kann keiner von uns etwas tun. Genau deswegen hatten wir uns Verbündete gesucht, ein Team, das Luc mit seinem Verrat gesprengt hat. Aber was, wenn Elifs Hilfe genau das ist, was bei unserem Plan gefehlt hat? Wenn sie etwas beitragen kann, was wir zuvor gar nicht in Betracht gezogen haben, einfach weil es außerhalb unserer Reichweite schien?

Ich wende mich an Elif. »Wenn wir wüssten, was du tun kannst, würdest du uns dann helfen?«

Sie strafft die Schultern. »Habt ihr einen Plan?«

Ich nicke knapp.

Auf einmal ändert sich die Atmosphäre im Raum. Es ist, als würde Elif vor unterdrückter Energie beben. »Was braucht ihr?«, fragt sie. »Ich kann euch nicht die Hilfe der gesamten PAO zusagen, aber ein paar Stellschrauben kann ich drehen.«

Leo lehnt sich vor. »Bisher hatte der Plan zwei Elemente: Erstens müssen wir das Programm blind machen, seine Zielgerichtetheit aushebeln. Je mehr Messstationen von Bioverse wir zerstören, desto schwieriger wird es, auf natürliche Schwankungen in der Atmosphäre zu reagieren. Und die muss Baal ja ausschalten, um die Kontrolle über das Wetter zu behalten.«

»Baal? Ist das das Computerprogramm, das hinter dem Unwetter steckt?«

Leo nickt.

Elif rutscht unbehaglich auf ihrem Sitz hin und her. Ich muss ein Grinsen verbergen, als ich sage: »Keine Sorge, da bist du raus. Wir kennen ein paar Leute, die der Sabotage von Infrastruktur aufgeschlossener gegenüberstehen als die PAO.«

Ihre Erleichterung ist beinahe greifbar, doch ich zucke nur mit den Schultern, als sie fragt: »EcoQuest?«

Sie gibt sich – zumindest für den Moment – damit zufrieden, und Leo erklärt weiter: »Der zweite Schritt ist, dass wir das Sturmsystem schwächen müssen. Es darf nicht immer neue Energie in die Mitte ziehen, sondern muss sich von außen her erschöpfen.« Er zögert einen Moment, dann sagt er: »Dafür brauchen wir die Wettermacher. Und dich. Seit ihr den Schwarzmarkt immer weiter austrocknet, sind Chems Mangelware.«

Elif schnaubt. »Das Problem ist zumindest für den Moment behoben. Luc Fadiga hat gut verhandelt, als er mich heute Nacht angerufen hat.«

Also lag ich mit meiner Vermutung richtig. Leos Griff um meine Hand wird fester, aber ich habe nicht vor, mich aufzuregen. Der Moment wird schon noch kommen, in dem ich es Luc heimzahlen kann.

»Der dritte Punkt ist das Programm selbst.« Leo zögert kurz. »Bisher war das die Schwachstelle des Plans. Sobald Nathalie merkt, dass Baal in die Knie geht, und befürchtet, dass ihr jemand auf die Schliche gekommen ist, wird sie alle Beweise auf den Bioverse-Servern vernichten.«

»Und das soll die PAO verhindern?«, fragt Elif.

»Ja. Wenn ihr nicht wollt, dass in paar Monaten ein anderer Wetterkonzern auf dieselbe Idee kommt, müsst ihr ein Exempel statuieren und die komplette Bioverse-Forschung beschlagnahmen.«

»Und ich hätte gedacht, du würdest Wettermodifikationen befürworten.« Aus schmalen Augen sieht Elif Leo an. Offenbar hat sie ihre Hausaufgaben gemacht und sich in seine Forschungsarbeit eingelesen.

Er lässt sich nicht aus der Ruhe bringen. »Modifikation bedeutet nicht absolute Kontrolle. Wir brauchen mehr Wissen über das Wetter, aber ich glaube nicht, dass wir es je gut genug verstehen werden, um Wettergott zu spielen.«

Elif sieht auf ihr Unice. »In Ordnung. Um Bioverse kümmere ich mich. Aber jetzt müsst ihr verschwinden.«

»Was?«

Elif deutet zur Tür. »In der Stadt ist die Hölle los. Als hätte der Sturm nicht gereicht, regnet es jetzt auch noch. Ich habe gleich wieder einen Einsatz, aber solange könnt ihr nicht hierbleiben. Ihr habt ja anscheinend zu tun.«

Leo und ich stehen auf.

»Danke«, sage ich und meine es ehrlich.

Sie nickt. »Ich brauche ein paar Stunden, um alles in die Wege zu leiten. Gebt mir Bescheid, wenn ihr losschlagt.«

Elif führt uns zu einem Treppenhaus. »Im Untergeschoss gibt es einen direkten Zugang zu den Katakomben. Es ist am sichersten, wenn ihr unbemerkt verschwindet.«

Das ist leichter gesagt als getan. Baal hat die PAO fest im Griff, das ist offensichtlich. Das Gebäude scheint nur so zu brummen, Außenteams streben den Ausgängen zu. Wir verhalten uns so unauffällig wie möglich, während uns Elif zu einem ruhigeren Flur an der Rückseite des Gebäudes begleitet. Im Treppenhaus kommt uns niemand entgegen und auch in der Parkgarage ist es ruhig. Privatautos stehen in Reih und Glied auf den Stellplätzen. Anscheinend sind heute eine Menge Überstunden angesagt.

»Haltet euch an der rückwärtigen Wand, dort erfassen euch die Kameras nicht«, weist Elif uns flüsternd an, und ich bin insgeheim beeindruckt, dass sie so was weiß. Jemand, der so korrekt ist wie Elif, sollte sich um Überwachungskameras eigentlich keine Gedanken machen.

Leo geht voraus. Die Luft ist kühl und schmeckt metallisch, und auch wenn sie mich wacher machen sollte, kriecht mir die Müdigkeit nur noch tiefer in die Knochen. Und der Tag nimmt einfach kein Ende. Auch wenn sich alles in mir dagegen sträubt, meine Wut auf Luc zu vertagen und unseren Plan in den Vordergrund zu stellen, müssen wir die anderen so schnell wie möglich finden und ihnen von dem Gespräch mit Elif berichten. Dass wir jetzt die PAO auf unserer Seite haben, kann uns den entscheidenden Vorteil verschaffen.

Ich schnuppere, weil mir frische Luft in die Nase weht. Wir sind wohl auf einer Ebene mit der Garagenausfahrt, und ich würde gerade sehr viel dafür geben, wenn wir einfach hinaus in die Nacht spazieren könnten. Ohne Angst, ohne besondere Vorsicht.

Stattdessen liegen noch kilometerweit Tunnelgänge vor uns.

Ich seufze leise.

Das Geräusch geht in plötzlichem Reifenquietschen, in Türenschlagen, schnellen Schritten und Gebrüll unter.

»Keine Bewegung«, echot es aus allen Richtungen. »Hände hoch!«

Leo steht schon mitten auf der Rampe, die auf die nächsttiefere Ebene führt, er erstarrt und macht einen Schritt zur Seite, sodass mein Blickfeld eingeschränkt ist. Um meinen Arm schließt sich eine kräftige Hand und zieht mich mit einem Ruck um die Ecke. Im selben Augenblick prallen Kugeln von der Wand ab, ich sehe Funken fliegen.

»Leo!«, rufe ich, aber Elif macht »Schhh!« und zerrt mich weiter.

Von der Rampe höre ich aggressive Stimmen, dann einen dumpfen Aufprall, als würde ein Körper zu Boden gehen. Ich wehre mich gegen Elifs Griff, aber sie dreht mich herum und schüttelt mich.

»Du nützt ihm nichts, wenn sie dich auch haben!«

»Wer sind die?«, frage ich, obwohl es nutzlos ist. Natürlich ist mir klar, dass Nathalie uns gefunden hat. Baal hatte ja lange genug Zeit, mich zu orten. Aber das erklärt nicht, warum sie im Gebäude sind. »Wie kommen die hier rein?«

»Ich hab dir gesagt, dass ich nicht allen meinen Kollegen traue.«

Elif stößt mich voran, so heftig, dass ich beinahe hinfalle. Ich will umdrehen, will zu Leo, doch wieder höre ich Schüsse, beinahe im selben Moment, als sich neben uns Kugeln in die Wand graben. Betonsplitter bohren sich in meinen Unterarm, dann knallen wieder Schuhsohlen auf den Boden.

»Lass mich helfen, Elif!«, zische ich gegen den Schmerz an, aber zur Antwort gibt sie mir einen weiteren Schubs.

»Ich helfe ihm, du rennst!« Wir biegen um eine Ecke und ich erkenne eine Tür. »Geh da durch, die Treppe runter und nimm die Tür am Ende des Gangs. Und wenn du umkehrst, schwöre ich dir, ich schieße dich nieder!«

Ungebeten hallt Leos Stimme durch meinen Kopf, *versprich mir, dass du dich in Sicherheit bringst*, und ich stöhne frustriert auf.

»Du musst hier raus!«, beschwört mich Elif, und ich presse die Kiefer aufeinander und nicke.

Mit ein paar Schritten erreiche ich die Tür und drehe mich ein letztes Mal um. Elif steht an der Ecke und hat ihre Waffe gezogen. Sie sieht meinen flehenden Blick nicht, sondern tritt aus der Deckung und schießt. Es ist tapfer, aber wir wissen beide, dass sie keine Chance hat gegen eine solche Überzahl.

Dann schließt sich die schwere Tür hinter mir und Stille umfängt mich.

22

Jeder Schritt tut weh, während ich in der Dunkelheit in eine Richtung renne, die ich längst nicht mehr benennen kann. Ich kann nicht glauben, dass ich weggelaufen bin. Ich kann nicht glauben, dass das passiert ist! Dass wir Nathalie wieder in die Falle gegangen sind!

Meine Sorge um Leo quetscht mir den Brustkorb zusammen, jeder Atemzug fühlt sich an, als würde ich Luft in einen Autoreifen pressen. An einer Stelle, wo die neueren Wände aus Beton in Ziegelmauern übergehen und sich der Tunnel dreiteilt, muss ich Halt machen und mich übergeben. Ich würge, bis ich das Gefühl habe, auch mein Magen würde mit hochkommen. Mir laufen Tränen und Rotz übers Gesicht, und mit einem Schrei schlage ich mit der Faust gegen die Steine, dass ich fühle, wie die Haut an den Knöcheln aufplatzt.

Verflucht.

Wo ist Leo jetzt? Ist er schon auf halbem Weg zu Bioverse, oder sitzt er im Auto und wartet darauf, dass sie mich auch schnappen?

Ein Geräusch schreckt mich auf, kein Rascheln, kein Knall, etwas, was in der Finsternis bedrohlich nah und entrückt zugleich klingt. Verfolgen sie mich?

Ich stoße mich von der Wand ab und richte mich auf. Wenn sie mich erwischen, war alles umsonst. Dann fehlt uns nicht nur Leos Wissen, dann kann mich Nathalie zu allem zwingen, was sie will. Elif hat recht, solange ich hier draußen bin, unauffindbar für Nathalie, wird Leo nichts passieren.

Ich ziehe die Nase hoch und laufe weiter, über Schutt und durch Torbogen, immer tiefer in die Eingeweide der Stadt.

Nathalie wird nicht gewinnen. Ich überlege mir einen Plan, ich finde die anderen und dann hole ich mir Leo zurück.

»Vergiss es, Vega.«

Ich ignoriere Luc und schaue Esper auffordernd an.

Er reibt sich den Nacken und meidet meinen Blick. »Ich verstehe, dass du ihn rausholen willst, aber Luc hat recht. Wir können es nicht riskieren.«

»Ihr *wollt* es nicht riskieren«, widerspreche ich kalt. »Das ist ein Unterschied.«

Äußerlich bin ich ruhig, doch er kennt mich gut genug, um zu wissen, dass ich aus der Haut fahren könnte. Vor ein paar Tagen hat er großspurig behauptet, er wäre fertig mit Luc – nichts als leeres Gerede. Wegen Luc ist Leos Leben in Gefahr. Ich weiß überhaupt nicht, wie ich auf die Idee kommen konnte, ihm zu vertrauen. Wenn er einen Vorteil darin sieht, geht er über Leichen, und damit hat er den kompletten Plan gefährdet. Es hat nicht viel gefehlt und Nathalies Leute hätten mich genauso geschnappt wie Leo. Und gerade bin ich so wütend, dass ich keinen Moment zögern würde, den Club in Schutt und Asche zu legen, wenn Nathalie es von mir verlangen würde.

Von Esper hätte ich mehr erwartet. Ja, Leo hat ihn in Gefahr gebracht, als er ihn überredet hat, zu Bioverse zu gehen. Doch er hat auch jedes erdenkliche Risiko auf sich genommen, um ihm zu helfen.

Vielleicht fällt ihm das gerade auch wieder ein, denn er wird rot unter meinem Blick. Aber er wird nichts tun, um Leo zu helfen, da braucht er die Arme gar nicht erst zu verschränken. Ich sehe es an dem trotzigen Zug um seinen Mund.

»Alle sind in Position, Vega«, schaltet sich Willem ein. »Wir dürfen uns keinen Aufschub leisten. Jeden Moment könnten die Wachleute die Sprengladungen an den Antennen entdecken. Wir müssen den Plan jetzt durchziehen.«

Esper wirkt erleichtert, dass ihm jemand beispringt. »Du weißt, wie es draußen aussieht. Je früher wir das beenden, desto besser.« Er tritt näher, und fast glaube ich, dass er mich in den Arm nehmen will, aber mein Gesichtsausdruck rät ihm offenbar davon ab. »Leo kommt durch. Er ist zu wertvoll für Nathalie, sie tut ihm nichts.«

Ich bin wertvoller für sie, denke ich, aber ich spreche es nicht aus. Und auf keinen Fall werde ich ihnen erklären, dass Leo in dem Moment seinen Nutzen für Nathalie verloren hat, als er ihr seinen Algorithmus gegeben hat. Sie weiß, dass er mir wichtig ist, aber ansonsten könnte es sie nicht weniger kümmern, dass er ihr Neffe ist.

»Woher willst du wissen, dass er es nicht selber eingefädelt hat? Du hast doch immer gesagt, dass du ihm nicht über den Weg traust.« Luc lehnt so lässig an der Theke, als würden gleich die ersten Gäste hereinkommen.

»Erspar mir deine Meinung, Luc. Dich hab ich nicht um Hilfe gebeten, also halt dich raus.«

Innerlich koche ich. Er will mir was über Vertrauen und Verrat erzählen? Wenn Leo nicht unendlich viel wichtiger wäre als Luc, würde ich ihm jetzt zeigen, was ich von ihm und seinem armseligen Unterstadt-Imperium halte.

Er macht schon wieder den Mund auf, doch meine Geduld ist am Ende. Ein einziger Impuls lässt die Gläser in dem grün beleuchteten Regal hinter ihm klirren.

Nur das Zucken eines Augenlids verrät, dass er damit nicht gerechnet hat. Wir starren uns an, und in diesem Moment bin ich nicht bereit, noch irgendeine Provokation von ihm hinzunehmen. In dem indirekten Licht wirken seine Augen fast unnatürlich blau. Sie erinnern mich an Aminata, dabei sind sie nicht einmal die größte Ähnlichkeit zwischen ihr und ihrem ältesten Sohn. Die Ähnlichkeit geht viel tiefer. Sie würden es beide mit der ganzen Welt aufnehmen, um ihre Familie zu beschützen.

Leo ist meine Familie.

Und ich weiß, was es heißt, es mit der Welt aufzunehmen.

Langsam heben sich meine Mundwinkel. Es soll ein verächtliches Grinsen sein, aber ich fürchte, es ist eher eine Grimasse.

Lucs Kiefer spannt sich an. Er hat kapiert, dass ich nicht nachgeben werde. »Es war dein Plan, Vega.«

»Ja. Und jetzt hat Nathalie einen von uns entführt, der alles abbekommt, wenn auch nur das Geringste schiefgeht.« Ich drehe mich zu Esper und Willem um. »Das wollt ihr zulassen?«

»Das Ganze hier ist wichtiger als ein Einzelner.« Luc sagt es mit einer Eiseskälte, zu der ich ihn nicht für fähig gehalten habe.

Esper und Willem weichen meinem Blick aus. Also entscheidet es sich doch wieder zwischen Luc und mir.

Ich trete so nah auf ihn zu, dass ich kaum den Arm ausstrecken müsste, um ihn zu berühren. »Genau das hat Nathalie auch gesagt, als sie mich gezwungen hat, Baal zu füttern.«

Ein Windstoß erfasst die Flasche, die neben ihm auf der Theke steht, und schmettert sie an die gegenüberliegende Wand. Das Klirren von berstendem Glas und der scharfe Geruch nach Alkohol erfüllen die Luft. Ohne ein weiteres Wort drehe ich mich um und gehe zum Ausgang.

»Wo willst du hin?«

Ich habe mit beiden Händen die Flügeltüren aufgestoßen, doch jetzt bleibe ich noch einmal stehen und blicke über die Schulter. »Was kümmert es dich, Luc? Wenn's nach dir ginge, würde ich jetzt in einer PAO-Zelle verrotten.«

Irgendjemand sagt noch etwas, aber es interessiert mich nicht. Hinter mir schwingen die Türen zu und ich fange an zu laufen.

23

Ich bin so wütend, dass ich zittere. Beinahe mehr noch als die Weigerung der drei, Leo zu helfen, regt es mich auf, dass ich hier in diesem Kellerloch auf und ab laufen muss wie eine gefangene Kanalratte. Ich kann mich schon kaum mehr erinnern, wie es sich anfühlt, wenn der Wind durch meine Haare streicht und ich frische Luft atmen kann statt des Gestanks hier unter der Stadt. Vielleicht hätte ich doch im Club bleiben sollen. Ich kann mir nicht vorstellen, dass Nathalie ihre Leute in Lucs Allerheiligstes schickt. Aber dann hätte ich mich nur weiter über Luc ärgern müssen und das kostet zu viel Energie.

Immer wieder gehe ich meine Optionen durch. Wie groß sind meine Chancen, wenn ich einfach zu Bioverse gehe und alles aus dem Weg räume, was sich mir entgegenstellt? Der Gedanke ist verführerisch, und auch wenn ich keine Angst um mich selber hätte, wäre ich doch nie schnell genug, um rechtzeitig bei Leo zu sein. Sobald ich auch nur in seine Nähe käme, würde Nathalie ihm eine Waffe an den Kopf halten lassen, und meine Rettungsmission wäre vorbei.

Nein, solange Nathalie Leo auf dem Gelände festhält, liegt der Vorteil auf ihrer Seite.

Und das bedeutet … Wie elektrisiert hebe ich den Kopf.

Ich brauche einen Ort, wo die Chancen ausgeglichen sind.

Und wer weiß – wenn ich Nathalie ablenke, vielleicht sind die Aussichten größer, dass unser Vorhaben Erfolg hat. Wie lange dauert es noch, bis sie starten? Kann ich so lange warten?

Nein.

Je mehr Zeit ich Nathalie zum Nachdenken gebe, desto grausamer wird ihr eigener Plan sein, Leo gegen mich einzusetzen. Und Leos Sicherheit ist das Wichtigste. Ich muss sie jetzt aus ihrer Festung locken.

Auf ein Spielfeld, auf dem die Vorteile auf meiner Seite liegen.

Mit aller Macht stemme ich mich gegen die Tür, aber allein mit Muskelkraft bekomme ich sie nicht auf, zu stark drückt der Sturmwind von außen dagegen. Kurz schließe ich die Augen, um mich zu konzentrieren, dann schießt die Luft im Treppenhaus mit gewaltiger Kraft rechts und links an mir vorbei und stemmt die Tür lang genug auf, dass ich durch den Spalt schlüpfen kann.

Auf dem Dach hält mich nur die Blase auf den Beinen, die ich gegen den gnadenlosen Sturm um mich hochziehe. Es ist nicht nur das Toben des Windes, in dem ich niemals das Gleichgewicht halten könnte, auch die elektrischen Impulse, die dumpf in meinem Kopf pochen, hätten mich in die Knie gezwungen.

Ich drehe mich einmal um mich selbst. Wolkenungetüme, gelb, lila und grau, bäumen sich über den Dächern auf. Das kann noch nicht alles sein, wozu Nathalie mit Baal fähig ist, aber es fühlt sich so an. Der Wind rüttelt an mir, dass mir die Zähne klappern, und sein Heulen ist so laut, dass ich mir am liebsten die Ohren zuhalten möchte. Sogar das Atmen fällt mir schwer.

Nathalies Sturm ist pures Chaos. Es gibt keine Regeln, keine Gesetzmäßigkeiten, nur Zerstörung.

Und das ist genau das, was passiert. Was ich während der Fahrt zur PAO gesehen habe, war nur ein harmloser Vorgeschmack auf das, was Baals Sturm jetzt in der Stadt anrichtet. Auf den Plätzen und Straßen ist kein Mensch zu sehen, wer konnte, hat sich in Sicherheit gebracht. Der Rest ist ... Ich will es nicht denken. Es gibt keine Rettungsteams mehr, sie kämen nicht durch auf den überfluteten Straßen, in denen sich der Schutt türmt, an vielen Stellen bis über das Erdgeschoss der Gebäude hinaus. Das braune Wasser tost um die Häuser und reißt alles mit, was sich ihm in den Weg stellt.

Diese Zerstörung ist eine Botschaft an mich. Es ist das Unheil, das ich angerichtet habe, bei Big T, in dem Dorf am Fluss, aber millionenfach vergrößert. Die Macht des Sturms wird wachsen, bis Nathalie hat, was sie will: mich.

Der Sturm ist eine Herausforderung.

Und jetzt nehme ich sie an.

Ich habe meinen Standpunkt bewusst gewählt. Es ist eine weite Dachfläche, ein ehemaliger Hubschrauberlandeplatz auf einem Hochhaus, aus Zeiten, als Banken und Konzerne noch dachten, mit Geld ließe sich alles regeln. Mittlerweile bin ich tropfnass, die Kleidung klebt mir am Körper, denn den Regen hält auch meine schützende Windhülle nicht ab. Vielleicht hat mich Baal längst aufgespürt, doch wenn nicht, werde ich nachhelfen.

Ich drehe das Gesicht nach Nordosten, in die Richtung des Bioverse-Geländes, dorthin, wo sich Nathalie verschanzt hat. Und dann zeige ich ihr, worauf sie sich gefasst machen muss.

Die ersten Sekunden sind holprig. Die ständige Beschränkung, die ich meiner Gabe in den vergangenen Tagen auferlegt habe, ist zur Gewohnheit geworden, es kostet mich Überwindung, sie freizulassen. Aber dann ist es eine Erleichterung. Meine Schultern senken sich, ich atme tief aus.

Und dann spüre ich den Sturm im Innersten. Er ist keine Bedrohung mehr, nicht für mich. Er fließt durch mich hindurch, ich fühle die kleinsten Verwirbelungen und die heftigsten Böen, und ich beginne, sie nach meinem Willen zu formen. Wie eine Dirigentin bringe ich Ordnung ins Chaos, ich leite, sammle, führe.

Baal bäumt sich auf, ich spüre, dass er meinem Einfluss entgegenwirken will, doch das dauert nicht lang. Hinter der Gewalt des Sturms nehme ich ein Zögern wahr, und ich weiß, meine Botschaft ist angekommen.

Meine Kraft reicht nicht, um das Unwetter aufzulösen, aber sie genügt, um einen Tunnel mitten hindurch zu schlagen.

Und plötzlich tritt Stille ein.

Der Sturm tobt weiter, ich höre das Rauschen und Heulen, doch hier auf dem Dach und in einer Schneise quer durch die Stadt ist der Himmel blau, und die Sonne strahlt. Sie lässt mich frösteln, aber der Moment dauert nur kurz. Dann sind ihr Licht und ihre Wärme wie ein Energieschub, neue Kraft, die den Korridor aus gleißender Helligkeit noch einmal vergrößert. Ich schließe die Augen, nehme die Sonne in mich auf und warte.

Durch meine Augenlider ändert sich die Farbe des Lichts. Eine halbe Stunde vergeht, mehr nicht, bis ich das Dröhnen höre. Ich suche die Verwirbelungen, die die Rotoren verursachen, und nehme meine Energie zurück. Hinter dem Hubschrauber schließt sich jetzt der Korridor, doch ich achte darauf, dass keine Böen ihn erreichen. Leo ist an Bord, das weiß ich. Ihm wird nichts geschehen.

Ich öffne die Augen und sehe den Heli auf mich zufliegen. Nathalie hat nur darauf gewartet, dass ich ihre Herausforderung annehme.

Und jetzt sind wir hier. Zurück im Sturm. Es ist nicht der Ort und nicht die Zeit für Sonnenschein.

Als der Hubschrauber zur Landung ansetzt, drehe ich das Gesicht weg. Der Regen hat nicht wieder in voller Stärke eingesetzt, so als hätte Nathalie Baal für unser Treffen zurückgeregelt, aber das Wetter ist alles andere als gemütlich. Ich verkneife mir ein Grinsen. Sicherlich ist es Nathalie nicht entgangen, wie viel genauer meine Gabe noch immer ist.

In dem Moment, als die Kufen auf der Betonfläche aufsetzen, schiebt jemand die Tür des Helikopters auf und Nathalie springt heraus. Ein Assistent hält ihr sofort einen riesigen Schirm über den Kopf, aber er bewirkt wenig.

Ich bleibe stehen, als zwei Security-Leute Leo aus dem Heli zerren. Er ist gefesselt und geknebelt. Über die Dachfläche hinweg sucht er meinen Blick, und ich meine, eine Warnung in seinen Augen zu lesen, aber wovor will er mich jetzt noch warnen? Wir sind an einem Scheideweg angekommen, auch wenn wir mitten in den Wolken stehen.

Der Regen prasselt auf meinen Kopf, auf das Dach. Sein Rauschen und das Dröhnen der Rotoren machen es schwer, Nathalie zu verstehen.

»… dass du Einsicht zeigst«, sagt sie.

Mein Blick rast zwischen ihr und der Gruppe um Leo hin und

her. Die beiden Männer führen ihn auf die mir gegenüberliegende Seite des Dachs. Dort zwingen sie ihn, mit dem Rücken zum Abgrund auf die Brüstung zu steigen.

Unwillkürlich trete ich ein paar Schritte näher. Drei Pistolen richten sich auf mich.

Nathalie lächelt fein. »Keine Sorge. Er darf dort stehen bleiben, wenn du ein braves Mädchen bist und tust, was ich sage. Wenn nicht …« Ihre Augen leuchten bösartig. »… ist es ein weiter Weg nach unten.«

Irgendetwas Seltsames passiert mit mir. Um uns tobt ein Sturm, der die Stadt in Trümmer legt, ein paar Meter entfernt steht der Junge, den ich liebe, am Rande eines Abgrunds. Und trotzdem bin ich plötzlich nicht mehr wütend. Seit ich vor ihr geflohen bin, dachte ich, das alles hier, dieses Katz-und-Maus-Spiel, unser verrückter Plan, wäre eine Sache zwischen Nathalie und mir, meine Rache für alles, was sie mir angetan hat. Der andere Grund – ihr größenwahnsinniges Vorhaben zu vereiteln –, er war nicht vorgeschoben, doch erst jetzt, in genau diesem Moment, geht mir auf, was wirklich auf dem Spiel steht. Und dass ich vielleicht mehr Anteil daran habe, als ich mir eingestehe.

Nathalie hat mir angeboten, mit ihr zusammenzuarbeiten. Was, wenn ich das Angebot angenommen hätte? Wenn mein Trotz, meine Wut und meine Panik an dem Tag nicht meine Antwort beeinflusst hätten? Wenn ich den Funken Wahrhaftigkeit in Nathalies Worten gesehen hätte?

Vielleicht wäre es noch nicht zu spät gewesen, das aus Baal zu machen, was er hätte werden sollen: ein Werkzeug für die gesamte Menschheit.

Und weil mir das plötzlich so klar vor Augen steht, schlucke ich meine bissige Antwort herunter. Ich habe eine letzte Chance, Nathalie von ihrem Irrsinn abzubringen.

»Was muss ich tun, damit du Baal abschaltest?«

Meine Frage erwischt sie kalt. Ihr Mund zuckt, dann ist von einem Augenblick auf den anderen alles verschwunden, was sie wie eine verrückte Wissenschaftlerin wirken lässt. Zurück bleibt nur die eiskalte Geschäftsfrau.

»Ich werde Baal nicht abschalten. Egal, was du tust. Egal, welche lächerlichen Aktionen ihr euch noch einfallen lasst.«

Langsam hebe ich den Arm und deute auf die Stadt hinunter. »Erzähl mir nicht, dass diese Zerstörung das ist, wofür du zwanzig Jahre gearbeitet hast. Du wolltest Gutes tun. Kein Leid verursachen.«

Nathalie betrachtet mich kühl. Ich schirme mich vor dem Sturm ab, aber ich habe keinen Grund, ihr denselben Gefallen zu tun. Der Wind zerrt an ihren Haaren, Regentropfen hinterlassen dunkle Flecken auf ihrer Kleidung.

»Du bist ein Kind, Vega«, antwortet sie nach langen Sekunden. »Du siehst nicht über deine Nasenspitze hinaus. Für dich ist es Zerstörung, aber ich sehe dort unten den letzten notwendigen Schritt. Den letzten Schritt zum Gleichgewicht.«

Ich hole Luft, will einhaken, ihr widersprechen, doch sie lässt mich nicht zu Wort kommen.

»Die Welt, wie sie jetzt ist, ist unser Werk, Vega. Unsere Schuld. Die Menschen haben ins Wetter eingegriffen, in ein perfekt austariertes System. Aber wenn uns die Geschichte eines gelehrt haben sollte, dann dass wir niemals alle Konsequenzen unserer Handlungen überblicken. Wir sollten Bewahrer sein, Vega, keine Schöpfer.«

»Und deswegen schaffst du ein System wie Baal? Dessen Auswirkungen du nicht mal ansatzweise verstehst?«

Nathalie nickt, so als hätte sie meinen Einwand erwartet. »Mit Baal machen wir wieder gut, was wir aus dem Gleichgewicht gebracht haben. Vega, deine Gabe wird in Baal zu ihrer vollen Macht gelangen. Baal wird bald besser verstehen, wie du das Wetter beeinflusst, als du selbst. Dann braucht er dich nicht mehr oder mich oder irgendeine Steuerung. Er wird die natürliche Ordnung wiederherstellen. Baal wird ein Bewahrer sein. Egal, was passiert, Baal darf nie enden.«

Doch genau dafür wollen wir sorgen. Wortlos starre ich sie an. In ihrem Tonfall liegt eine Gewissheit, die mich frösteln lässt.

»Baal hat kein Gewissen«, sage ich schließlich. »Du schon.«

Etwas flackert in ihren Augen auf, doch es ist gleich wieder verschwunden. Dann lacht sie so schrill, dass selbst ihr Schirmträger zusammenzuckt.

»Ich lasse dich halb erfrieren und drohe meinem Neffen mit dem Tod, und du denkst, ich hätte ein Gewissen?« Sie tritt einen schnellen Schritt auf mich zu, sodass ich unwillkürlich zurückweiche. »Steig ein, Vega. Wenn ich nicht wüsste, dass Baal dich noch braucht, wärst du längst tot. Kein Mensch sollte Macht über das Wetter haben. Ich nicht und du auch nicht.«

Eine Bewegung lenkt mich ab. Mein Blick fliegt zu Leo, der mich mit aufgerissenen Augen ansieht und den Kopf schüttelt. Wie er durch den heulenden Wind und den prasselnden Regen hindurch verstanden hat, was Nathalie gesagt hat, weiß ich nicht, vielleicht kann er auch einfach nur ihre Körpersprache besser lesen als ich. Aber dass wir über Höflichkeiten hinaus sind, erkenne ich genauso wie er.

Ein warnender Stoß des Mannes neben ihm bringt ihn aus dem Gleichgewicht, und ohne dass ich darüber nachdenke, fängt ihn ein Luftkissen auf und stabilisiert ihn sanft. Doch in meinem Kopf sehe ich dieselben Bilder, die ihn in Panik versetzt haben. Wenn Nathalie mit mir fertig ist, werde ich sterben.

Sie hebt die Hand, und der Mann, der Leo eben beinahe vom Dach gestoßen hätte, hält ihm eine Waffe an den Kopf. Leo presst die Kiefer aufeinander, und es kostet mich unendlich viel Kraft, den Blick von ihm zu wenden.

»Was willst du?«, frage ich, auch wenn ich das natürlich längst weiß.

Nathalie hebt eine Augenbraue und deutet mit einer Hand auf den Hubschrauber. Auch sie weiß, dass sie nichts antworten muss.

»Lass ihn gehen, dann komme ich mit.«

Sie lacht. »Komm mit und ich lasse ihn gehen.«

Während hinter ihr drei weitere Security-Leute meinen Sitz vorbereiten – das Beruhigungsmittel, das sie mir ohne Zweifel verabreichen werden, liegt sicher auch schon bereit –, lässt Nathalie mich nicht aus den Augen. Aber mein Blick geht über sie hinweg, wieder zu Leo, wie er dort auf der Brüstung steht. Sein Gesicht ist ganz starr, als wüsste er nicht, was er denken oder fühlen sollte. Ich weiß, was ich denke, was ich fühle. Wenn ich mein letztes Geheimnis aufgeben muss für diesen Jungen, dann werde ich es tun, und es wäre richtig. Vielleicht geht die Welt davon unter, aber ihn hätte ich gerettet.

»Sie sollen von ihm weggehen!«, rufe ich und deute auf Leos Bewacher.

Nathalie wirkt amüsiert, doch sie nickt den beiden Männern zu. Sie treten ein paar Schritte zurück.

»Weiter!«

Nathalies Augen werden schmal, aber auch diesmal geht sie auf meine Forderung ein. Ich nicke.

Zögerlich trete ich einen Schritt nach vorn, dann noch einen und noch einen, beide schneller und entschlossener. Es kommt mir vor, als würde Nathalie schwanken, schwanken vor Erleichterung, nur einen winzigen Moment. Ganz sicher war sie also nicht, dass ihre Erpressung fruchten würde. Hat sie wirklich immer noch nicht kapiert, was ihr Neffe mir bedeutet?

»Warum nicht gleich so?«, fragt sie mich mit hochgezogener Augenbraue, und darauf gibt es auf der ganzen Welt keine passende Antwort.

Aus dem Augenwinkel erkenne ich, wie Leo heftig den Kopf schüttelt. Ich sehe ihn an, nur kurz, und schicke einen winzigen Impuls in seine Richtung. Ich hoffe, er fühlt den Windhauch, der über seine Wange streicht.

Im nächsten Moment spüre ich den Wind an meiner Wange, wie eine Antwort. Ich weiß, dass es nicht sein kann, dass ich mir so sehr wünsche, es wären meine Finger, die ihn berühren könnten, dass ich mir die Empfindung wahrscheinlich einbilde. Doch woher der Hauch kommt, spielt keine Rolle. Denn er ist wie ein Signal, dass mein Verbündeter, der Wind, an meiner Seite ist.

Nathalie mag skrupellos sein, aber sie denkt nach ihren eigenen Maßstäben. Was für sie möglich ist. Doch was für sie gilt, hat keine Bedeutung für mich.

Ich weiß nicht, ob sie die plötzliche Entschlossenheit in meinem Blick sieht, jedenfalls weiten sich ihre Augen, aber es ist zu spät. Ich werde nicht in diesen Hubschrauber einsteigen, genauso wenig, wie ich Leo opfern werde. Es gibt einen dritten

Weg, vielleicht noch gefährlicher. Doch das ist mir in diesem Moment egal.

Mit demselben Impuls, mit dem ich die Security-Leute, die überall auf dem Dach verteilt sind, auf den Boden schicke, werfe ich Leo über die Kante. Für den Bruchteil einer Sekunde fange ich seinen Blick auf, dann verschwindet er hinter der Brüstung.

Ein Schrei gellt übers Dach, es ist Nathalie. Genau wie ihre Sicherheitsleute und ihr Schirmträger liegt sie flach ausgestreckt da. Es ist zu spät.

Die Wachen im Heli glotzen ein paar Sekunden, bis sie kapieren, was los ist, doch als sie ihre Waffen ziehen, bin ich schon auf dem Weg.

In direkter Linie renne ich auf die Brüstung zu, halte mir mit brutalen Windstößen die Bioverse-Leute vom Hals und schicke einen Teil meiner Energie voraus, um Leos Fall zu bremsen. Dann stehe ich am Rand des Daches und sehe gerade noch, wie er in den braunen, reißenden Strom tief unter mir eintaucht.

Im nächsten Moment bin ich in der Luft.

Ich versuche, meinen Sturz zu verlangsamen, aber ich bin zu abgelenkt, das Haus ist nicht hoch genug, also tauche ich ungebremst mit den Füßen zuerst in das rauschende Wasser ein. Mein Aufprall ist sicher weniger hart als Leos, der mit dem Rücken aufgekommen sein muss, aber er ist heftig genug, um mir die Luft aus den Lungen zu pressen. Das Regenwasser schlägt über mir zusammen, doch ich strample mit den Füßen, so wie Leo es mir beigebracht hat, und eine Sekunde später tauche ich wieder auf. Keuchend atme ich ein.

Prustend und spuckend versuche ich, den Kopf über dem schäumenden Wasser zu halten und mich zu orientieren. Ich recke den Hals, so gut es geht, und nach ein paar rasenden Herzschlägen meine ich, einen dunklen Haarschopf zwischen dem Unrat auszumachen, den die Flut mit sich reißt. Die Wolken dämpfen das Licht, sodass es schwer ist, etwas genau zu erkennen, aber was bleibt mir schon? Ungelenk halte ich darauf zu, mit hilflosen Paddelbewegungen und so voller verzweifelter Hoffnung, dass ich immer wieder die Tränen wegblinzeln muss. Dass ich nicht ertrinke, liegt nur daran, dass ich Impuls nach Impuls aussende und mir damit Auftrieb verschaffe.

Trotz meiner ungeschickten Schwimmversuche erreiche ich die Stelle, wo ich Leo vermute.

»Leo!«, brülle ich in die wirbelnden Trümmer aus Plastik und Holz hinein. »Leo!«

Immer wieder lausche ich in den Lärm aus rauschendem Wasser und prasselndem Regen, bis ich glaube, ein Gurgeln zu hören. Nicht von einem Wasserstrudel, sondern aus einer menschlichen Kehle. Ich passe meinen Kurs an, fluche laut, als mich etwas Hartes an der Schulter trifft, und paddle weiter. Da, diese Plane! Rot und weiß gestreift, wie von einer Markise, bauscht sie sich über ein paar Brettern. Eine Sekunde lang taucht darunter ein Gesicht auf.

Dann ist es wieder verschwunden.

Ich strenge mich doppelt und dreifach an. Fünf Meter bin ich noch entfernt, dann drei, dann zwei. Ich hole tief Luft und tauche unter. Viel erkenne ich nicht, dafür ist das Wasser zu trüb, aber den schlanken Körper vor mir, den sehe ich. Noch zwei Schwimmzüge, dann bin ich bei ihm und kralle meine Finger um seine Arme.

Der nächste Impuls katapultiert uns durch die Oberfläche. Irgendwie schaffe ich es, das Klebeband von seinem Mund zu lösen. Leo holt keuchend Luft. Sein Körper krümmt sich, aber er ist hier, bei mir. Er wird nicht ertrinken.

Irgendwie schaffe ich es, ihn in dem wirbelnden Wasser auf den Rücken zu drehen. So wird es leichter für ihn, er bekommt genug Luft. Ich schlinge den Arm um seine Schultern und halte ihn über Wasser, bis sich seine Brust nicht mehr ganz so hektisch hebt und senkt. Gleichzeitig versuche ich, die Trümmerteile um uns herum von uns fernzuhalten. Meine Arme und Beine brennen vor Anstrengung, doch ich werde durchhalten. Solange ich muss.

»Vega …«, krächzt Leo. »Du musst mir die Fesseln durchschneiden.«

Mein Herz krampft sich zusammen, weil er sich kaum über Wasser hält und ich ihm nicht helfen kann.

»Ich habe kein Messer«, japse ich dicht neben seinem Ohr.

Er sagt nichts mehr. Immerhin ist es jetzt leichter, nicht unterzugehen. Seine Schwimmstöße sind so kraftvoll, dass ich selber beinahe nichts mehr tun muss und uns nur mit gezielten Impulsen auf Kurs halte.

Die Flut treibt uns immer weiter von der Innenstadt fort, auf die Schneise zwischen Unterstadt und Bahnhofsviertel zu, die wirkt wie ein riesiger Abfluss.

»Vega«, sagt Leo wieder, und im selben Moment merke ich es auch.

Eine Strömung hat uns erfasst, stärker, wilder als bisher. Das Wasser drängt mit Gewalt vorwärts, die Straßen werden schmaler, zwingt es in engere Bahnen. Die tief hängenden Wolken sperren das Licht aus, sodass ich immer weniger sehen kann, wohin wir treiben.

»Verflucht!« Im letzten Moment schaffe ich es, eine Kollision mit einem Transporter zu vermeiden, der fast komplett unter Wasser steht.

»Oh nein, entschuldige!«, rufe ich, als ich spüre, dass Leos Beine an seine Seitenwand schlagen.

Er stöhnt, aber ich atme auf, als er hervorpresst: »Nichts ... passiert.«

Wir ächzen beide, als wir uns gegen die Verwirbelungen im Wasser stemmen, immer wieder kommt uns ein Trümmerteil gefährlich nahe.

»Da vorne, Vega«, warnt Leo mich plötzlich.

Ich schicke meine Sinne voraus. Schneller als ich hat er gespürt, dass etwas vor uns im Wasser liegt. Ich weiß nicht, was es ist, ein Container vielleicht, zumindest groß genug, um beinahe die ganze Straße zu blockieren.

»Was soll ich tun?«, frage ich kurzatmig, als mir aufgeht, dass das Wasser eine Walze bildet, bevor es über das Hindernis hinwegfließt. Wenn wir da hineingeraten ... Ich will mir nicht ausmalen, was dann passiert.

»Kommen wir daran vorbei?«, fragt Leo, und ich überlege nicht, sondern treffe eine Entscheidung.

»Nach rechts!«, bestimme ich, und während Leo mehr Kraft in seine Schwimmbewegungen legt, konzentriere ich meine Energie darauf, uns von dem Strudel fernzuhalten und zur Seite zu lenken.

Mittlerweile habe ich kein Gefühl mehr in dem Arm, mit dem ich Leo halte. Ich klammere mich einfach an ihm fest. Einen Moment glaube ich, dass unsere Anstrengungen umsonst sind, dass uns die Walze unerbittlich anzieht, doch dann wird der Widerstand geringer. Ein paar Sekunden lang bewegen wir uns aus eigener Kraft vorwärts, dann keuche ich auf. Ein noch viel stärkerer Wirbel hat uns erfasst und zieht uns vorwärts.

»Ich kann uns nicht halten! Die Strömung ist zu stark!«, rufe ich Leo das Offensichtliche zu, dann sackt unter uns plötzlich der Boden weg. Wir werden nach unten gezogen und über uns schlägt das Wasser zusammen.

Es ist, als würde uns jemand im Klo runterspülen. Um uns herum ist es pechschwarz, ich weiß nicht mehr, wo oben oder unten ist. Ich gerate in Panik, lege den zweiten Arm um Leos Kopf, weil er dem Strudel mit gefesselten Händen völlig ausgeliefert ist. Meine Lunge brennt. Ich habe nicht tief genug eingeatmet, bevor wir untergetaucht sind, aber auch wenn schon Sterne am Rand meines Blickfelds aufblitzen, weiß ich, dass ich nicht Luft holen darf.

Der Moment dehnt sich unendlich. Mein Atemreflex wird unerträglich, lange halte ich nicht mehr durch. In meinem Kopf ist nur noch Platz für zwei Gedanken: *Ich darf ihn nicht loslassen* und *Wir müssen hier raus*.

Also packe ich Leo fester und lege meine letzte Kraft in einen Impuls, der uns vorwärtskatapultiert, durch das schwarze Wasser. Instinktiv hält Leo still – zumindest hoffe ich das –, und mit der Energie des Wassers schießen wir durch diesen Tunnel, weiter, immer weiter, bis ich wieder etwas anderes höre als tosendes Wasser und Luft an meinem Gesicht spüre.

Keuchend atme ich ein, ziehe, zerre, bis ich sicher bin, dass auch Leos Nase über Wasser ist, und höre schluchzend zu, wie er nach Atem ringt.

Allmählich beruhigt sich sein Husten. Seine Brust bewegt sich gleichmäßiger, und das einzige Geräusch um uns herum ist das Rauschen des Wassers, das sich weiter seinen Weg bahnt. Sind wir zurück in den Katakomben? In der Kanalisation? Der Gestank ist jedenfalls schlimm genug. Anfangs denke ich, es ist vollständig dunkel hier drin, aber das stimmt nicht. Graues Tageslicht sickert durch schräge Schächte herein.

»Hey.«

Leos Krächzen lenkt meinen Blick auf ihn. Ich erkenne nicht viel, nur sein blasses Gesicht. Vorsichtig hebe ich meine freie Hand und streiche über seine Wange.

»Hey.«

Ich lege meine Stirn an seine, und ich kann fühlen, wie er an seinen Fesseln zerrt, so als wollte er die Arme um mich legen. Doch da kann ich ihm gerade nicht helfen. Ich ziehe ihn an mich, so gut es geht, und bin einfach für diesen Moment dankbar. Wir sind zusammen und am Leben. Vor einer halben Stunde kam mir das nicht besonders wahrscheinlich vor.

Langsam hebe ich den Kopf und sehe in seine dunkel glänzenden Augen. »Es tut mir leid, Leo. Es tut mir so leid.«

»Dass du mich aus dem Wasser gefischt hast?«

Seine Witze in Stresssituationen waren schon immer schwach, aber diesmal bringe ich noch nicht mal ein Lächeln zustande. Ich schüttle den Kopf.

»Dass Nathalie … dass sie dich …« Ich bringe es nicht über mich, es auszusprechen, doch Leo hat weniger Hemmungen.

»Umbringen wollte?« Er zuckt mit den Schultern. »Ich glaube, das ging ihr auf die eine oder andere Art schon eine Weile durch den Kopf. Ich habe nur nie geglaubt, dass sie ernst macht.«

Anscheinend kann er mein schockiertes Gesicht nicht sehen, denn er geht auf mein Schweigen nicht ein, sondern stemmt sich in meinen Armen hoch. Ich schüttle meine Erstarrung ab und helfe ihm, sich aufrecht hinzusetzen.

Stöhnend lässt er die Stirn auf meine Schulter sinken. »Vega, wir müssen los. Wir müssen sie aufhalten.«

»Nathalie? Ja, das müssen wir. Aber jetzt brauchen wir erst mal was, um diesen Kabelbinder durchzuschneiden.«

Leo schüttelt den Kopf. »Wir müssen den Plan stoppen.«

Ich habe mich verhört. »Was?«

Leos Augen schimmern dunkel im Zwielicht. »Das Antennenfeld … Sie dürfen es nicht zerstören. Es ist der einzige Weg, Baal zu kontrollieren. Wenn Nika die Bomben zündet, aktiviert sich ein Mechanismus, der Baal von jeder Einflussnahme von außen abschottet.«

Ich starre ihn nur an. Nathalies Worte hallen in meinen Ohren nach, Worte, die ich jetzt erst anfange zu begreifen.

Egal, was passiert, Baal darf nie enden …

Wasser schwappt über unsere Füße und wir drehen gleichzeitig den Kopf. Seit wir hier sitzen, ist der Pegel um einen halben Meter gestiegen.

Mit einem Satz bin ich auf den Beinen und lege Leo die Hände unter die Achseln, um ihm beim Aufstehen zu helfen. »Zuerst müssen wir von hier verschwinden.«

»Hast du gehört, was ich gesagt habe?« Leos Stimme klingt drängend, doch kein Gedanke, der durch meinen Kopf rast, lässt sich gerade in Worte fassen.

Ein paar Sekunden lehnen wir uns an die Tunnelwand, um unser Gleichgewicht zu finden, dann drehen wir uns um und laufen in die Dunkelheit.

24

Die Schutzräume sind verlassen. Als wir – nach, ich weiß nicht, Stunden? – dort ankommen, ist niemand mehr da. In der Schlafhalle steht das Wasser knöchelhoch, der Flur, der zum Aufenthaltsraum führt, ist noch trocken. Aber das kann nicht lang dauern. Auf dem Weg hierher mussten wir immer wieder durch knietiefes Wasser waten. Die Kanalisation verkraftet Baals Sturzflut nicht mehr, die Katakomben laufen schneller voll, als ich es mir hätte vorstellen können.

Zu allem Überfluss muss Luc jetzt also auch noch die Schutzbunker evakuieren.

Leo ist am Ende seiner Kräfte, die gefesselten Hände haben ihm das Laufen noch schwerer gemacht. In einer Schublade finde ich eine Schere, damit durchtrenne ich endlich den Kabelbinder. Vorsichtig streiche ich über die Scheuermale und einen Moment lehnt er sich an mich.

Dann rafft er seine verbliebene Energie zusammen. »Wo sollen wir sie suchen?«

Ich drücke ihn auf die Bank und fische einen Apfel aus einem Beutel, den sie in der Hektik ihres Aufbruchs anscheinend übersehen haben. »Iss erst mal was. Ich sehe nach, ob ich sie über das Netzwerk erreiche.«

Aber ich habe Pech. Der Rechnerraum ist komplett leer geräumt, nur noch der Tisch und die beiden Hocker stehen da.

Mein Smartphone hat bei meinem unfreiwilligen Bad den Geist aufgegeben, also haben wir gerade keine Möglichkeit, die anderen zu kontaktieren.

Bei einem Abstecher in die Küche finde ich noch ein paar kümmerliche Scheiben Brot und zwei Nussriegel. Das ist ja mal eine üppige Grundlage, um es mit einer wildgewordenen KI aufzunehmen.

Im Aufenthaltsraum sitzt Leo schon wieder vor seinem Laptop und tippt darauf herum. Ich bin erleichtert, dass sein Gesicht ein bisschen Farbe bekommen hat.

»Den haben sie hiergelassen?«, frage ich, aber er klappt ihn zu und steht auf. Er schwankt ein wenig, doch ich spare mir einen Kommentar. Alles, was ihn jetzt noch antreibt, ist sein Wille. Diese Entschlossenheit hat Nathalie immer in ihm gesehen, nicht umsonst wollte sie mit ihm zusammen Bioverse führen. Dass sie sich jetzt gegen sie selbst wendet, hat sie sich ganz allein zuzuschreiben.

»Sie sind am Schmetterlingshaus«, erklärt er. »Als ich Laura gesagt habe, sie sollen abbrechen, hat sie den Chat beendet. Ich glaube, sie dachte, sie wäre gehackt worden.«

Ich helfe ihm, den Laptop in seinem Rucksack zu verstauen. »Dann müssen wir schnell sein. Wahrscheinlich denken sie, Nathalie ist ihnen auf den Fersen.«

Er nimmt den Nussriegel, den ich ihm hinhalte, und reißt die Folie auf. »Laura hat geschrieben: ›Bei Boyd.‹ Nathalie kann nicht wissen, wer das ist. Und der Standort ist gut. Ich würde dortbleiben.«

Mit einem letzten Rundumblick, ob nicht noch irgendwo etwas Brauchbares herumliegt, wende ich mich zur Tür. »Hoffen wir, dass du recht hast.«

Er hat recht.

Das Wasser steigt jetzt so schnell, dass wir es nicht mehr riskieren wollen, durch die Tunnel zu laufen. Ich weiß, dass ich Nathalie den direkten Weg zum Sturmjäger weise, aber darauf kann ich jetzt keine Rücksicht mehr nehmen. Ich glaube auch nicht, dass sie mir ihre Leute auf den Hals hetzen wird, denn bei den verrückten Böen und dem Sturzregen kommen sie weder mit dem Hubschrauber noch mit den Autos durch. Selbst für uns wird der Weg zur Tortur. Ich halte uns den Sturm, so gut es geht, vom Leib, trotzdem brauchen wir mindestens dreimal so lang für die Strecke wie sonst. Immer wieder müssen wir umkehren, wenn uns ein umgestürzter Baum den Weg versperrt oder sich eine Straße in einen reißenden Fluss verwandelt hat. Zumindest wäscht der Regen den beißenden Gestank ab, der seit den Katakomben an uns haftet.

Der Sturmjäger steht auf einem Parkplatz in der Nähe des Schmetterlingshauses. Wir entdecken ihn gleichzeitig und fangen an zu rennen. Leo ist schneller.

»Aufmachen!«, brüllt er, während er an die Tür hämmert.

Es dauert nur eine Sekunde, bis sie aufgleitet.

»Na, das ist ja eine Überraschung«, meint Luc.

Leo schiebt ihn zur Seite und wendet sich an Laura. Mit einem bösen Blick auf Luc folge ich ihm.

»Ihr müsst abbrechen, hörst du?«, beginnt Leo, während er sich an einen Arbeitsplatz setzt und die Monitore checkt. »Das Antennenfeld darf nicht zerstört werden. Es ist die einzige Möglichkeit, Baal unter Kontrolle zu behalten. Wenn es ausfällt, macht sich Baal selbstständig.«

Mit offenem Mund starrt Laura ihn an. Selbst Lucs Augen sind groß geworden.

Leo ruft den Kommunikationskanal auf. »Abbruch!«, sagt er. »Sofortiger Abbruch.«

Ein oder zwei Sekunden passiert nichts. Leo tippt die Anweisung auch in den Nachrichtenkanal.

»Zu spät«, blinkt es einen Moment später als Antwort auf. Die hätte sich Nika aber auch sparen können, denn im nächsten Augenblick leuchtet etwas auf der Videoübertragung ihrer Bodycam auf. Sie schaut direkt auf das Antennenfeld hinunter, und mit ihr sehen wir jetzt, wie eine Sprengladung nach der anderen hochgeht und die Antennenmasten umknicken wie Strohhalme. Leo fährt sich durch die Haare und atmet schwer aus.

Genau da schreie ich auf. Mir wird schwarz vor Augen, und ich merke, dass ich das Gleichgewicht verliere. Ich falle, aber jemand fängt mich auf und hält mich. Und für unendliche Minuten ist das das Letzte, was ich von der Welt mitbekomme, weil in meinem Kopf ein Sturm tobt, wie ich es noch nie erlebt habe. Ich habe Angst, er bringt mich um.

Ich schlage mir die Fingernägel in die Kopfhaut, um dem Schmerz etwas entgegenzusetzen, doch jemand hält meine Handgelenke fest, auch als ich mich winde und um mich trete. Ich höre Stimmen, aber ich verstehe nicht, was sie sagen. Ich verstehe nur noch eines: Leo hatte recht. Baal ist außer Kontrolle.

Und dann werde ich endlich, endlich bewusstlos.

Als ich aufwache, sitze ich immer noch auf dem Boden. Leo hat die Arme um mich geschlungen und streicht über meinen Rücken. Ich verstehe nicht, was er sagt, doch es spielt auch keine Rolle. Ich lasse seine Stimme über mich hinwegrollen, voller

Sorge, voller Wärme, weil es vielleicht das letzte Mal ist, dass ich sie höre.

Denn während er mich festhält, wächst mein Plan. Er steht mit solcher Klarheit vor mir, als hätte jeder Schritt, jede Entscheidung, die ich seit Bioverse getroffen habe, darauf hingeführt.

Als die Schmerzen in meinem Kopf zu einem leisen Pochen abgeklungen sind, lehne ich mich zurück und lächle Leo an. Er erschrickt, als er mein Gesicht sieht, aber er hilft mir aufzustehen.

Laura streckt die Hand aus und drückt meinen Arm. Selbst Luc wirkt ein wenig mitgenommen und spart sich einen Kommentar.

»Wie sieht es aus?«, frage ich und räuspere mich. Meine Stimme ist rau, anscheinend habe ich eine ganze Weile geschrien.

»Nicht gut«, bringt Laura es auf den Punkt. »Wir haben die Aktion weiterlaufen lassen und bringen an den Rändern des Sturmsystems Chems aus, aber es wächst schneller, als wir die entsprechenden Daten durchgeben können. Baal ist uns immer um ein paar Schritte voraus.«

»Macht weiter«, sage ich. »Haltet den Sturm irgendwie in Schach.«

Ich greife nach einer Regenjacke, die an einem Haken hängt, und wende mich zur Tür.

»Und wo willst du hin?« Eine Hand schließt sich um meinen Oberarm und dreht mich um.

Leo sieht mich aus riesigen Augen an. Natürlich war mir klar, dass er mich nicht einfach gehen lassen würde, aber ich weiß wirklich nicht, was man in so einem Moment sagen sollte.

Also schaue ich ihn nur an. Und plötzlich steht die Welt still. Draußen geht eine zweite Sintflut nieder, rund um uns herum kämpfen Menschen um die Zukunft dieses Landes, doch um uns herrscht Stille. Stille, die voll ist mit Gefühlen, die ich zurücklassen muss. Damit ich tun kann, was nötig ist.

»Es reicht nicht«, würge ich hervor, als die Luft zwischen uns zu dick wird zum Atmen.

»Ich sehe, dass es nicht reicht«, erwidert Leo, »aber was hast du vor? Allein?«

»Das weißt du doch. Ich muss da rein.« Meine Stimme klingt dünn und fremd in meinen Ohren.

Leo nickt knapp. »Und da hast du dir vorgestellt, du stellst dich auf irgendein Hochhaus und stemmst dich dem Sturm entgegen, bis du umkippst? Bis du tot bist?«

Sein Griff um meinen Arm wird fester und unfreiwillig trete ich einen Schritt auf ihn zu.

»Du musst mich gehen lassen.« Jetzt hat es der Idiot geschafft. Mir laufen die Tränen übers Gesicht.

Wenigstens geht's ihm genauso. »Einen Scheiß muss ich«, antwortet er mit brüchiger Stimme.

Er gibt mir einen kleinen Schubs, sodass ich schon protestieren will, aber dann kapiere ich, dass er Platz schafft, um sich zu Luc umzudrehen.

»Ich brauche ein Auto. Hast du eins für uns?«

»Leo! Vergiss es!«, rufe ich.

Luc schüttelt den Kopf. »Die sind alle unterwegs. Und selbst wenn, bei dem Wetter würde keines mehr durchkommen. Wo willst du hin?«

Ich setze zu erneutem Protest an, doch Leo ignoriert mich einfach.

»Zum Flugplatz.«

Lucs Kieferknochen tritt hervor. Er sieht von Leo zu mir, dann nickt er. »Setzt euch und schnallt euch an. Wir fahren euch.«

»Was?« Ich starre Luc an, dann wende ich mich wieder an Leo. »Das kommt überhaupt nicht infrage. Lass mich aussteigen!«

»Du hast keine Chance vom Boden aus«, sagt er knapp, und zum ersten Mal, seit ich ihn kenne, klingt er wie Nathalie. »Ich fliege dich in den Sturm.«

Ich hasse mich dafür, dass ich nachgegeben habe, dass ich ihn in solche Gefahr bringe. Dass ich die ganze Fahrt über seine Hand halte, mich an ihr festklammere, als müsste ich sie dann niemals loslassen. Aber vielleicht hat es auch nie einen anderen Weg gegeben. Baal existiert unseretwegen. Entweder wir zerstören ihn – oder er uns.

»Sie wird es merken, wenn du den Sturm manipulierst.« Leo spricht leise, so als würde uns das Privatsphäre geben, aber Luc tut so, als wären wir gar nicht da. Er wendet den Blick nicht von der Straße. Der Regen ist zu stark, er muss sich konzentrieren.

»Ja«, antworte ich nur.

»Sie wird alle Kräfte auf deinen Standort bündeln.«

»Ich weiß.«

Das war der Plan. Lockvogel spielen, Nathalie provozieren und sie hoffentlich lange genug ablenken, dass die anderen ihr den entscheidenden Schlag versetzen können.

Leos Griff um meine Hand wird stärker. »Bescheuerter Plan.«

Trotz allem muss ich lächeln. Ich hätte gern den Rest des Sommers mit ihm verbracht, wäre gern mit ihm schwimmen gegangen und hätte Lagerfeuer angezündet. Ich hätte mich im Winter gern mit ihm unter einer Decke verkrochen, Bücher gelesen und ihm Tee gekocht, ohne die Milch umzurühren. Ich hätte ihn küssen wollen, tagelang, nächtelang, und hören wollen, wovon er träumt, wenn wir das kleine bisschen Sicherheit zurückgewonnen hätten, das diese Welt uns bieten kann. Hundert Sommer und hundert Winter hätten nicht genügt, um alles über diesen Jungen zu erfahren, was ich wissen will.

Stattdessen haben wir diese Fahrt zum Hangar. Es ist nicht genug, doch es ist alles, was uns bleibt.

Ich lasse seine Hand los und schlinge meinen Arm um ihn. Lehne meinen Kopf an seine Schulter. »Ich liebe dich«, flüstere ich.

Leo atmet erstickt ein. »Seit dem ersten Tag, Vega.«

Ich halte die Luft an, so als könnte ich damit auch die Zeit anhalten, aber natürlich klappt es nicht.

»Ist gut jetzt«, meldet sich Luc zu Wort.

Ich will es nicht hören. Ich will nicht daran erinnert werden, dass es mehr gibt in meiner Welt als Leo und mich. Und schon gar nicht will ich die letzten Minuten, die ich mit Leo habe, für Luc verschwenden. Aber es ist zu spät. Die Wut ist da.

»Du!«, sage ich, bevor ich es verhindern kann, und drehe mich zu ihm um. »Wie tief kann man eigentlich sinken? Verpfeifst uns an die PAO!«

»Dich«, gibt er ungerührt zurück. »Dich habe ich verpfiffen. Leo war ein Kollateralschaden. Ich wollte ja, dass er im Bunker bleibt.«

»Soll ich mich jetzt deswegen beruhigen?«

Er wirft mir einen schnellen Blick zu. »Sieh es mal aus meiner Warte. Gestern dachten wir noch, dass du für den Plan absolut nutzlos wärst. Konnte ja keiner ahnen, dass du dich plötzlich opfern willst. Da wäre so eine nette PAO-Zelle doch definitiv das kleinere Übel gewesen.«

»Luc, im Ernst, manchmal verschlägt es mir …«

»Dann sag einfach mal nichts.« Er presst die Lippen aufeinander. »Wenn sich Leo nicht eingemischt hätte, wäre nichts passiert. Ich hätte die Chems bekommen, und wenn sie dich wirklich nicht mehr rausgelassen hätten, wärst du eben ausgebrochen. Anders als du hab ich nie unterschätzt, was du kannst.«

»Was soll das heißen?«

»Das soll heißen, dass ein kleines Mädchen, das erst ein Pfund Erdbeeren verdrückt und dann ein Gewitter ruft, das ein ganzes Land verändert, als Erwachsene keinen Sturm fürchten muss.«

Wieder breitet sich Stille aus, doch diesmal ist sie nicht voll mit Gefühlen, sondern angefüllt mit Erinnerungen. Der Junge mit den Erdbeeren, die Familie, bei der ich auf Mama gewartet habe …

»Das warst du?« Meine Stimme klingt so kratzig, dass ich sie selber nicht erkenne.

Luc starrt weiter aus dem Fenster, aber er nickt. Undeutlich bekomme ich seine Fahrmanöver mit, dass er einem abgebrochenen Ast ausweicht und den Sturmjäger über den Gehweg lenkt, weil der Regen die Straße in einen Strom verwandelt hat. Doch die ganze Zeit bin ich wieder sechs Jahre alt und warte zwischen Fremden auf meine Mutter.

»Hast du gesehen, was ich getan habe?«, frage ich irgendwann.

Wieder nickt Luc. »Maman hat mich euch hinterhergeschickt. Das Gewitter kam so plötzlich, sie hatte Angst, dass euch was passiert.« Er lacht leise. »Mir wäre beinahe der Himmel auf den Kopf gefallen, aber mit euch war dort oben auf dem Hügel alles in Ordnung. Irgendwann bin ich umgekehrt. Der Sturm war so stark, dass ich euch nicht erreichen konnte.«

»Aber … aber wie wusstest du, was ich getan habe?«

Sein Mundwinkel hebt sich. »Das hab ich mir später zusammengereimt. Nachdem du ausgeflippt bist, als deine Mutter endlich gekommen ist, um dich abzuholen. Sie hat dich festgehalten, aber um dich rum … Um dich rum hat sich ein Wirbelwind gebildet. Er hat alles angesaugt, was nicht niet- und nagelfest war. Kissen, Decken, sogar Teller und Besteck sind durch die Gegend geflogen. Youma hat eine Glasscherbe ins Gesicht bekommen.« Sein Kiefer spannt sich an. »Man kann die Narbe heute noch sehen.«

»Ihr habt es alle gewusst«, flüstere ich. »Ihr habt es die ganze Zeit gewusst …«

Ruckartig schüttelt er den Kopf. »Nur Maman und ich.«

»Und dein Vater?«

Luc atmet tief ein. »Er hatte kurz nach dem Gewitter einen Herzinfarkt. Hat es nicht verkraftet, dass die Gärtnerei nur noch ein Haufen Steine und Bretter war.«

Ein Beben geht durch mich, und jetzt erst merke ich, dass Leo die ganze Zeit meine Hand festgehalten hat. Seine Berührung ist das Einzige, was mich noch in einem Stück zusammenhält.

Durch meine Tränen hindurch kann ich sehen, dass Luc die Stirn runzelt. »Weißt du, Vega, ich dachte, ich könnte das mein Leben lang durchziehen. Dich so lang auf der Straße verlottern lassen, wie ich lustig bin. Esper auf dich ansetzen und dabei zusehen, wie du Jahr um Jahr versuchst, dein kleines Geheimnis zu bewahren. Dich aus der Stadt verbannen. Dich an die PAO verpfeifen.« Meine Gedanken rasen, doch durch all das Chaos in meinem Kopf hindurch höre ich, dass er müde klingt. Nicht wütend. »Aber es gibt mir nichts. Schon lange nicht mehr. Und ich habe es nicht gemerkt. Als hätte ich den Moment verpasst, als der Schmerz vorüberging.«

»Es tut mir so leid, Luc«, sage ich erstickt. »Es tut mir so schrecklich leid …«

Jetzt sieht er mich doch an. »Das ist nicht der Grund, warum ich es dir erzählt habe.«

»Warum dann?«

»Damit du dich erinnerst, wer du bist. Damit du am Leben bleibst.« Sein Blick geht wieder nach vorn auf die Straße, wo Baumstämme und Autos wild durcheinanderliegen. »Und jetzt könnte mir mal jemand sagen, wo ich langfahren muss.«

25

Der Parkplatz ist verlassen, außer uns ist niemand auf dem Gelände. Wer sollte bei so einem Sturm auch fliegen wollen? Normale Leute versuchen, am Leben zu bleiben.

Leo lotst Luc zwischen den Verwaltungsgebäuden und unterschiedlich großen Hangars zum hinteren Teil des Geländes, wo wir direkt vor dem Tor aussteigen. Luc nickt uns zu, aber Leo öffnet die hintere Tür des Sturmjägers. Er kommt kaum gegen den Wind an, also lenke ich die Luftströme über uns hinweg, damit er Laura nicht anschreien muss.

Ich glaube, sie hat erst jetzt verstanden, was wir vorhaben, denn sie ist ziemlich blass um die Nase und sieht Leo beinahe bittend an. Doch genau wie ich hat er seine Entscheidung getroffen. Wir kehren jetzt nicht um.

Er hält ihr einen Speicherstick hin. »Gib uns zehn Minuten, dann spiel das in das System ein. Ich hab dir aufgeschrieben, wie du dich einklinkst.«

Laura runzelt die Stirn, aber sie nimmt den Stick. »Was ist das?«

»Unsere Tarnung.« Leo wirft einen Blick über die Schulter zu mir. »Wenn sie funktioniert, wird Vega für Baal unsichtbar.«

Ich bin genauso verblüfft wie Laura, doch Leo schiebt keine

Erklärung hinterher. Er schließt die Tür, wir winken Luc ein letztes Mal zu, dann hält Leo mir die Hand hin. Wir warten nicht, bis der Sturmjäger verschwunden ist, sondern machen uns an die Arbeit.

Das heißt, Leo macht sich an die Arbeit. Statt den Scanner neben dem Eingang zu benutzen, wirft er sich drei-, viermal gegen die Tür, bis sie nachgibt und er beinahe ins Innere der Halle fällt.

»Wieso brichst du in deinen eigenen Hangar ein?«, frage ich verwirrt, als ich ihm folge.

»Weil das nicht mein Hangar ist«, antwortet Leo schwer atmend. Er reibt sich die Schulter und verzieht das Gesicht. »Mein Flugzeug liegt an der Hütte.«

Oh. Das habe ich vergessen. Und jetzt erkenne ich es auch: Der Hangar sieht anders aus als der, von dem wir im Juni zum See gestartet sind. Aber wir können nicht wählerisch sein. Wenn Leo denkt, dass er auch mit einem fremden Flugzeug klarkommt, vertraue ich ihm.

Bei den Vorbereitungen bin ich praktisch nutzlos. Leo ruft mir ein paar Anweisungen zu, die ich so gut wie möglich ausführe, aber da er alles, was ich mache, kontrollieren muss, bin ich wahrscheinlich keine große Hilfe. Trotzdem sind wir in Rekordgeschwindigkeit startklar. Ich laufe zum Eingang, um das Rolltor hochfahren zu lassen, dann ist der Moment gekommen. Als ich angeschnallt bin und die Kopfhörer aufgesetzt habe, nickt Leo mir zu.

Ein motivierender Spruch wäre jetzt gut, doch uns fällt beiden nichts zu sagen ein. Langsam lässt Leo das Flugzeug aus dem Hangar Richtung Startbahn rollen. Kaum haben wir das Tor passiert, erfasst uns der Sturm und rüttelt an den Tragflächen.

»Ich hoffe, ich kriege die Maschine überhaupt hoch«, sagt er nach dem ungefähr fünfzigsten Blick in den Himmel. Die Wolken sind schwarz und schwefelgelb, und der Wind weht so stark, dass der Regen waagerecht gegen die Scheiben prallt.

»Vielleicht kann ich uns Auftrieb geben«, antworte ich, und als wäre ihm dieser Gedanke noch nicht gekommen, fährt sein Kopf zu mir herum.

»Ja, vielleicht könntest du das.« Zum ersten Mal seit Stunden wirkt er beinahe zuversichtlich.

Ich nicke. »Ich versuche, uns von vorn und oben abzuschirmen, und gebe uns Aufwind, okay?«, spreche ich in mein Mikro.

»Sobald wir in Position sind«, lautet die Antwort.

Die mickrigen Scheibenwischer kommen gegen die Regenmassen kaum an, trotzdem schafft Leo es, uns an die richtige Stelle zu manövrieren. Eine Flugfreigabe haben wir natürlich nicht, aber wir brauchen auch nicht zu befürchten, dass uns in der Hexenküche, die uns erwartet, irgendein anderes Flugzeug begegnen könnte. Wer außer uns ist schon so verrückt, mitten in den Sturm zu fliegen? Trümmer und Bruchstücke sind das Einzige, was uns dort oben in die Quere kommen wird.

Als Leo mir das Signal gibt, schicke ich meine Sinne in den Sturm. Um uns herrscht das pure Chaos, und es dauert ein paar Sekunden, bis ich mir einen Reim darauf machen kann, aber dann finde ich die richtige Balance, und das Flugzeug hört auf zu vibrieren.

Leo legt ein paar Schalter um. »Du bist unglaublich«, murmelt er, und ich weiß nicht, ob er wollte, dass ich es höre. Ich grinse trotzdem.

Als er beschleunigt, wird es harte Arbeit. Ich muss schneller sein als der Wind, jeden Rüttler, jede Bö vorwegnehmen und umleiten. Wir machen einen Hüpfer, als ich es mit dem Aufwind übertreibe, doch dann haben wir die richtige Geschwindigkeit erreicht, und wir heben ab.

Es ist, als wäre die Luft voller Löcher und wir würden in jedes einzelne hineinfallen. Ich merke, dass ich anfange zu schwitzen, und wische mir die Hände an der Hose ab.

»Du kannst das, Vega«, höre ich Leos Stimme in meinem Kopfhörer.

Er hat leicht reden. All diese Verwirbelungen um uns herum, oben, unten, rechts und links – jede hätte die Kraft, uns zu Boden zu drücken und abstürzen zu lassen.

Doch das darf ich nicht denken. Ich muss ausblenden, dass wir in einem winzigen Flugzeug sitzen, ungefähr so stabil wie ein Papierschiffchen auf dem Ozean. Dieser Sturm – ja, er ist stärker als alle anderen, mit denen ich zu tun hatte. Doch das ist nicht der Unterschied. Bisher hatte ich festen Boden unter den Füßen, also hat das, was mich so verunsichert, nichts mit dem Wetter zu tun.

Ich schließe die Augen, sperre den prasselnden Regen an den Scheiben aus, stelle mir vor, wie es sich anfühlen würde, wenn ich dort draußen stehen würde, auf einem Dach, inmitten der Elemente, und das Flugzeug oben halten müsste.

Und auf einmal ist es ganz leicht. Es ist, als hätte diese andere Vega eine riesige Hand ausgestreckt, die das Flugzeug sicher hält und ihm den Auftrieb gibt, den es braucht.

Ich höre, wie Leo neben mir ausatmet. Er streckt die Hand aus und drückt mein Knie.

»Du weißt, dass das erst der Anfang ist, oder?«, frage ich ihn, doch er lacht.

»Mag sein. Du bist trotzdem eine gute Kopilotin.«

In diesem Moment geht mir auf, dass etwas fehlt.

Ich fühle Baal nicht. Das heißt, ich fühle, dass etwas Mächtiges den Sturm antreibt, aber ich spüre seine Aufmerksamkeit nicht auf mir. Es ist, als würde sie kurz in meine Richtung flirren und dann sofort wieder woandershin gezogen.

»Was hast du gemacht?«, frage ich. »Was war auf dem Stick für Laura?«

An Leos Gesicht kann ich ablesen, wie konzentriert er ist, trotzdem hebt er einen Mundwinkel. »Hab ich doch gesagt. Ich hab dich unsichtbar gemacht. Also funktioniert es?«

»Ja.«

Er kann hören, dass ich eine Erklärung will. Ich muss wissen, wie lange der Effekt anhält.

Das Flugzeug wird von einer Bö erfasst und nach links geworfen, deswegen stelle ich meine Fragen zurück und fokussiere mich wieder auf den Sturm, aber als wir wieder stabil sind, erklärt Leo: »Im Cypris-Gebäude habe ich die Daten kopiert, die deine Einflüsse auf das Wetter oder auch nur die Wechselwirkungen zwischen dir und der Atmosphäre abbilden.«

»Die, mit denen Baal trainiert wurde.«

Er nickt. »Genau. Dann habe ich ein Programm geschrieben, das sich in das Netzwerk von Bioverse' Wetterinfrastruktur einklinken kann. Damit hat Laura deine Daten auf Messstationen im ganzen Stadtgebiet aufgespielt. Jetzt werden sie in zufälligen Abständen von unterschiedlichen Stationen an Baal zurückgemeldet.«

»Das heißt, Baal weiß nicht, wo ich gerade bin.« Ich reibe mir die Nasenwurzel. »Für wie lang?«

Leo neigt den Kopf. »Wir haben nicht unendlich viele Messwerte zur Verfügung, also wird Baal irgendwann dahinterkommen, dass wir mit Zeitschleifen arbeiten.« Er sieht mich an. »Vielleicht in fünf Minuten, vielleicht in zwei Stunden.«

»Ich tippe auf fünf Minuten.« Langsam atme ich ein, dann setze ich mich aufrechter hin. »Sobald ich anfange, sein Gleichgewicht zu stören, wird Baal wissen, wo er mich findet.«

»Zumindest hat uns das Programm sicher in die Luft gebracht.«

Ich nicke, aber ich höre ihn kaum mehr, denn jetzt schicke ich meine Sinne weit hinaus in den Sturm. Was ich mir vorgestellt habe, wie ich gegen ihn ankommen soll – ich weiß es nicht mehr. Wohin ich mich auch vorantaste, überall finde ich nichts als rohe Kraft und Chaos. Baal ist überwältigend. Ich versuche, die Einflüsse der Wettermacher zu erkennen, aber wenn ihre Chems Auswirkungen haben, wischt Baals Wucht sie einfach weg.

Nur an einer Stelle herrscht Ruhe: im Auge. Einen Moment halte ich inne, um mich zu vergewissern, dass mir meine Wahrnehmung keinen Streich spielt. Aus Baals Sturm ist ein Hurrikan geworden. Er dreht sich um sich selbst, immer schneller, mit immer mehr Energie. Meine Gedanken prallen an dieser Erkenntnis ab. Nichts davon ist möglich. Nichts an dem Sturm ist natürlich.

Aber ich muss ihn nicht verstehen, um gegen ihn zu kämpfen.

Immer weiter lasse ich meine Sinne wandern, doch die Ränder des Hurrikans entziehen sich mir, umso schneller, je verbissener ich versuche, sie zu erreichen. Was geschieht da? Wieso entgleitet mir der Sturm? Was mache ich falsch?

Als ich das Gefühl habe, im nächsten Moment mitten entzweizureißen, weil meine Gabe mich mal in diese, mal in die andere Richtung zerrt, ziehe ich mich zurück. Keuchend sacke ich gegen den Gurt. Mir bleibt gerade noch genug Kraft, um uns einigermaßen stabil zu halten.

»Ich brauche eine Pause, Leo. Tut mir leid.«

Er macht ein abwehrendes Geräusch, dann merke ich, dass er die Richtung ändert.

Mühsam wende ich den Kopf. »Wo willst du hin?«

»Ich bringe dich ins Auge. Da ist es windstill und du kannst Energie sparen.«

Den Moment, als wir aus der Wolkenwand ins Auge fliegen, spüre ich sofort. Die wilden Kräfte, die an der Maschine rütteln, sind verschwunden, und draußen ist es still. Mir ist, als könnte ich von einer Sekunde zur anderen einschlafen, als Leo scharf einatmet.

Widerwillig blicke ich nach draußen. Ich schnappe nach Luft. »Wo … wo sind wir?«

Leo antwortet nicht, was soll er auch sagen? Wir fliegen durch einen riesigen Zylinder aus Sonnenlicht. Auf allen Seiten wirbelt grau der Sturm, aber direkt über uns ist der Himmel strahlend blau. Wir sind im Auge des Sturms, wie Leo gesagt hat, nur ist es kein normales Auge. Die gegenüberliegende Wand, der Augenwall, sollte vielleicht dreißig Kilometer entfernt sein, aber das sind … ich weiß nicht … achtzig Kilometer? Hundert? Ich habe es gespürt, aber jetzt, als ich es sehe, fällt es mir schwer, es zu glauben.

Immer wieder checkt Leo die Geräte, dann starrt er hinaus in den Trichter. »Das ist nicht möglich. Über Land ist das gar nicht möglich.«

Es ist, als würde er meine Gedanken von eben aussprechen.

»Du meinst, die Menge an Energie, die ein Sturm von dieser Größe aufnehmen muss?«

Er nickt knapp.

Eine Weile starren wir hinaus ins Sonnenlicht. Ich wage es nicht, hinunter auf den Boden zu sehen, denn was kann uns dort erwarten als absolute Zerstörung? Nichts ist vor der Gewalt dieses Unwetters sicher, Häuser, Straßen, ganze Städte – es kann nichts übrig sein.

»Was bezweckt Nathalie damit?«, frage ich tonlos. Hat sie den Verstand verloren? Wenn sie alles vernichtet, was nützt ihr dann ihre Macht?

Leo antwortet erst nicht. Dann sagt er: »Ich glaube nicht, dass Nathalie das wollte. Vega, wir haben nicht begriffen, was es bedeutet, dass Baal außer Kontrolle ist. Er lässt sich nicht mehr aufhalten. Das ist eine der Sicherungen in seinem Code, die ich nicht verstanden habe.«

»Du meinst, Baal ist entkoppelt von allen technischen Einflüssen? Wenn Elif bei Bioverse versucht, ihm den Stecker zu ziehen, wird das nichts ändern?«

Leo schließt kurz die Augen, dann nickt er.

Die Vorstellung ist so ungeheuerlich, dass mein Hirn eine Weile braucht, um sie bis zum Ende zu durchdenken.

»Baal ist jetzt der Sturm«, spreche ich es schließlich aus. »Und er wird alles tun, um ewig weiterzuleben.«

Leos Hände am Steuerknüppel sind so verkrampft, dass seine Knöchel weiß hervortreten. Mit dem Kinn deutet er auf einen Monitor, der ein Satellitenbild zeigt. »Das hier ist kein Sturm, der das regionale Wetter beeinflusst.« Langsam dreht er den Kopf zu mir. »Baal wird sich weiter ausdehnen, so lang, bis er warmes Wasser erreicht.«

»Das ihn mit immer neuer Energie versorgt.« Jetzt verstehe ich, was ich vorhin gespürt habe. Das stete Streben, den Willen, immer mehr zu wachsen.

Ich denke an Nathalies Worte. *Er wird die natürliche Ordnung wiederherstellen.* Auf einmal begreife ich, dass sie keinen Fehler gemacht hat. Nicht aus ihrer Sicht. Und trotzdem hat sie nicht bedacht, dass Baals Ordnung nie den Menschen nutzen wird, sondern immer nur dem Sturm.

Ich suche Leos Blick. »Was, wenn alles, was ich tue, Baal stärker macht? Wenn jeder meiner Impulse wie ein Schubs ist, der ihm neue Energie verleiht?«

Leo versteht sofort. Er streckt den Arm aus und streicht mit dem Daumen über mein Kinn. »Wie der sprichwörtliche Schmetterlingsflügel.«

Ich halte seine Hand fest. Meine Stimme bricht, als ich sage: »Baal ist so programmiert, dass er keine Grenzen kennt. Für ihn gibt es kein Ende, nur immer wieder neue Anfänge.«

Er überlegt. »Es ist möglich. Aber wir haben keine Zeit, es zu testen. Je weiter Baal sich ausdehnt, desto weniger angreifbar ist er.« Einen Moment lang runzelt er die Stirn, und mir geht auf, wie schwer es ihm fällt, den nächsten Satz zu sagen: »Ich glaube, du bist die letzte Antwort, die wir haben. Wir müssen das Risiko eingehen.«

Langsam nicke ich. Ich brauche nichts zu antworten, er weiß, dass meine Entscheidung gefallen ist.

Leos Blick wandert nach vorn auf den massiven Augenwall. Wirbelndes Grau, eine ganze Welt davon. Er drückt meine Finger.

»Wenn du etwas ausrichten willst, dann darfst du deine Kräfte nicht mehr splitten. Du kannst nicht gleichzeitig das

Flugzeug stabil halten und versuchen, Baal aus dem Gleichgewicht zu bringen. Du brauchst alles, was du hast, für diesen Sturm.«

Ich antworte nicht. Ich halte einfach nur Leos Hand, ein letztes Mal. Er schaut mich nicht mehr an, sondern kramt im Rucksack nach dem letzten Nussriegel.

»Gehen wir's an. Sobald du fit genug bist, bringe ich uns da rein. Es hat keinen Sinn, Baal mit jeder Minute stärker werden zu lassen.« Er lacht leise. »Schätze, jetzt werden wir sehen, ob ich ein guter Pilot bin.«

Ich zupfte an seiner Hand, bis er mich endlich ansieht. »Sei mal still«, sage ich, und weil ich die Traurigkeit in seinem Gesicht nicht ertrage, beuge ich mich zu ihm und küsse ihn.

Und bei diesem letzten Kuss erinnere ich mich wieder an unseren ersten. Der, der gar nicht hätte sein dürfen. Der sich trotzdem anfühlte wie ein Versprechen auf eine Zukunft, die wir jetzt nicht haben werden.

Aber meine Gedanken kommen zurück in den Moment, all die Empfindungen, die Leos Lippen, seine Haut, sein Geruch in mir auslösen. Ich lasse mich fallen, und er fängt mich auf mit einer Sanftheit, die weiter ist als der Himmel. Zum ersten Mal ist es nicht die Verbindung zum Wind, die mein Innerstes wärmt, sondern das Band zwischen uns beiden. Leos Griff wird fester, als ich meine Energie fließen lasse, und jede Berührung löst die Grenzen zwischen uns auf. Für einen letzten Moment ist nur das meine Wirklichkeit.

Als wir die Augen aufmachen, holen wir tief Luft. Und Leo dreht ab.

26

Ich bin der Sturm.

Irgendwo in den hintersten Ecken meines Bewusstseins weiß ich, dass ich in einem Flugzeug sitze, dass ich Kleidung am Körper trage, dass mir das Gebläse des Flugzeugs Luft ins Gesicht pustet. Aber nichts davon ist real. Ich bin die reine, gewaltige Energie, die zwischen Himmel und Erde wütet und immer noch mehr, mehr, mehr Energie frisst.

Mit jeder Sekunde werde ich stärker. Und zugleich werde ich schwächer – der Teil von mir, der Grenzen hat, ächzt und krampft und pocht. Doch ich halte stand. Noch halte ich stand.

So laut der Wind auch pfeift, die Luft flüstert. Sie wispert mir zu, wo die Aufwinde am stärksten, die Temperaturunterschiede am größten sind. Sie verrät mir, wo es regnen und wo es hageln wird. Ich lasse mich von ihr leiten, gleiche aus, zerstreue, lenke. Ich bin so groß – immer wieder muss ich zurückkehren, um mich nicht zu verlieren.

Und dann bin ich nicht mehr allein. Etwas fordert mich heraus, lässt jedem meiner Impulse einen eigenen folgen.

Eine Weile beobachte ich sie, ich erspüre, worauf sie reagieren, was sie bewirken, woher sie kommen. Und dann nehme ich die Verfolgung auf. Baal mag schnell sein, aber er weiß nichts, was ich nicht auch wüsste. Er ist neu in dem Geschäft, für mich ist es meine zweite Natur. Es wird mehr brauchen, um mich zu bezwingen. Hier oben herrsche ich.

Ohne dass ich darüber nachgedacht habe, richte ich alle meine Impulse nach Osten, der Sonne entgegen. Dort liegt offenes Land, die Luft und der Boden sind trocken und es gibt keine Menschen. Nichts, was den Wirbel füttern, nichts, was er vernichten kann.

Ich nutze Baals Reaktionsmuster, um uns voranzutreiben. Wie lange er darauf hereinfällt, weiß ich nicht, also muss ich schnell sein, schnell und schlau. Manchmal bin ich abgelenkt, wenn mein Körper fällt oder durchgerüttelt wird, dann verliere ich kurz den Kontakt mit den Mustern, denen meine Energie folgt. Hin und wieder spricht jemand, flucht, aber es geht mich nichts an.

Dann sind da plötzlich neue Muster. Überall. Es ist, als würde jemand die gleiche Sprache sprechen wie ich, wie Baal, nur stockend und ungelenk.

Esper, denke ich. Esper und Willem und … und …

Die Namen entgleiten mir, sie haben auch keine Bedeutung hier oben.

Ich kann fühlen, dass Baal die Neuankömmlinge wahrnimmt. Aber ich kann ihm keine Zeit lassen, auf sie zu reagieren, sich auszurechnen, welche Bedrohung sie für ihn darstellen.

Noch schneller, noch schlauer.

»Vega.«

Zum ersten Mal spüre ich, dass die Energie zerfranst. Wir werden nicht stärker, wir verlieren, an Kraft, an Schnelligkeit, an Ausdehnung. Die unbeholfenen Einmischungen kommen jetzt in größeren Mengen, geringeren Abständen, und Baal zieht sich zurück.

»Vega!«

Jetzt noch einmal alles. Ich stemme mich gegen den Wirbel, lenke seine Energie ab, mit dem Rest Kraft, den ich in meinem Körper finde. Ich kann es spüren, es ist nicht …

»VEGA!«

Mein Körper wird zur Seite geschleudert, Schmerz explodiert in meinem Kopf, dann prallt meine Stirn gegen etwas Hartes. Meine Verbindung in den Sturm wankt, ich blinzle, fühle etwas Warmes an meiner Schläfe. Ich wende den Kopf. Leo starrt mit geweiteten Augen aus dem Fenster. Seine Hände krallen sich um den Steuerknüppel, aber es hat keinen Zweck mehr. Wir taumeln durch die Wolken. Ich sehe nach draußen, dorthin, wo eine weiße Tragfläche sein sollte, dorthin, wo nur noch wirbelnde Luft ist.

Für eine Sekunde bleibt die Welt stehen. Ein Aufwind erfasst uns. Leo und ich sehen uns an. Es liegt keine Angst in seinem Blick, nur Gewissheit. Dann kracht es, als würde ein Berg zerbersten, doch es ist kein Berg, es ist das Flugzeug.

Ich werfe mich auf Leo, klammere mich an ihn, Arme, Beine, wenn es sein muss, werde ich mich in ihn verbeißen.

Dann ist nichts mehr um uns. Ein Nichts, das aus Wind besteht, unfassbarer Geschwindigkeit, tödlicher Energie.

Ich fühle Leos Arme um mich, und das reicht aus, um loszulassen. Der Sturm und ich, wir sind eins. Seine Energie ist meine Energie.

Ich öffne meinen Geist und heiße sie willkommen.

Es ist ein gleißend helles Licht, hier und dann dort, schneller und schneller. Ich müsste verbrennen, aber an dem Ort, an dem ich bin, gibt es keine Hitze. Es ist nicht warm und nicht kalt, es ist nicht hell und nicht dunkel. Es ist leise, aber nicht still. Denn da ist etwas. Es gehört nicht zu mir, doch es ist ein Echo meines Innersten.

Ich bin an vielen Orten gleichzeitig und immer ist es da.

Er.

Baal.

Mein Zwilling.

Mein Spiegel.

Und als ich das begreife, lache ich beinahe.

Denn die Regeln, nach denen wir spielen, habe ich aufgestellt.

Es ist Zeit, sie zu verändern.

Schnell und schlau.

Ich bin Baals Energie mit meiner eigenen begegnet, so wie er es von mir gelernt hat. Was er nicht von mir gelernt hat, zeige ich ihm jetzt.

In jeden Winkel meines Körpers, meines Geistes, meines Seins lasse ich sie einströmen, die Kraft, die Wärme. Was ich davon brauche, lenke ich in meine Arme und Beine, die Stärke meiner Muskeln, den Schild, der uns am Leben hält. Den Rest trinke ich, atme ich.

Ich habe keinen Anfang und kein Ende. In der Unendlichkeit ist genug Platz.

Baal bäumt sich auf. Er fühlt den Strom, die Sturzflut, die in mich fließt, ich höre sein Brüllen, als wäre es meins.

Er tastet sich voran, will erkennen, was ich tue. Und ich bin eine gute Lehrmeisterin, ich zeige es ihm gern.

Ein anderer Ruf erreicht mich, wie von fern, doch ich habe keine Aufmerksamkeit dafür. Ich kann nichts tun, als den Schild verstärken und auf seine Kraft vertrauen.

Baal hat sich zurückgezogen, nur ein wenig, nur für einen Moment. Er rechnet sich aus, wie ihn die Energie stärker macht, schneller, ihn besser an sein Ziel bringt.

Er ist gierig, ich spüre es.

Ich erkenne es. Denn es ist meine Gier. Ich weiß, wie es sich anfühlt, wenn der Sturm gehorcht. Nur die Grenzen des Körpers können die Gier eindämmen.

Und Baal hat keinen Körper.

Ich schon. Ich merke es in dem Moment, als die Energie in die andere Richtung fließt, als sie an mir zieht und zerrt und einem anderen Ziel entgegenstrebt. Erst zögere ich, dann lasse ich sie los.

Und dann weiß ich, dass Baal auf den Spielzug hereingefallen ist.

Du kannst den Sturm nicht verstärken und seine Kraft für dich behalten wollen.

Baal merkt, dass sich seine Ausdehnung verlangsamt. Das, was Nathalie ihm beigebracht hat, seine Daseinsberechtigung, er setzt sie aufs Spiel durch das, was sie ihm auch beigebracht hat: von mir zu lernen. Die Energien prallen aufeinander, beinahe spüre ich Baals Verzweiflung, weil er mit sich selbst ringt. Er will stärker, stärker, stärker werden und schwächt sich damit selbst.

Energie gegen Energie und nirgends Ordnung. Nur Chaos, Sturm und Tod.

Es ist das Ende.

Es ist der Anfang.

Das Licht explodiert und ich vergehe mit ihm.

27

Es kitzelt. Etwas auf meiner Wange kitzelt. Ich hebe meine Hand und vergesse für einen Moment das Kitzeln, denn alles, alles andere tut weh. Als ich es schaffe, mit dem Handrücken über meine Wange zu streichen, bleibt eine Ameise daran hängen. Fünf Zentimeter von meiner Nase entfernt laufen noch mehr von den Viechern rum.

Ameisen.

Ich bin auf einer Ameisenstraße gelandet.

Stöhnend drehe ich mich auf den Rücken und blinzle in das Licht. In den strahlend hellen Himmel. Es ist ein blauer, wolkenloser Himmel, ein Himmel, wie es ihn vor Baal gab.

Baal.

Mein Hirn stolpert ein wenig, aber dann rauschen die Gedanken nur so durch meinen Kopf. Nathalie. Der Sturm. Das Flugzeug. Leo.

Leo.

Ich setze mich so schnell auf, dass ich meinen Kopf festhalten muss. Ich liege hier schon eine Weile, das merke ich jetzt. Meine Lippen sind aufgesprungen, meine Nase glüht, meine Kehle ist staubtrocken.

»Leo!«, krächze ich dagegen an, einmal, dann mit jedem Mal lauter: »Leo! LEO!«

Ich kneife die Augen zu und konzentriere mich darauf, die

Füße unter mich zu ziehen und mich aufzurichten. Schwankend bleibe ich stehen, dann sehe ich mich um. Trockenes Gras breitet sich rund um mich aus, Sandboden, hier und da ein paar Büsche. Ein paar Hundert Meter von mir entfernt steht eine Gruppe Birken. Der Wind bringt einen würzigen, herben Geruch mit.

Pfeifend atme ich ein, als ich ein Stück links von mir ein weißes Trümmerteil entdecke. Von unserem Flugzeug?

Ich mache mir nicht die Mühe nachzusehen, sondern stolpere voran.

»Leo!«, rufe ich immer wieder, während ich mich um die eigene Achse drehe.

Die Schmerzen in meiner Schulter treiben mir die Tränen in die Augen, und Haare kleben an meiner rechten Schläfe, aber ich beiße die Zähne zusammen und suche. Ich muss ihn finden. Welchen Sinn soll das alles gehabt haben, wenn ich ihn nicht finde?

Vor der Baumgruppe wächst hohes Gras, darauf laufe ich zu. Moment – ist das ein Schuh?

Ich gehe schneller. Ein Schuh, ja. Und darin steckt ein Fuß und … Ich schluchze auf, als ich nah genug bin, um ihn im Gras liegen zu sehen.

Schneller, ich muss schneller laufen, das geht alles zu langsam, aber mein Körper will nicht mehr. Immer wieder geben meine Beine nach, und ich kann mich gerade noch fangen, bevor ich stürze. Es sind nur ein paar Meter, verdammt!

Endlich erreiche ich ihn. Ich falle neben ihm auf die Knie. Seine Augen sind geschlossen, sein Bein liegt in einem seltsamen Winkel da, er hat eine lange, verkrustete Schramme im Gesicht und einen Schnitt am Unterarm, aus dem Blut rinnt.

Ist das ein gutes Zeichen? Hätte es schon aufgehört zu bluten, wenn sein Herz nicht mehr schlagen würde?

Ich sehe ihn nur verschwommen, erkenne nicht, ob sich sein Brustkorb hebt. Wütend wische ich mir über die Augen.

Reiß dich zusammen.

Dann strecke ich die Hände aus und lege sie um sein Gesicht.

»Leo«, flüstere ich. »Hörst du mich, Leo?«

Meine Finger tasten nach einem Puls an seinem Hals, aber ich bin so durcheinander, und schon wieder kommen mir die Tränen … Es ist … Es geht nicht …

Leo atmet rasselnd ein und ich bin wieder da. Nur bei ihm, nicht in meinem Kopf bei dieser verfluchten Panik.

»Leo«, sage ich wieder, und ich höre das Lächeln in meiner Stimme.

Er lebt. Das genügt. Den Rest bekommen wir gemeinsam hin.

Es dauert noch ein paar Minuten, während derer ich sinnloses Zeug brabble, bis seine Lider zittern und er die Augen aufschlägt. Sein Blick wirkt verschwommen, dann schärft er sich. Wir sehen uns an.

Ich habe das Gefühl, mein Leben beginnt gerade.

Wenn er sich nur halb so zerschlagen fühlt wie ich, setzt er sich viel zu schnell auf und schlingt die Arme um mich. Mit einer Kraft, die man niemandem zutraut, der mitten im Sturm aus einem Flugzeug fällt, presst er mich an sich.

»Hat's dir die Sprache verschlagen?«, flüstere ich, als er lange, lange Zeit nichts gesagt hat.

Er räuspert sich. »Ja«, raspelt er und lacht. Dann lehnt er sich so weit zurück, dass er mich ansehen kann. »Du hast mir die Sprache verschlagen.«

»Hast du eine Gehirnerschütterung?«

Wieder lacht er. »Gut möglich. Aber daran erinnere ich mich noch.«

Prüfend sehe ich ihn an. Seine Pupillen sind ganz klein, das ist gut, oder? Wenn er auf den Kopf gefallen wäre und sich verletzt hätte, müssten sie geweitet sein.

»Du weißt es wirklich nicht mehr, oder?«

Langsam verliere ich die Geduld. »Leo, was soll ich wissen? Ich kapiere nicht, was du meinst!«

Sein Lächeln bleibt. »Okay. Nicht schlimm.« Er küsst meine Schläfe, meine Wange, meinen Mund. »Nicht schlimm. Hilf mir hoch, mir ist zu warm. Ich erzähle dir alles.«

Aber dazu kommt er nicht. Aneinandergelehnt humpeln wir in Richtung der Baumgruppe, wo es wenigstens ein bisschen Schatten gibt. Wir haben uns noch nicht mal gesetzt, als ein Brummen, dann ein Rattern einen Hubschrauber ankündigt. Ich schalte sofort in den Fluchtmodus, und auch Leo spannt sich an, aber während der Heli über der Grasfläche kreist, als würde er etwas suchen, sehe ich die Aufschrift.

»Die PAO?«

Noch während der Helikopter landet, gleitet die Seitentür auf, und Elif winkt herüber. Dann laufen zwei Sanis auf uns zu, und bevor ich so richtig weiß, was passiert, sitzen wir angeschnallt in dem Hubschrauber und rattern der Stadt entgegen. Ich sollte fragen, wie sie uns gefunden haben, aber eigentlich ist es mir egal. Die Flasche Wasser und der Schokoriegel verdienen meine volle Aufmerksamkeit.

Während wir über die Vororte fliegen, schaue ich hinaus. Ich merke, dass Leo meine Hand nimmt, also habe ich wohl ein Geräusch gemacht. Es gibt noch Häuser, die unversehrt wirken, aber von diesen wenigen Ausnahmen abgesehen, zieht sich ein breiter Streifen der Verwüstung durch die südöstlichen Viertel. Schmutzig braunes Wasser schiebt sich noch an vielen Stellen durch die Straßen.

»Wie schlimm ist es?«, fragt Leo durch das Headset.

Elif zuckt mit den Schultern. »Von der Südstadt ist nicht viel übrig. Die Innenstadt steht zum Teil unter Wasser, aber es ist noch was zu retten.«

»Sind ... sind viele gestorben?« Ich drehe den Kopf zu ihr.

»Die Lage ist noch unübersichtlich.«

Ich nicke. Also ja.

Sie lehnt sich nach vorn und legt mir eine Hand aufs Knie. »Ohne euch wäre es um ein Vielfaches schlimmer geworden.«

Ich sehe sie an, diese überkorrekte Beamtin, die mich wie eine Verbrecherin gejagt hat und immer nur das Richtige tun wollte. Doch ich kann ihr nicht sagen, was ich denke: dass ohne uns nichts von alldem geschehen wäre.

Der Heli bringt uns zur PAO-Zentrale, wo Leos Bein verarztet wird. Er hat sich das Knie verdreht, und über seinen Unterschenkel verläuft ein langer Riss, aber das wird wieder. Er weigert sich, die Nacht in einem Bett in der Ersthilfe-Station zu bleiben, sondern lässt sich eine Bandage verpassen und eine Packung Schmerzmittel in die Hand drücken. Ich runzle tadelnd die Stirn, doch insgeheim bin ich froh, dass er mich begleitet. In die Stadt.

Ich muss mit eigenen Augen sehen, was Baal angerichtet hat.

Wir wanken durch die Ruinen wie Überlebende in einem

Kriegsgebiet. Es gibt Straßenzüge, die kaum einen Schaden davongetragen haben, und ganze Viertel, in denen fast kein Haus mehr steht. Halbe Dächer, Autos, verbogene Masten, alles stapelt sich zu einem fast undurchdringlichen Gewirr. Die Überschwemmungen sind zum Teil schon zurückgegangen und haben stinkenden Unrat in den Ecken zurückgelassen. Die Sonne macht den Geruch nicht besser. Und mittendrin finden sich immer mehr Menschen zusammen, um nach Vermissten zu suchen und mit dem Aufräumen zu beginnen.

Ich schicke meine Sinne aus. Ich bin müde, müde bis in die Knochen, doch vielleicht kann ich ihnen wenigstens ein bisschen helfen.

Als der Wind auffrischt, fühle ich Leos Blick auf mir, sein Griff um meine Hand wird fester. Zu früh, soll das heißen, aber später ist zu spät.

Besorgte Blicke richten sich in den Himmel, doch die Wolken, die aufziehen, sind harmlos. Sie verschatten die Sonne, und zusammen mit dem Wind fühlt es sich an, als würde es innerhalb von Minuten drei Grad kühler.

Gemeinsam stolpern Leo und ich vorwärts, wohin, darüber müssen wir keine Worte verlieren. Wir nutzen die Schneisen, die erste Räumungsteams freigeräumt haben, und erreichen die Unterstadt in der Dämmerung. Das erste Mal, als wir gemeinsam hier waren, herrschte eine lauernde, bedrückende Atmosphäre. Davon ist nichts mehr zu spüren. Die Gassen sind schlimm betroffen, schlimmer als die Innenstadt, weniger als die südlichen Außenbezirke. Aber mehr noch als in den Gegenden, die Leo und ich in den vergangenen Stunden gesehen haben, sind Hilfstrupps unterwegs, die genau zu wissen scheinen, was zu tun ist. In der Innenstadt sind wir an allen Ecken auf

Feuerwehr, Polizei und PAO gestoßen, hier sind die Leute auf sich allein gestellt. Doch niemand beklagt sich. Wer Hilfe braucht, bekommt sie.

Immer wieder nicken uns bekannte Gesichter zu, Wettermacher, Lucs Leute, und meine düstere Stimmung hebt sich ein wenig. Es war nicht umsonst. Wir haben uns gemeinsam gegen den Sturm gestellt und viele von uns haben überlebt.

Je näher wir Lucs Club kommen, desto schwerfälliger werden Leos Schritte. Die Schmerzmittel scheinen nachzulassen. Er muss sich dringend ausruhen. Blicke folgen uns, einmal meine ich, einen kleinen Jungen zwischen zwei Hausmauern verschwinden zu sehen.

Immer wieder müssen wir über Schutthaufen klettern, doch auch wenn ihm mittlerweile der Schweiß auf der Stirn steht, weigert sich Leo, hierzubleiben und auf mich zu warten. Und obwohl ich jedes Mal zusammenzucke, wenn er vor Schmerz das Gesicht verzieht, weiß ich, dass er recht hat. Es sind auch seine Freunde.

Das Haus sieht gut aus. Ein paar Fensterscheiben sind zerbrochen, aber alles in allem scheint es sicher zu sein hineinzugehen. Der Eingang ist unbewacht, zum ersten Mal, seit ich Luc kenne.

Es ist dunkel im Treppenhaus, die Dämmerung ist in die Nacht übergegangen. Leo und ich mühen uns die Stufen hinauf zu Lucs Halle. Irgendwo in der Tiefe des Gebäudes werden Anweisungen gerufen, doch um uns herum herrscht Stille. Niemand begegnet uns.

Die Tür zur Halle steht offen. Sie hängt ein wenig schief in den Angeln, und vielleicht hätte uns das schon warnen können, aber als wir über die Schwelle treten, bleiben wir beide stehen und schnappen nach Luft.

Die Decke ist eingestürzt. Über uns spannt sich nicht mehr die wunderschöne blaue Kassettendecke, sondern der schwarze, sternenfunkelnde Himmel. Auf seine Art ist er genauso schön, schöner noch, doch Lucs Stolz und Machtbasis in Trümmern zu sehen, ist, als würde ein Schlussstrich gezogen unter eine ganze Epoche.

Der Staub hat sich schon gelegt und die Bruchstücke der Decke türmen sich am hinteren Ende des Raums, so als hätte jemand notdürftig aufgeräumt. Ich führe Leo zu Lucs grünem Sofa, damit er sein Bein hochlagern kann. Diesmal protestiert er nicht.

Wir halten uns an der Hand, während wir in die Unendlichkeit des Himmels hinaufschauen. Eine Sternschnuppe zischt vorbei, gefolgt von einer zweiten, und ich schicke ihnen meine Wünsche hinterher. Die wenigen, die noch übrig sind.

Stille fällt, und als ich mich langsam auf die Kante des Sofas setze und Leos Gesicht im Sternenlicht betrachte, lese ich dort, wofür ich auch seit Stunden keine Worte finde. Dankbarkeit. Erleichterung. Trauer. Schuld. Für Hoffnung ist es noch zu früh.

Dass er uns beobachtet, merke ich daran, dass sich die Energie im Raum ändert. Die Luft fühlt sich lebendiger an, als würde sie im Echo seines tatkräftigen Tages zu schwingen beginnen. Ich drehe den Kopf, und es dauert nur den Bruchteil einer Sekunde, bis ich die hellen Augen im Schatten der Tür ausmache.

Langsam stehe ich auf und gehe ein paar Schritte auf ihn zu. Doch er ist schneller. Kaum blinzle ich einmal, ist Luc bei mir und zieht mich in eine Umarmung. Ich stöhne auf, als meine verletzte Schulter protestiert, aber bevor ich mich beschweren kann, lässt er mich los und greift nach meinem Kinn. Seine Augen fliegen über den Kratzer an meiner Schläfe, die Striemen auf meiner Wange. Ich bin so verwundert, dass ich mich nicht rühre.

»Also seid ihr nicht tot«, stellt er fest.

Er dreht sich von mir weg, läuft zu Leo und klopft ihm auf die Schulter, dass Leo das Gesicht verzieht. »Ausnahmsweise, klar? Morgen fragst du wieder, wenn du auf meinem Sofa sitzen willst.«

»Was ist passiert, Luc?«, frage ich.

Er wendet sich zu mir um. Sein Kiefer spannt sich an, das sehe ich selbst im matten Sternenlicht. »Ein verdammtes Wunder, das ist passiert. Laura hat euer Signal verloren und kurz darauf kollabiert der Sturm. Wir dachten, der Wind macht Hackfleisch aus euch.«

Leo schnaubt. Die Zeit – Minuten? Stunden? –, nachdem das Flugzeug auseinanderbrach, ist noch immer ein grauer, wabernder Fleck. Wie ein Windwirbel, hinter dem sich unerreichbare Wahrheiten verbergen. Vielleicht ist es gut so. Vielleicht will ich nicht wissen, was ich in diesen Minuten gefühlt und gefürchtet habe. Etwas zerrt an meinem Inneren, als wären wir wieder im Sturm, und ich bin mir fast sicher, dass ich mich darin verloren habe. Nur wie ich mich wiedergefunden habe, das kann ich mir nicht erklären.

Ich weiß nicht, was Luc in meinem Blick liest, ich weiß nur, dass es mir jetzt zu viel wird. Ich sehe weg und stelle mich neben das Sofa. »Wie geht es deiner Familie?«, frage ich leise.

Ein zweites Mal waren sie einem vernichtenden Sturm ausgesetzt. Ich hoffe, diesmal konnte er sie beschützen.

»Es geht ihnen gut«, antwortet Luc ebenso leise, und als ich die Hand hebe und seinen Arm berühre, hält er sie fest. »Es gibt keine Schuld mehr, verstanden? Es gab sie zuvor nicht. Ich konnte nur ... nicht loslassen.«

Seinen Vater. Die Menschen, die nicht mehr da sind.

Ich kenne seinen Schmerz.

Vor der Tür fliegen Schritte die Stufen herauf. »Vega!«, hallt Espers Stimme durchs Treppenhaus.

Lucs Hand packt meine fester, anscheinend sehe ich aus, als würde ich vor Erleichterung gleich in die Knie gehen. Doch da besteht keine Gefahr, also mache ich mich los und drehe mich zur Tür. Esper taucht im Eingang auf. Seine Augen sind groß wie Untertassen.

Vielleicht ist er es, der demnächst in die Knie geht, so sehr klammert er sich am Türrahmen fest. Aber nicht lang, denn ich bin schon bei ihm, und er drückt mich so fest an sich, dass ich praktisch meine Rippen knacken höre.

»Wir dachten ... Vega, wir dachten, ihr ...«, stammelt er immer wieder.

Ich fühle Lucs und Leos Blicke auf meinem Rücken. Die drei Männer, die von Anfang an mein Geheimnis kannten, sie sind alle hier, in Sicherheit. Was immer die Zukunft bringt, ich werde sie brauchen.

»Heul dich woanders aus und lass mich auch mal.«

Überrascht hebe ich den Kopf. Hinter Esper sind Nika und Willem aufgetaucht. Nika bleibt vor mir stehen und grinst, und einen Moment sieht sie wirklich so aus, als wollte sie mich umarmen. Dann begnügt sie sich damit, mir gegen den Arm zu boxen, und geht weiter.

Willem bleibt zurück. Wir sehen uns an. Wie immer ist sein

gutes Aussehen eine Sekunde lang irritierend, aber diesmal ist es anders. Die Anstrengungen der letzten Tage haben auch auf seinem Gesicht Spuren hinterlassen und machen es irgendwie liebenswerter.

»Wie viel haben sie verstanden?«, frage ich ihn.

»Die Wettermacher? So viel sie zu glauben bereit waren«, antwortet er langsam. »Und bei den meisten werden die Zweifel früh genug einsetzen. Unverschämtes Glück ist leichter zu glauben als ... Magie.«

»Aber du nicht. Du wirst nicht zweifeln.«

Ein Lächeln spielt um seinen Mund. »Glück habe ich vor langer Zeit ausgeschlossen.« Er schweigt einen Moment. »Also hast du von Anfang an die Wahrheit gesagt. Mit Konzernen hast du nicht viel am Hut.«

Ich zucke mit den Schultern. »Dabei habe ich schon die Wahrheit gesagt.«

Er lacht leise. »Ist in Ordnung. Wir haben alle unsere Geheimnisse.«

Mein Stichwort. »Wie geht's Cora?«, frage ich unschuldig.

Willem starrt mich an, dann sieht er auf in den schwarzfunkelnden Himmel. »Es ist ein Fehler, dich zu unterschätzen, was?«

Das lässt mich innehalten. »Ich weiß nicht. Vielleicht habe ich mich selbst die ganze Zeit unterschätzt. Erst als ihr euch so in meine Gabe verbissen habt, musste ich mich wehren.«

Er nickt, dann sagt er: »Es geht ihr gut. Cora. Aber jetzt wartet eine Menge Arbeit auf sie.«

»Wird sie Klage gegen Bioverse einreichen?«

»Ja.« Willems Blick wandert zu Leo. »Wenn sie mit dem Laden fertig ist, wird nicht viel davon übrig sein.«

Er hält mir die Hand hin. Nach kurzem Zögern nehme ich sie.

»Wenn das hier alles vorbei ist«, er deutet auf die Schutthaufen an den Wänden, »dann lass uns mal reden, Vega.«

Er wartet nicht auf meine Antwort, sondern drückt meine Hand ein letztes Mal und geht zu den anderen hinüber. Ich sehe ihm hinterher, sehe von einem zur anderen. Lucs Crew, EcoQuest, Wettermacher – und Nathalies Neffe. Baal hat alle zusammengebracht. Ich bin nicht so sicher wie Willem, dass das alles bald vorbei sein wird, aber was immer auf diese Stadt in Zukunft wartet, wird vielleicht nicht mehr ganz so gefährlich sein. Weil wir uns nicht mehr misstrauen. Weil wir schon einmal Seite an Seite gekämpft und gewonnen haben.

Ich sehe in den Nachthimmel auf und kann nicht verhindern, dass die Bilder des Tages vor meinem Auge vorüberziehen. Die Trümmer, die zerstörten Vororte, der Schlick, der noch kniehoch in den Straßen liegt. Sie sind Zeichen für den Schrecken und den Schmerz, die Nathalie verursacht hat. Wieder frage ich mich, ob sie gesehen hat, auf welche Katastrophe sie zusteuert. Ob sie eine Rechtfertigung hat für all das Leid.

Vielleicht gibt es jetzt, im Nachhinein, tatsächlich eine: Sie hat diese Stadt aufgeweckt. Da draußen geschieht gerade das wahre Wunder: Die Menschen packen gemeinsam an. Sie fügen sich nicht mehr klaglos in ihr Schicksal. Die Dürre hat ihnen die Kraft genommen, aber durch Nathalies Stürme haben sie sie wiederentdeckt. Das ist mehr, als ich mit meiner Gabe geschafft habe.

Als ich den Blick senke, merke ich, dass Leo mich ansieht. Die anderen stehen im Kreis um das Sofa herum und lachen, lachen lauter, als es in dieser Stadt für sehr lange Zeit zu hören war. Leo lächelt.

Er wird viele Fragen beantworten, schwere Tage durchstehen müssen. Aber ich werde da sein.

Lächelnd gehe ich hinüber, mit jedem Schritt zuversichtlicher.

Als ich die Gruppe erreiche, dreht sich Luc halb zu mir um. Nika tritt einen Schritt zur Seite, um mir Platz zu machen. Esper legt vorsichtig den Arm um meine Taille und zieht mich an sich.

Vielleicht war Baal nicht nur für die Stadt ein Neuanfang, sondern auch für mich.

28

Am nächsten Abend drängen sich fünfundzwanzig Leute um Aminatas Esstisch. Während wir uns den Bauch mit gebratenen Auberginen, Hirsesalat und knusprigem Baguette vollschlagen, berichten wir reihum von unserem Tag. Leo wirkt ein bisschen genervt, weil er der Einzige war, der die ganze Zeit auf Lucs Sofa gesessen und Teams koordiniert hat, dabei wäre ohne seinen und Lauras Überblick längst nicht so viel vorangegangen, wie wir heute geschafft haben.

In allen Außenbezirken haben sich Nachbarschaftsgruppen gebildet, die die Aufräumarbeiten übernehmen. Zwar hat die Verwaltung schnelle Hilfe versprochen, aber das schiere Ausmaß der Zerstörung ließ selbst die Pressesprecherin des Stadtrats etwas überwältigt wirken.

Lucs Leute haben begonnen, ein Netzwerk zwischen den Gruppen zu schaffen. Sie verteilen Werkzeug und bitten alle Hilfskräfte, regelmäßig zu melden, was sie brauchen. Die Informationen laufen bei Laura im Sturmjäger zusammen. Eine bessere Nutzung könnte es für das Gefährt nicht geben.

Meine Kräfte kommen langsam zurück. Nicht mehr jeder Windhauch zehrt an mir, sodass ich heute auch etwas Sinnvolles beitragen konnte. Wo Schatten nötig war, habe ich Wolken aufsteigen lassen, und wo der Gestank nach Abfall und Fäkalien in der Luft hing, habe ich Wind gerufen. Doch nicht einmal das hilft gegen den Geruch nach Tod, der die vielen Kamerateams dazu bringt, Masken aufzusetzen. Wochenlang hat sich niemand für die sogenannten Wetterkapriolen in der Stadt interessiert, aber seit die Stadt im Zentrum eines hundert Kilometer breiten Rings der Zerstörung liegt, treten sich die Leute von außerhalb gegenseitig auf die Füße. Esper hat vorhin erzählt, dass sogar die Bundespräsidentin kurz da war. Ich bin gespannt, ob sie mehr als warme Worte im Gepäck hatte.

In der Politik wird darüber diskutiert, Wettermodifikationen zu verbieten. Wo ich dann bleibe, weiß ich noch nicht.

Aber heute Abend ist es sowieso zu früh, um über die Zukunft nachzudenken. Stattdessen hören Leo und ich endlich, was während unseres Kampfs gegen Baal auf dem Boden passiert ist.

»Der ganze Plan war praktisch nutzlos«, erzählt Esper und wirft mir wieder einen dieser Blicke zu, die jetzt anscheinend zur Gewohnheit werden.

Nach der ersten Erleichterung, dass es Leo und mir gut ging, musste ich mir mehrfach anhören, wie leichtsinnig unsere Aktion mit dem Flugzeug war. Ich lasse Esper seine Empörung, denn ich weiß, was eigentlich dahintersteckt: Ich habe diese Entscheidung getroffen, ohne mich von ihm zu verabschieden. Ich habe in Kauf genommen, dass wir uns nicht wiedersehen. Dafür habe ich ein bisschen Wut verdient.

Esper deutet auf Laura. »Ohne sie wären wir sinnlos dem Sturm hinterhergefahren. So schnell, wie der sich ausgebreitet hat, waren die Daten aus dem Sturmjäger nutzlos.«

Leo lehnt sich nach vorn. »Was hast du stattdessen gemacht?«

Laura winkt ab, nimmt aber die Bohnenbällchen an, die ihr

Aminata auf den Teller legt. »Ich hätte überhaupt nichts machen können, wenn ihr nicht das ursprüngliche Wettermodifikationsprogramm von Bioverse besorgt hättet.«

»Das, das Leo im Cypris-Gebäude kopiert hat?«, hake ich nach.

Laura nickt. »Mit dem Algorithmus ging die Auswertung der Wetterdaten viel schneller. Ich musste mich nicht auf die Satellitenbilder verlassen, sondern hatte die Daten in Echtzeit.«

»Ab da haben wir wenigstens Ergebnisse gesehen«, wirft Esper ein, und Mathea nickt zustimmend.

Die beiden waren als Team unterwegs. Bei Gelegenheit muss ich mich noch bei ihr bedanken. Sie hat mit ihren Fahrmanövern zweimal verhindert, dass ihnen ein entwurzelter Baum auf den Kopf gefallen ist, so hat es zumindest Esper erzählt. Je mehr ich von den Einsätzen der Wettermacher höre, desto mehr kommen mir Zweifel, dass Leo und ich den gefährlichsten Job bei der ganzen Sache hatten.

Leo nickt Laura anerkennend zu. »Das hätte uns früher einfallen müssen. Guter Gedanke. Aber wo hast du im Sturmjäger die Rechenleistung dafür hergekriegt?«

»Gar nicht.« Laura kaut und schluckt und grinst. »Selbst mit den Rechnern, die wir aus dem Bunker mitgenommen haben, hätte ich das Programm niemals zum Laufen gebracht. Aber …« Sie macht eine kleine Pause und sieht aus wie die Katze, die man mit der Sahne allein gelassen hat. »… da Elif ja die Razzia bei Bioverse schon angeleiert hatte, hatten sie da plötzlich jede Menge ungenutzter Rechenleistung. Netterweise haben sie uns ein bisschen ausgeholfen.«

»Ihr habt euch bei Bioverse eingeschlichen?« Leo schwankt zwischen Belustigung und Bewunderung.

Laura zwinkert Luc zu. »Zumindest sind wir unter dem Radar geblieben. Luc hat erstaunlich gute Kontakte zur PAO.«

Inmitten des allgemeinen Gelächters wandern meine Gedanken zurück in den Sturm. Deswegen konnte ich die Einflüsse der Wettermacher erst so spät fühlen. Unser ganzer Plan stand auf extrem wackligen Füßen, das wird mir jetzt klar. Ein einziger zusätzlicher Fehler und niemand von uns würde jetzt hier sitzen.

Als ich wieder zuhöre, hat sich das Gespräch anderen Themen zugewandt. Eine Weile versuche ich, mich darauf zu konzentrieren, aber irgendwann merke ich, dass mich die Wärme, die vielen Stimmen, der Lärm überwältigen. Es gibt einen Ort in mir, an dem Baal und ich Zwiesprache gehalten haben, und auch wenn ich froh bin, dass dort jetzt Stille herrscht, hallt sie in der Leere nach.

Ich flüstere Leo »Bin gleich wieder da« zu, schiebe meinen Stuhl zurück und quetsche mich zwischen Tisch und Wand nach draußen. Hinter der Wohnungstür erwartet mich frische Nachtluft und auch die Gespräche dringen nur gedämpft auf den Balkon.

Aufatmend lehne ich mich an das Geländer und schaue auf den Innenhof hinunter. In der Dunkelheit wirkt er fast unberührt vom Sturm. Nur der dicke Ast eines Obstbaums liegt noch wie ein Gerippe in einer Ecke.

Ich lasse mir vom Wind die Stirn kühlen und schließe für einen Moment die Augen, um seine Berührung auszukosten. Als ich sie wieder öffne, steht Aminata neben mir.

»Es ist schwer, in die Gegenwart zurückzufinden, wenn die Vergangenheit so viel Kraft gekostet hat«, sagt sie in die Nacht hinein.

Schweigend betrachte ich sie. Spricht sie über die Zeit, als sie plötzlich allein dastand und sich um eine Familie kümmern musste, ohne zu wissen, woher das Geld kommen sollte?

»Deine Mutter hat uns geholfen, weißt du?« Sie lächelt, weil ich es offensichtlich nicht wusste. »Sie kam beinahe jeden Monat zu mir, jahrelang. Es war sinnlos, es ihr ausreden zu wollen. Mal hatte sie nichts als ihre Hilfe, wenn eins der Kinder krank war, mal brachte sie Geld oder Lebensmittel vorbei. Irgendwann hat Luc ihr erklärt, dass sie nur noch ihr Gewissen damit beruhigt. Er hat genug Geld verdient, um uns ein gutes Leben zu ermöglichen.«

»*Ihr* Gewissen?«, frage ich krächzend.

Wie ein Windhauch streicht Aminatas Finger über meinen Unterarm. »Sie hat dir nie einen Vorwurf gemacht. Niemals.«

Ich stütze die Ellbogen auf und verberge das Gesicht in den Händen. Diese Leute, Fremde beinahe, haben mehr Erinnerungen an meine Mutter als ich. Haben sie besser gekannt als ich.

»Wäre sie noch da, wenn ich ... meine Gabe nicht hätte?« Normal wäre? Keine Gefahr für die Menschen?

Aminata schweigt einen Moment. »Ich weiß nicht, was mit deiner Mutter geschehen ist, Vega. Aber ich weiß, sie ist nicht deinetwegen gegangen. Oder wegen deiner Gabe.«

Vielleicht ist das die einzige Antwort, die ich je bekommen werde. Ein winziges Korn Gewissheit gegen den Berg an Zweifeln. Mama hat versucht, für mich zu sorgen, auch nachdem sie weg war, und obwohl sie unterschätzt hat, wie tief Lucs Groll saß, am Ende habe ich überlebt. Ich hoffe, das gilt auch für sie.

»Wie kann man weiterleben, wenn man nicht weiß, was der

nächste Tag bringt, Aminata?«, frage ich nach einer Weile und hebe den Kopf.

Sie lacht leise. »Schritt für Schritt, Vega, Atemzug für Atemzug.« Sie stupst mich mit dem Ellbogen an. »Aber das weißt du längst. Genau das hast du immer getan.«

Sie lässt mich stehen, und während ich in die Nacht hinaussehe, frage ich mich, ob sie recht hat. Ob wir uns nur nach Sicherheit sehnen, und am Ende bedeutet das Leben nichts anderes, als jeden Tag im Dunkeln zu tappen.

Gerade als ich reingehen will, taucht Esper auf und bringt eine Schüssel geröstete Kichererbsen mit. Wir lachen Tränen, weil sie so scharf gewürzt sind, dass sie auf der Zunge brennen, aber gerade das macht sie unwiderstehlich.

Ich schlinge einen Arm um Espers Hals und drücke ihm einen Kuss auf die Wange. »Auf die neuen Zeiten«, flüstere ich.

Er hält meine Hand fest, sodass wir nah nebeneinanderstehen.

»Versprich mir, dass du dich meldest«, sagt er, plötzlich ernst. »Wo auch immer Cyprian dich hinschleppt.«

»Er heißt Leo, und wenn, schleppe ich ihn rum«, entgegne ich. Ich bin noch nicht bereit, die alberne Stimmung hinter mir zu lassen, aber dann nicke ich doch. »Ich verspreche es. Du bist meine Familie.«

Als hätte er Zweifel gehabt, lässt er die Schultern sinken. Ich könnte fragen, was er nun vorhat, aber ich lasse es. Genau wie ich muss Esper erst in dieser neuen Wirklichkeit ankommen. Mit all den Möglichkeiten, die sie uns bietet.

29

Zwei Wochen später haben Leo und ich mehrfach bei der PAO ausgesagt und auch Cora Feretti hat uns befragt. Nathalie sitzt noch immer in Untersuchungshaft, das Firmenvermögen wurde eingefroren, und seit die Aufräumarbeiten in der Stadt keine spektakulären Bilder mehr liefern, sondern nur noch die kleinen Fortschritte unermüdlicher Menschen, haben sich die Medien darauf verlegt, über alles und jeden rund um Bioverse zu berichten. Einmal musste ich einen kleinen Tornado erzeugen, um die Presseleute von Leo abzulenken.

Am selben Tag haben wir unsere Habseligkeiten in den Camper gepackt und sind an den See gefahren. Jetzt, da Leo beinahe genauso arm ist wie ich, müssen wir aufs Fliegen verzichten. Zumindest die Hütte ist ihm geblieben.

Ich liege auf dem Steg und lasse mir die Sonne auf den Bauch scheinen. Der September hat klarere Luft gebracht und kühlere Nächte, doch noch immer deutet nichts darauf hin, dass sich das Hochdruckgebiet über Mitteleuropa verdrängen lässt. Selbst Baals Turbulenzen haben daran nichts geändert. Auch der Herbst wird trocken sein.

Ich weiß, ich sollte längst darüber nachdenken, wie es für mich weitergehen wird, aber dafür ist im Winter auch noch Zeit. Im Notfall gibt mir vielleicht Luc einen Job.

Oder ich arbeite für die PAO. Der Gedanke ist nur bei den

ersten zwanzig Malen absurd. Elif hat die Möglichkeit schon sehr früh ins Spiel gebracht und sich auch von meinem entschiedenen Nein nicht davon abbringen lassen. Dabei kann es sein, dass der PAO noch ziemlicher Ärger ins Haus steht, weil sie jahrelang bei den Wetterkonzernen weggesehen hat und ganz besonders bei Bioverse. Falls es wirklich einen Untersuchungsausschuss im Parlament gibt und danach noch was von der PAO übrig ist, können wir ja noch mal drüber sprechen.

Oder früher. Seufzend greife ich nach dem Becher mit Eistee, der neben mir steht. Elif ist hartnäckig, um es vorsichtig auszudrücken, und Leo findet ihren Vorschlag gut. Sie denken tatsächlich darüber nach, wie die Erkenntnisse, die Nathalie aus Baal gewonnen hat, so angepasst werden können, dass sie der gesamten Bevölkerung zugutekommen. Nicht das Werkzeug ist das Problem, betonen sie immer wieder, sondern wie man es anwendet.

Mir bereitet der Gedanke Bauchschmerzen. Es ist noch nicht lang her, dass ich ähnlich dachte. Aber wenn ich eines gelernt habe, dann das: So fehlerhaft wir Menschen sind, wir dürfen unsere Entscheidungen nicht abgeben. Genauso wenig wie unsere Verantwortung.

Mir fällt Leos und mein Gespräch am Wasserfall ein. Wie er meinte, dass es für alle zum Leben reichen würde, wenn es mehr Gerechtigkeit gäbe. Keine Pools mehr für die Reichen, keine Golfplätze, keine Privilegien. Für mich klingt das nach einem guten Plan.

Ich lache in mich hinein. Willem und Nika wären ziemlich zufrieden, wenn sie wüssten, wie sehr EcoQuests Argumente gefruchtet haben.

»… werde ich. Geht klar. Ja, bis dann.« Es macht plopp, als Leo das Satellitentelefon aufs Sofa wirft. Er schiebt die Terrassentür hinter sich zu und kommt über den Steg zu mir. Ich rutsche auf meinem Badetuch nach links, sodass er Platz hat.

Leise ächzend legt er sich neben mich – sein Knie macht ihm noch immer Schwierigkeiten – und schlingt seine Finger in meine. »Hey.«

Ich blinzle ihn an. »Hey. War das Elif?«

Er brummt zustimmend. »Ich muss in den nächsten Tagen mal in die Stadt und ein paar Unterlagen unterschreiben. Vielleicht komme ich dann zumindest an meinen Unifonds ran.«

Ich versuche, nicht zu grinsen. »Wenn du dann plötzlich wieder reich bist, bring Kaffee mit, okay?«

Er runzelt die Stirn. »Ich dachte, du würdest mich begleiten.«

»Wieso? Hast du Angst, dass ich wegrenne?« Ich drehe mich auf die Seite und küsse ihn. »Keine Sorge, ich liebe dich auch noch, wenn du mit leeren Händen zurückkommst.«

Seine Finger gleiten meine Wirbelsäule hinauf, zeichnen winzige Kreise auf meine Schultern, während seine Nasenspitze und seine Lippen federleicht über mein Gesicht wandern. Ich fange fast an zu schnurren und rücke näher an ihn heran, so nah, dass Leo die Spielereien lässt und mich richtig küsst. Die sanfte Nachmittagssonne ist plötzlich kochend heiß, und ich weiß gar nicht, wie ich ihm noch näher kommen soll, als er sich plötzlich zurücklehnt.

»Daran hab ich eigentlich auch keinen Zweifel.«

Er grinst selbstsicher. Einen Augenblick muss ich überlegen, worüber wir zuvor gesprochen haben, dann werfe ich mich mit einem empörten Aufschrei auf ihn. Seine Arme fangen mich auf, stark und sicher, und es ist pure Verzückung, jeden Zentimeter meines Körpers an seinen zu schmiegen. Wieder küsse ich ihn, langsam, tief, aber diesmal kosten wir jeden Moment aus. Wir haben so viel Zeit.

Als das Licht milder wird und der Wind auffrischt, liegen wir immer noch so da, mit verschränkten Beinen und verschlungenen Armen. Unser Atem kommt ruhig und gleichmäßig. Wir schlafen nicht, aber vielleicht träumen wir.

»Deswegen bin ich noch hier, weißt du?«, flüstert Leo in die Abendstille hinein. »Weil du mich so gehalten hast.«

Ich blinzle ein paarmal, doch auch nach mehreren Sekunden verstehe ich nicht, was er meint. Ich hebe den Kopf und sehe ihn an.

»Während des Sturms«, erklärt er. »Als das Flugzeug auseinandergebrochen ist.«

Wir haben seit dem Tag nicht mehr darüber gesprochen, was dort in der Luft passiert ist, und ich erinnere mich nicht an viel außer an das Gefühl, mich im nächsten Moment selbst zu verlieren und in etwas Größerem aufzugehen. Leo sieht, dass ich noch immer keine Worte habe, um über den Kampf gegen Baal zu sprechen, und streicht mir die Haare aus dem Gesicht.

»Du hast dich an mich geklammert«, redet er weiter, leise wie ein Lufthauch, »nicht weil du Angst hattest, sondern weil du mich retten wolltest.« Er schluckt. »Ich … ich konnte sehen, wie sehr es dich angestrengt hat, was Baal alles von dir gefordert hat, und trotzdem hast du nicht losgelassen. Es war, als würdest du eine Luftblase um uns bilden, in der uns die schlimmsten Windstöße nichts anhaben konnten.«

Ich höre seine Worte wie von fern. Er klingt auch nicht wie er selbst, so als müsste er das, was geschehen ist, in eine fremdartige Hülle kleiden, damit es uns nicht noch einmal erreichen kann.

Unsere Gesichter sind sich so nahe, dass seine Atemluft wie eine Liebkosung ist.

»Ich dachte, wenn ich mich losmache, wäre es leichter für dich. Dass du dich besser auf Baal konzentrieren könntest, mit all deiner Kraft. Aber es ging nicht. Es hat sich angefühlt, als wären deine Arme und Beine versteinert. Und dann habe ich dich festgehalten, so gut es ging. Wahrscheinlich hat es keinen Unterschied gemacht, aber ich wollte wenigstens irgendetwas tun. Es dir ein kleines bisschen leichter machen.«

Ich spüre, dass mir Tränen über die Wangen laufen, und wische sie weg.

Ich weiß es wieder. Er ist der Grund, warum wir noch hier sind. Endlich ergibt alles einen Sinn. Ich erinnere mich ... Ich war Baal zu weit hinaus in den Sturm gefolgt. Meine Grenzen hatten sich aufgelöst, und nur weil Leo mich nicht losließ, habe ich meinen Weg aus dem Chaos gefunden. Er war mein Anker, zu ihm bin ich zurückgekehrt. Aber das erzähle ich ihm ein andermal. Ich erzähle es ihm, wenn ich Worte dafür gefunden habe. Jetzt will ich hören, woran er sich erinnert.

»Vega, dieser Sturm ... Ich konnte nichts sehen, nichts hören. Nur dich. Dich habe ich angesehen, die ganze Zeit, weil ich wusste, dass es das letzte Mal sein würde. Ich wusste, dass wir sterben würden, weil ich wusste, dass du Erfolg hattest. Ich konnte den Moment spüren, in dem du den Sturm aus dem Gleichgewicht gebracht hast. Zuvor ... zuvor war es ... Es war mörderisch. Die Kräfte, die Baal freigesetzt hatte. Aber sie folgten einem Muster. Und dann war es plötzlich reines Chaos.«

Er muss schlucken, und ich kann fühlen, wie sein Herz rast. Vorsichtig lege ich meine Hand auf seine Brust.

»Wir sind gefallen und gefallen. Ins Bodenlose. Und dann hat uns eine Bö erfasst und in die Luft geschleudert, so hoch, dass ich dachte, wir sehen den Sturm gleich von oben. Ich konnte die Hagelkörner fühlen, tennisballgroß, wie sie an uns vorbeizischten, und doch hat uns kein einziges getroffen. Das Schlimmste war, als ich nicht mehr wusste, wo oben und unten ist. Da gab es nur noch dich. Wie ein Stern, um den ein neugeborenes Universum kreist.«

Wir weinen jetzt beide. Durch seine Worte hindurch kann ich seine Gefühle fast greifen. Die Angst, die Resignation, die Liebe. Ich wünschte, ich hätte ihm diese Momente ersparen, ihm etwas von dem Zutrauen schenken können, das ich spüre, wenn der Wind zu mir spricht. Ich weiß, dass wir hätten sterben können, aber nicht durch den Sturm. Nur wenn meine Kraft nicht gereicht hätte. Nur wenn er mich am Ende nicht zurückgeholt hätte.

Ich streichle über sein Gesicht, bis die Tränen getrocknet sind. Der Himmel färbt sich rot und golden, aber ich habe keinen Blick dafür übrig, denn ich schaue ihm in die Augen, in das Grau, das meine ganze Welt ausmacht. Ich sage es nicht, weil er nicht weiß, was es bedeutet, aber müsste ich wählen zwischen ihm und meiner Gabe, ich würde immer ihn nehmen.

Zum Glück muss ich es nicht.

»Was ist?«

Ohne dass ich es gemerkt habe, habe ich zu lächeln begonnen. Ich schüttle den Kopf und beuge mich zu ihm, und dann küsse ich ihn, übermütig wie noch nie. Leo lässt sich nicht lang bitten und, Junge, langsam entfaltet sein Talent sein volles Potenzial.

Irgendwann hält er inne. Mittlerweile liege ich unter ihm und setze wieder das Lächeln von vorhin auf.

»Warst du das?«, fragt er, als er sich umsieht. Zwei weitere dicke Tropfen landen auf seinem Rücken und in seinem Nacken und er zieht den Kopf ein.

Über uns brodeln lilaschwarze Gewitterwolken, und ich schließe kurz die Augen, um ihre wilde Energie über mich hinwegstreichen zu lassen.

»Mhm. Dachte, ich könnte dich überreden, nach drinnen zu gehen.«

Leo lacht in sich hinein. »Eine einfache Frage hätte es auch getan.«

Ich küsse seine Nasenspitze. »Lass mir den Spaß. Bald ist Wettermachen verboten und Elif setzt mich wieder auf die Fahndungsliste.«

Er sieht so schockiert aus, dass ich laut lache. Aber die Wahrheit ist: Vielleicht ist das meine Zukunft. Vielleicht wartet ein Leben auf der Flucht auf mich, weil ich kann, was verboten ist. Oder weil ich kann, was überlebenswichtig ist.

Während Leo mich auf die Füße zieht, wir das Handtuch und die Reste des Mittagessens zusammenraffen und im prasselnden Regen zur Hütte laufen, weiß ich nur eines: Wenn er bei mir bleibt, schaffe ich alles. Ich werde ihn beschützen, mit allem, was ich habe. Und der Wind wird mir helfen.

Klimaneutral
Druckprodukt
ClimatePartner.com/14438-2110-1001

Erste Auflage 2023
Originalausgabe
© Insel Verlag Anton Kippenberg GmbH & Co. KG, Berlin, 2023
Dieses Werk wurde vermittelt durch die Michael Meller
Literary Agency GmbH, München.
Alle Rechte vorbehalten. Wir behalten uns auch eine Nutzung des Werks
für Text und Data Mining im Sinne von § 44b UrhG vor.
Umschlaggestaltung und Illustration: Isabelle Hirtz
Satz: Satz-Offizin Hümmer GmbH, Waldbüttelbrunn
Druck: GGP Media GmbH, Pößneck
Printed in Germany
ISBN 978-3-458-64360-9

www.insel-verlag.de